"十四五"时期国家重点出版物出版专项规划项目

目标信息获取与处理丛书

导弹与航天力学基础

DAODAN YU HANGTIAN LIXUE JICHU

吴楠　王锋　孟凡坤　编著

国防工業出版社

·北京·

内 容 简 介

本书以弹道导弹、运载火箭和人造地球卫星为研究对象,主要阐述了飞行器在大气层内和真空中等不同力学环境下飞行的质心动力学特征和运动规律,以及通过测量数据获得飞行器运动参数的方法。全书共9章,主要内容包括坐标和时间系统、导弹受力模型、导弹质心动力学方程构建与求解、卫星二体轨道特征、初轨计算和精密定轨基本原理、轨道摄动分析方法及其影响、星地空间几何与轨道分类和轨道机动等。

本书可作为空天目标数据处理专业技术人员的轨道力学基础知识参考书,也适合作为高校相关专业的高年级本科生和研究生教材。

图书在版编目(CIP)数据

导弹与航天力学基础/吴楠,王锋,孟凡坤编著.
—北京:国防工业出版社,2024.6.—(目标信息获取与处理丛书).—ISBN 978-7-118-13310-3
Ⅰ.TJ760.12;V412
中国国家版本馆CIP数据核字第20248BP731号

※

国防工业出版社出版发行
(北京市海淀区紫竹院南路23号 邮政编码100048)
北京虎彩文化传播有限公司印刷
新华书店经售

*

开本 787×1092 1/16 **印张** 12 **字数** 264千字
2024年6月第1版第1次印刷 **印数** 1—1500册 **定价** 85.00元

国防书店:(010)88540777 书店传真:(010)88540776
发行业务:(010)88540717 发行传真:(010)88540762

丛书编委会

丛书序

知己知彼，百战不殆。现代战争是具有明显的数字化、网络化、智能化特征的信息化战争，打赢现代战争的关键是具备强大的战场情报、监视和侦察能力，并夺取制电磁权、制信息权、制目标权。空间目标、图像目标和电子目标等目标信息获取与处理技术是现代侦察监视的核心技术，也是信息科学与技术领域发展最为迅速的技术之一，对全面、实时、精准掌握战场态势，廓清战场迷雾和抢占信息优势起着决定性作用。

卫星、导弹等空间目标信息获取与处理，主要围绕目标的物理属性和活动态势行为在特定环境下所呈现的光学、电磁散射和辐射等特性，利用光电观测、雷达探测和电子侦察等传感器对目标进行探测、跟踪、测量和识别。该技术涉及电子信息与通信工程、卫星工程、导弹工程、雷达工程、光学工程、无线电工程、控制工程、人工智能等多学科专业领域，具有明显的学科交叉融合特点，且理论性和工程应用性很强。图像目标信息获取与处理，主要围绕合成孔径雷达（SAR）目标的微波成像特性，通过全天时、全天候、高分辨率的遥感图像实现目标信息自动提取与识别分类。该技术涉及 SAR 成像原理、图像目标自动提取与识别处理及应用，并辅以可见光、红外特征提取与光电目标识别处理及应用。雷达辐射源和无源电子目标信息获取与处理，主要开展对目标的搜索发现、跟踪测量、精准定位和信号参数估计与分选识别等研究工作。它涉及雷达系统与无源侦察系统的建模仿真评估、定位应用工程、雷达信号特征提取与识别技术。

近年来，空间目标、图像目标和电子目标等目标信息获取与处理技术得到了飞速的发展，其理论体系、技术内涵和应用方法也发生了较大的更新迭代，及时总结和凝炼现有技术成果，对于促进技术发展和应用大有裨益。

鉴于此，我们依托国内电子信息领域知名高校和科研院所，以信息工程大学和西南电子电信技术研究所专家学者为主体组织编写了“目标信息获取与处理”丛书，科学总结学者们多年来在光电信息处理、雷达目标探测、SAR 成像与处理、电子侦察、目标识别与信息融合等方面的研究成果，旨在为业内从事相关专业领域教学和科研工作的同行们提供一套有益的参考书。丛书主要突出目标信息获取与处理技术的理论性和工程性，以目标信息获取的技术手段、处理方法和定位识别为主线构建内容体系，分为 4 个部分共 13 分册，按照基础理论和技术手段分为基础篇、空间目标探测篇、图像目标信息处理篇和电子侦察篇，内容涵盖目标特性、信息获取技术、信息处理方法，丛书内容大多是编著者近年来在电子信息领域取得的最新研究和学术成果，具有先进性、新颖性和实用性。

本套丛书是相关研究领域的院校、科研院所专家集体智慧的结晶,丛书编写过程中,得到了业界各位专家、同仁的大力支持与精心指导,在此对参与编写及审校工作的各单位专家和领导表示衷心感谢!

陳弦

前　言

远程弹道导弹、运载火箭和人造地球卫星等航天器可执行远程打击、侦察监视和通信导航等多种军事任务，属于战略级作战武器，因此是空间目标监视与预警的主要对象。对该类飞行器的探测和监视，即通过测量设备和数据获得其运动状态参数，就需要对其动力学特性和运动规律进行系统和深入的了解，需要学习飞行器动力学类的课程。但现有的相关课程和教材，通常是面向飞行器设计等专业，以正向设计的思路进行内容的编排和组织，大多并不完全适用于将飞行器作为非合作目标进行研究的空间目标监视与态势感知领域，因此根据学科专业的特殊需求编写此教材。本书将飞行力学和轨道力学作为飞行器不同飞行阶段的动力学串联为一个整体，弱化飞行器设计专业相关的制导控制、轨道设计等内容，强化轨道探测、精密定轨和轨道预报等与空间监视感知关系较为密切的内容，建立起目标运动和测量之间的联系。本书可作为空间目标监视与态势感知领域相关技术人员的轨道力学基础知识参考书，也适合作为高校相关专业的高年级本科生和研究生教材。

本书以远程弹道导弹、运载火箭和人造地球卫星为研究对象，以空间目标监视与态势感知领域需求为牵引，系统阐述了飞行器在大气层内和真空中等不同力学环境下飞行的质心动力学特征和运动规律，以及通过测量数据获得飞行器运动参数的方法。全书分为9章：第1章为绪论，介绍了导弹与航天技术的基本概念以及不同飞行器的轨道特征；第2章为坐标与时间系统，主要讲解了地球参考椭球、天球、岁差、章动和极移等概念，常用的坐标系统和时间系统的定义及其转换；第3章为导弹受力模型，分别构建了推力、地球引力和空气动力的力学计算模型；第4章为导弹质心动力学方程，构建了导弹发射坐标系下的弹道计算方程，讲解了弹道数值计算的原理和方法；第5章为二体问题，推导并求解了二体问题运动方程，阐述了轨道根数和位置速度间的转换关系以及二体问题的具体应用；第6章为轨道确定，推导了三种初轨计算方法，介绍了两种精密轨道确定方法的基本原理；第7章为轨道摄动，介绍了轨道摄动分析方法以及主要摄动项对轨道的影响；第8章为轨道应用，介绍了星下点轨迹和对地覆盖等星地空间几何知识，以及常用卫星轨道的分类和功能特征；第9章为轨道机动，阐述了轨道机动的概念、分类和特征，介绍了轨道转移的具体实现方法。

由于作者水平有限，本书难免存在错误和疏漏之处，恳请读者和同行批评指正。

目 录

第1章　绪　　论

1.1　导弹与航天技术概念

导弹武器的出现,使军事思想和作战方式发生了重大变革;航天技术则把人类活动的领域扩展到太空,使人类认识自然和利用外层空间的能力发生了质的飞跃。其实导弹技术和航天技术是一个整体,而非两项互不相关的技术,这是因为:首先,两者都是源于火箭技术,导弹是随着火箭发动机技术的成熟而出现,而随着弹道导弹射程越来越远、速度越来越大,终于在1957年将载荷送入太空,成为环绕地球运动的卫星,标志着人类进入航天时代;第二,两者技术上具有一定的通用性,比如都需要导航、制导与姿态控制技术,高强度低密度的金属材料等;第三,两者结构具有一定的相似性,导弹、火箭、卫星,都可以分为结构、动力、电源、导航制导与控制分系统等,洲际弹道导弹和运载火箭甚至就是一对孪生兄弟,如苏联的撒旦洲际弹道导弹,战斗部换成卫星就变为了第聂伯号运载火箭,美国的米诺陶火箭一、二、三级与和平卫士弹道导弹相同等。

导弹与航天技术是一门跨多学科综合性的现代科学技术,一共包含了120多个专业,几乎涉及20世纪所有的先进工业技术,中国宇航出版社出版的"导弹与航天技术丛书"包括7个系列,157本教材。导弹与航天技术也是一项复杂的系统工程,它应用了现代科学技术众多领域的最新成就,是科学技术与国家基础工业紧密结合的产物,是一个国家科学技术水平和工业水平的重要标志。

导弹与航天技术同预警探测专业关系密切,原因有二:一是导弹与航天器是预警探测的重要目标,尤其是具有战略军事意义的洲际导弹核弹头、军事侦察卫星等;二是航天侦察具有的独特优势决定了航天器是预警探测的一个重要平台和手段。

1.2　飞行器质点动力学概念

导弹与航天技术包含了与飞行器飞行有关的一系列理论和技术问题,其中以飞行器的运动规律为研究内容的飞行器动力学是导弹与航天技术的重要组成部分,也是本书要重点阐述的内容。本书以远程火箭(包括弹道导弹和运载火箭)和人造地球卫星为对象,重点研究其飞行过程中的质心运动规律(即飞行轨迹的变化规律),主要内容由时空基准、远程火箭弹道学和近地卫星轨道力学部分内容组成。

飞行器的飞行可以分为航空、航天和航宇三种不同的类型。如图1-1所示,飞行器在地球大气层内飞行的称为航空,例如常见的飞机、直升机以及飞航式导弹等,远程火箭的主动段和再入段也在大气层内飞行;在地球大气层外,太阳系引力影响范围之内的飞行称为航天,例如卫星、月球探测器等,此外远程弹道导弹部分自由段弹道也在该范围内飞行;飞出太阳系引力影响范围,进入宇航空间的飞行称为航宇。当前世界科学技术的发展,已经能够比较成功地进行航空和航天,但尚未进行真正意义的航宇。飞行器的飞行轨迹:在航空飞行中称为航迹;在航天飞行中,对于卫星来说称为轨道,对于导弹来说称为弹道,本书中将远程火箭和人造地球卫星的飞行轨迹广义地称为轨道。

飞行器质点动力学仍然属于牛顿力学范畴,因此其研究方法与一般的物体运动研究方法相同。首先分析所研究对象在不同阶段所受的力,然后在某一确定的时空坐标系框架内构建质心动力学方程,最后或利用数值方法计算其飞行轨道,或利用理论解析的方法分析其动力学特性。

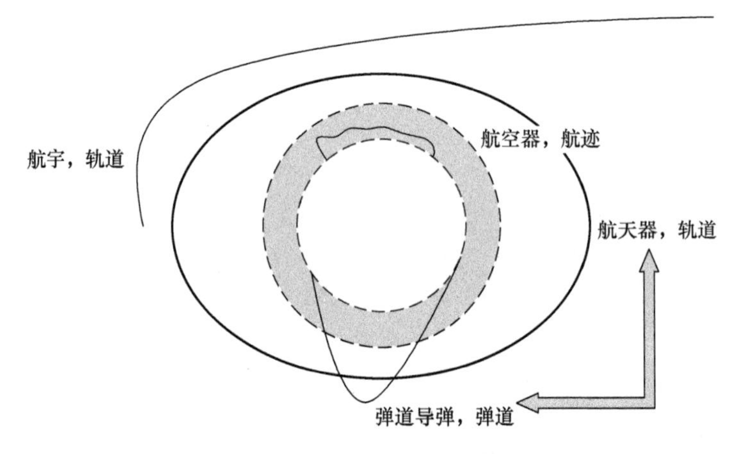

图 1-1　飞行器飞行的不同类型

1.3　弹道导弹的弹道特征

导弹是依靠自身动力装置推进,由制导系统导引、控制其飞行路线,并导向目标的武器。动力、制导和战斗部是导弹武器的三大特征。如果按照导弹的弹道特征来区分,导弹可以分为两大类:弹道导弹和有翼导弹。有翼导弹不属于本书重点讲解的对象,顾名思义,其为一种有弹翼,依靠较大的翼面(包括弹翼和舵面)产生的空气动力以及喷气发动机的推力,在大气层内以机动多变弹道飞行的导弹。大气层内飞行和弹道机动多变,是有翼导弹与弹道导弹最大的区别。根据翼面的多少,还可以分为轴对称导弹和面对称导弹两种。轴对称导弹有两对相互正交的弹翼(两个相互正交的对称面),所以是轴对称,空空导弹和地空导弹通常属于这种类型,机动性强;面对称导弹通常只有一对主弹翼(一个对称面),所以是面对称,巡航导弹通常属于这种类型,机动性较弱但飞行效率高。

本书讲解的重点是弹道导弹。所谓弹道导弹,就是在火箭发动机推动和制导系统控制下,首先按预定程序进行主动段飞行,然后发动机关机后按自由抛物体轨迹飞行的导弹。它的弹道根据导弹发动机工作与否分为两段,分别是主动段和被动段,而被动段则根据导弹所受空气动力的大小分为自由段和再入段。将弹道进行分段的目的是在不同的飞行段可构建不同的运动模型,采用不同的方法积分运动方程,分析导弹不同段运动的规律特征。弹道导弹的外形和结构通常如图 1-2 所示。

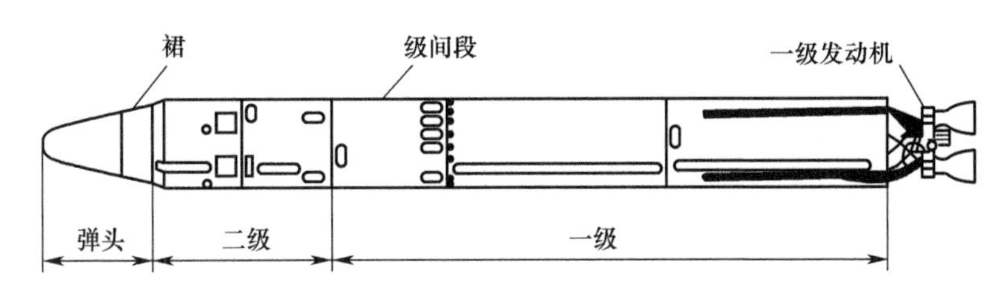

图 1-2 弹道导弹的外形和结构

以远程(洲际)弹道导弹为例,图 1-3 给出其射程高度曲线与速度曲线,下面结合弹道曲线综述各飞行阶段的一般特点。

(1) 主动段。从导弹离开发射台到主发动机关机的一段弹道,因为在这一飞行阶段中发动机一直工作,故称为主动段,或动力飞行段。该段的特点就是发动机和控制系统一直在工作,作用在弹道上的主要有地球引力、发动机推力、空气动力、控制力以及它们产生的力矩。导弹的主发动机点火工作,在其提供的推力超出导弹所受的重力后,导弹起飞并在控制系统作用下进行程序转弯,并指向目标点。随着时间的增加,导弹的飞行速度、飞行高度和射程均增大,而速度与发射点处地平线的夹角逐渐减小。当主发动机关机时,亦即主动段终点时,导弹的速度约为 7000m/s,主动段终点离地面高度约为 200km,离发射点的水平距离约为 700km。该段的飞行时间约为 200~300s。

(2) 自由段。远程导弹主动段终点的高度约为 200km,弹头由主动段终点飞行至再入点的一段为自由段。这一段飞行过程大部分时间是在稀薄的大气中进行,作用在弹头上的地球引力远远大于空气动力,故可近似地将空气动力略去,即可认为弹头是在真空中飞行。自由段弹道可近似看作椭圆曲线的一部分,此段弹道的射程和飞行时间占全弹道的 80%~90%以上。

(3) 再入段。再入段就是弹头重新进入大气层后飞行的一段弹道。弹头高速进入大气层后,将受到巨大的空气动力作用,由于空气动力的作用远大于重力的影响,这既引起导弹强烈的气动加热,也使导弹做剧烈的减速运动。所以,弹头的再入段与自由段有着完全不同的特性。

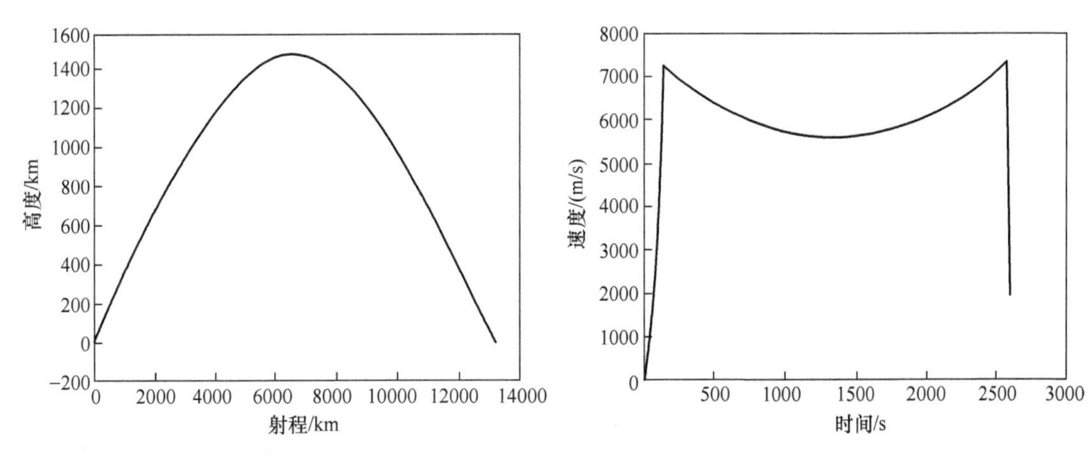

图 1-3 洲际弹道导弹的弹道曲线

随着弹道导弹的发展,为了便于突防,导弹采用了多弹头分导技术,在母舱中除装子弹头外，还携带假弹头和诱饵以欺骗敌防区的雷达，于是在助推段之后又增加末助推段，并将自由飞行段称为中段。因此，现役先进的弹道导弹通常将弹道进一步划分为助推段、末助推段、中段和再入段等四个飞行阶段。

1.4 运载火箭的弹道特征

运载火箭的弹道也就是卫星的发射段轨道，其基本要求是将卫星送入预定轨道，除此之外，还要综合考虑能量要求、地面测控要求、火箭残骸落点、过载要求等因素，才能确定运载火箭最终的弹道。

运载火箭的弹道与弹道导弹的主动段弹道有许多相同之处，但也存在一些明显的差别，这些差别主要源于两者任务的不同。由于弹道导弹的任务是将载荷（弹头）送至地面上的目标点，而运载火箭的任务是将载荷（卫星）送入预定轨道，因此在关机点时刻，通常运载火箭的速度、高度、射程和飞行时间均要大于弹道导弹的主动段，而速度与当地水平线的夹角（近似为0）则远小于弹道导弹。在弹道导弹的主动段，多级火箭发动机通常一级接着一级连续工作，直至关机；而运载火箭，由于能量和入轨要求，通常级间会有无动力飞行的滑行段。

运载火箭的弹道（即卫星发射段轨道）有两种基本形式，一种是连续推力发射轨道；另一种是具有中间轨道的发射轨道，示意图如图1-4所示。连续推力发射轨道与弹道导弹主动段较为接近，但对于入轨来说从能量角度讲不是最优的，通常对于发射低轨道卫星可采用此种方法。具有中间轨道的发射轨道是运载火箭发射卫星的常用形式。它通过中间轨道（即滑行段）过渡把动能转化为位能，适用于发射中高轨卫星。

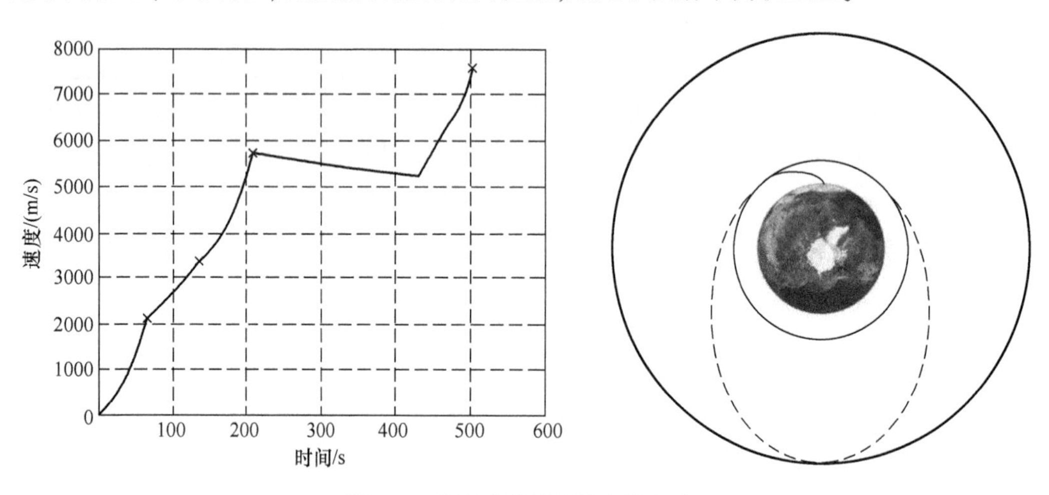

图1-4 运载火箭的两种入轨方式

1.5 人造地球卫星的轨道特征

人造地球卫星的轨道是空间任务的一个基本要素。当卫星的对地水平速度达到7.9km/s（第一宇宙速度），卫星就会脱离地球，绕地球运动，理论上是圆轨道，卫星在轨道上做周而复始的运动。更为一般的，假设只考虑星体间的万有引力，根据开普勒第一定律，卫星绕地球运动轨道是椭圆，地心就是该椭圆的一个焦点。当卫星速度进一步增加，达到11.2km/s(第二宇宙速度)，卫星就可以脱离地球引力，在太阳系飞行，此时的轨道是抛物线。速度进一步增加到16.7km/s(第三宇宙速度)，卫星就可以脱离太阳系，在宇宙空间飞行，此时的轨道为双曲线。无论是圆、椭圆，还是抛物线、双曲线，统称为圆锥曲线，这是由受万有引力的两个星体间的运动规律决定的。

实际上，卫星除了受万有引力之外，还受到其他作用力的影响，比如更为复杂精细的地球形状和引力场，大气阻力，辐射压力，其他天体引力以及地球潮汐力等，导致其实际轨道与理想的圆锥曲线轨道具有一定的偏离，这就是摄动轨道，二体轨道和摄动轨道的区别如图1-5所示。摄动轨道以圆锥曲线轨道为基础，但比其更为复杂，后续章节会具体分析。

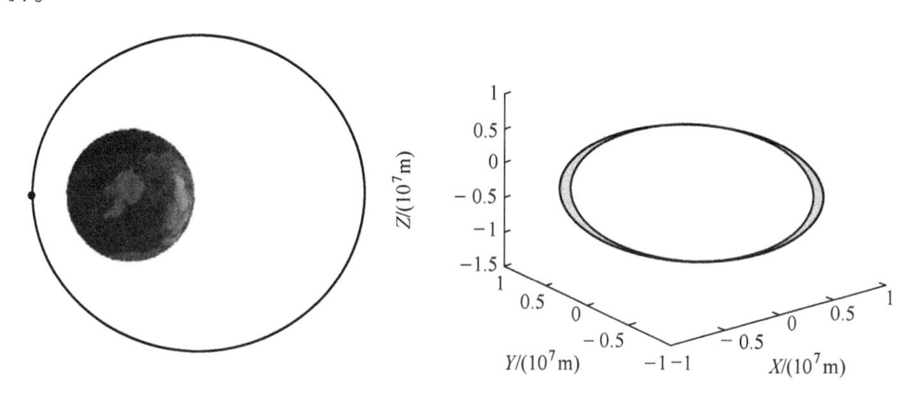

图1-5 人造地球卫星的理论轨道和摄动轨道

本章习题

1. 导弹技术和航天技术有何区别和联系?
2. 飞行器的飞行如何分类?
3. 弹道导弹、运载火箭和人造地球卫星的运行轨迹各有什么特征？有什么异同?

第2章　坐标和时间系统

研究一个物体在三维空间中的运动(位置随时间变化),离不开坐标和时间的定义。弹道学和轨道力学作为研究飞行器质心运动的学科,也不例外。本章的学习内容为坐标与时间系统的基本概念,以及弹道学和轨道力学中常用到的坐标和时间系统。

2.1　地球与天球

对于弹道学和轨道力学来说,其坐标和时间系统的定义与地球和天球密不可分,所以在学习坐标和时间系统之前,首先要熟悉地球和天球的概念。

2.1.1　地球

1. 大地水准面

地球是一个形状不规则、质量分布也不均匀的近似圆球。由于自转的影响,使其成为一个两极半径略小于赤道半径的扁球体,极地半径大约是6356km,赤道半径约是6378km,相差22km。从太空中拍摄的地球如图2-1所示,当然由于地球半径尺度较大,其极地和赤道的差异肉眼无法分辨,显示仍为较标准的圆球形。

图2-1　从太空中看地球

实际上地球的真实物理表面极不规则,陆地、山川、海洋等地形复杂,无法用数学模型精确表示。由于地球表面71%被海水覆盖,忽略海浪、洋流等海水运动时,静止的海平面就是一个等重力位面，重力方向沿当地法线方向，将实际的海洋静止平面向陆地内部延伸，形成一个连续的、封闭的、没有褶皱和裂痕的等重力位面，称为大地水准面，其构造示意如图 2-2 所示。我们通常所说的地球形状，实际是指大地水准面的形状。由于地球内部质量分布不均匀，大地水准面就像一个表面凹凸不平的土豆，也是一个无法用数学模型描述的复杂曲面。为了便于实际应用，人们希望用一个形状简单的物体来近似地球，要求该物体的表面与大地水准面的差别尽量小，而且在此表面上计算也比较容易。

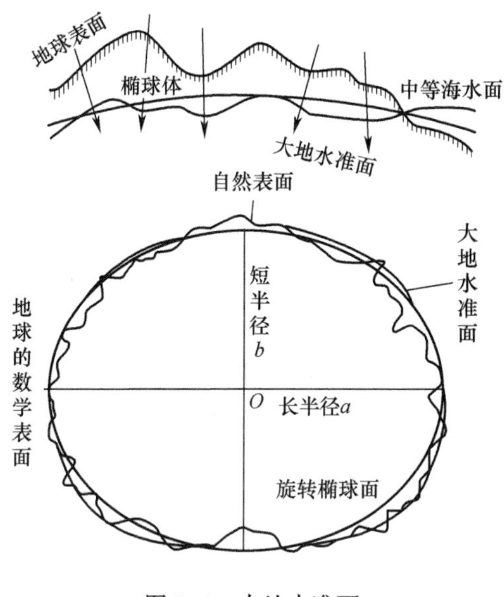

图 2-2　大地水准面

2. 地球圆球模型

最简单的形状就是假设地球是一个均质圆球，即地球各处密度均匀的球形，其体积等于地球的体积，如图 2-3 所示，圆球体的半径为 6371004m，称为地球的平均半径 r_0。将平均半径和前面提到的赤道、两极半径数值相比可以看出，用均质圆球模型描述地球的形状时，对地球表面某点位置的描述可能会存在最大约十几千米的偏差。地球的圆球模型虽然误差较大，但由于模型简单，利于获得解析模型，在对精度要求不是太高的轨道初始设计和理论分析中经常使用。对于地球圆球模型来说，其球面方程在直角坐标系中描述为

$$X^2 + Y^2 + Z^2 = r_0^2 \tag{2.1}$$

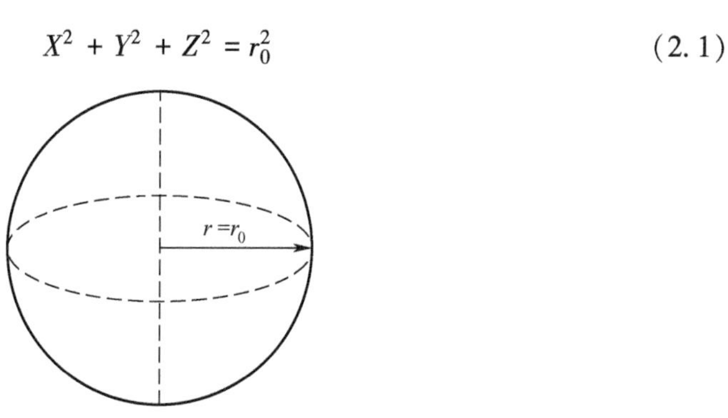

图 2-3　地球圆球模型

式中：X,Y,Z 分别为以地球球心为原点的直角坐标系的三个直角坐标分量。圆球模型的球面方程在球坐标系中描述更为简单，即

$$r = r_0 \tag{2.2}$$

式中：r 为任一点到地球球心原点的距离。

3. 地球参考椭球

相比之下，利用一个旋转椭球体（由椭圆绕其短轴旋转获得）来近似地球的形状，会获得更高的逼近精度。该旋转椭球体称为地球椭球，一个大小、形状和相对地球的位置、方向都确定的地球椭球称为参考椭球。参考椭球的建立依赖于对地球重力场和大地水准面的精确测量，现代通过测地卫星精确测量建立的总地球参考椭球模型与大地水准面的最大偏差约为几十米。如图 2-4 所示，地球参考椭球由两个参数描述：半长轴和半短轴，或者半长轴和椭球扁率。

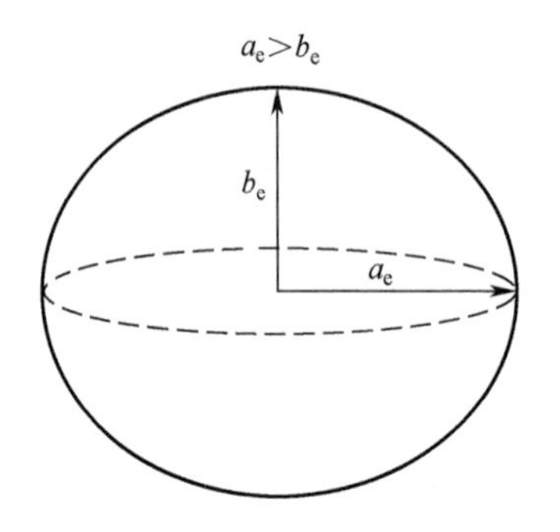

图 2-4　地球参考椭球

表 2-1 给出了三种地球参考椭球参数，分别是 1975 年国际大地测量与地球物理联合会（IUGG）推荐的地球参考椭球、美国 WGS-84 坐标系和我国 CGCS2000 国家大地坐标系采用的地球参考椭球。表中地球椭球扁率 α_e 的定义为

$$\alpha_e = \frac{a_e - b_e}{a_e} \tag{2.3}$$

式中：a_e 和 b_e 分别为地球参考椭球的半长轴和半短轴。

表 2-1　三种地球椭球参数

坐标系	半长轴 a_e/m	椭球扁率 α_e	地球引力常数 μ_e/(m^3/s^2)	地球自转角速度 ω_e/(rad/s)
IUGG 1975	6378140	1/298.257	3.986005×10^{14}	7.292115×10^{-5}
WGS-84	6378137	1/298.257223564	3.986005×10^{14}	7.292115×10^{-5}
CGCS2000	6378137	1/298.257222101	$3.986004418 \times 10^{14}$	7.292115×10^{-5}

对于地球参考椭球模型来说，其椭球面方程在直角坐标系中描述为

$$\frac{X^2 + Y^2}{a_e^2} + \frac{Z^2}{b_e^2} = 1 \tag{2.4}$$

根据球坐标与直角坐标分量间的关系

$$\begin{cases}X = r\cos\phi\cos\lambda \\ Y = r\cos\phi\sin\lambda \\ Z = r\sin\phi\end{cases} \tag{2.5}$$

式中：λ 为地心经度；ϕ 为地心纬度。将式(2.5)代入式(2.4)即可获得椭球面方程在球坐标系中的表达式，即

$$\frac{r^2}{a_e^2}\left[1+\left(\frac{a_e^2}{b_e^2}-1\right)\sin^2\phi\right]=1 \tag{2.6}$$

2.1.2　天球

1. 天球定义

天球(如图2-5所示)是为了研究方便提出的一个假想球，其实并不存在，天球的球心就是观测者本身或地球中心，半径是任意长度或者说是无穷大。其作用是用来描述天体的视位置，也就是假设所有的天体都在天球的球面上，这跟肉眼观测的常识也是相符合的，天体在天球上的相对位置就是它的视位置。通过在天球上定义一些特定的点、线(弧)和面，便于对天体视位置的研究。

天体视位置的计算采用的方法是球面几何，天球上天体间的距离其实指的是角距，由于地球自转，角距与时间等价，线距离对于天球来说没有意义，因为它的半径是无穷大。所以在天球内，所有相互平行的直线向同一方向延伸时，将与天球交于同一点。

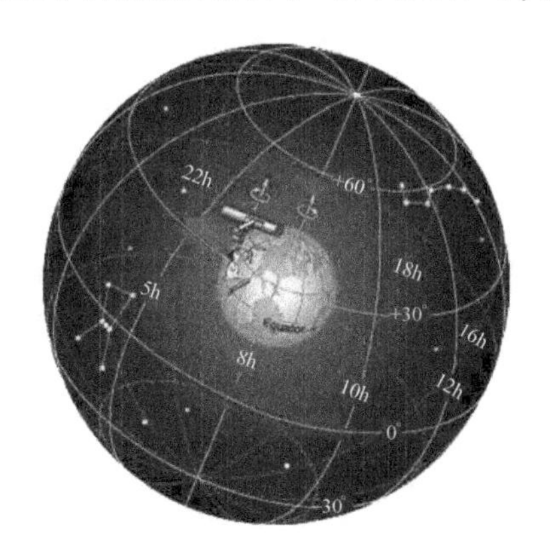

图2-5　天球

2. 天球上的点和圈

为方便天体视位置的研究，在天球上会定义一些基本的点和圈。首先是天顶，就是沿观测者头顶所指的方向作铅垂线向上延伸，与天球相交的一点。通常用 Z 表示。而铅垂线在观测者脚底向地平面以下无限延伸与天球相交的另一点，称为天底，用 Z' 表示。过天球中心并与 ZZ' 相垂直的平面叫地平面，地平面和天球相交产生的大圆，叫地平圈，天顶和天底的定义如图2-6所示。

类似地，天极(如图2-7所示)是指地球自转轴所在直线与天球表面的交点，显然天极应该有两个——北天极 P_N 和南天极 P_S，过地球中心并与 P_NP_S 相垂直的平面就是地球的赤道面，地球赤道面与天球球面相交而成的大圆称为天赤道。

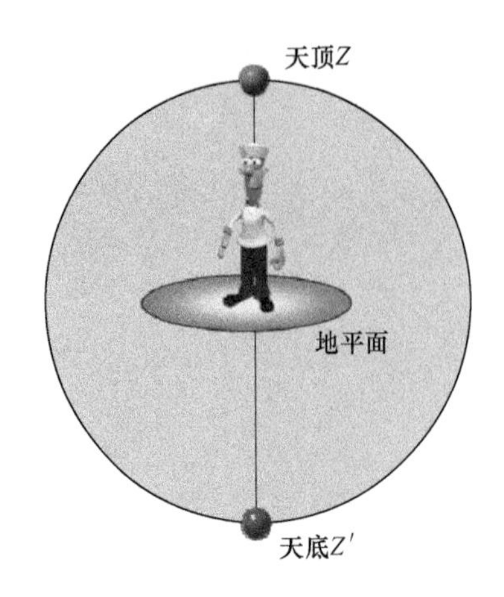

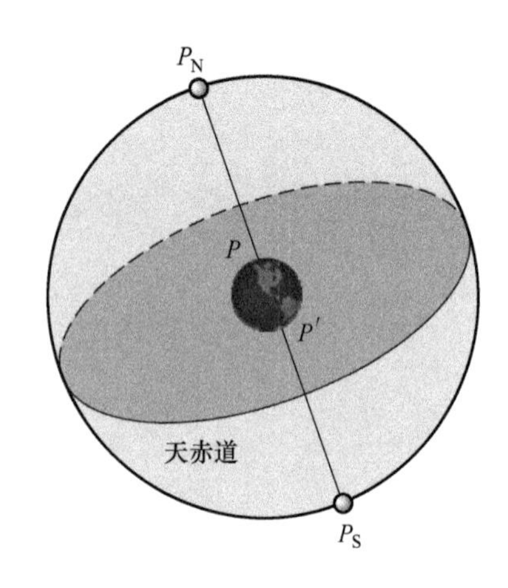

图 2-6 天顶和天底

图 2-7 天极

赤经圈是与天赤道垂直的大圆,类似于地球上的经度圈。赤纬圈是与天赤道平行的小圆,类似于地球上的纬度圈。若某天体在天球上的视位置为 σ,σ 和天球中心 O 的连线与天球赤道面的夹角称为赤纬,用 δ 表示;σ 在天球赤道面上的投影与春分点 Υ 对中心 O 的张角,称为赤经,用 α 表示,赤经、赤纬的定义如图 2-8 所示。赤经从春分点 Υ 开始沿天赤道按逆时针方向(从北天极看)度量,单位一般用时(h)、分(m)、秒(s),有时也用角度,换算关系为

$$1^{h}=15^{\circ},1^{m}=15',1^{s}=15'' \tag{2.7}$$

赤纬从天赤道开始分别向南北两个天极的方向度量,范围 0°~±90°,天赤道以北为正、以南为负。

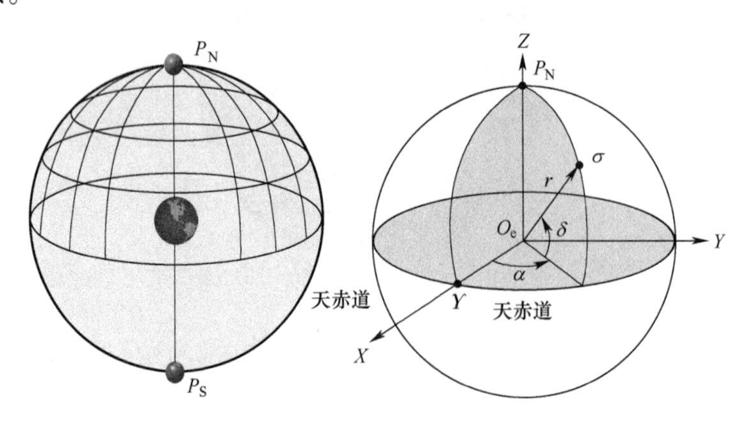

图 2-8 赤经、赤纬

天子午圈是指通过天顶、北天极和天底的平面与天球相交的大圆,南天极也在这个圆上,如图 2-9 所示。天卯酉圈是指与天子午圈垂直的地平经圈。天子午圈、天卯酉圈和地平经圈两两相互垂直。天子午圈和地平经圈的两个交点称为北点和南点,离北天极较近的是北点。天卯酉圈和地平经圈的两个交点称为东点和西点。这四个点刚好是观测者的东、西、南、北四个方向。

在天球上,时间和角度是等价的,这就是时角的概念。任意瞬时目标天体的时角 t 就是观测点的天子午圈与瞬时目标天体所在赤经圈的夹角,如图 2-10 所示,由 Q 点开始,

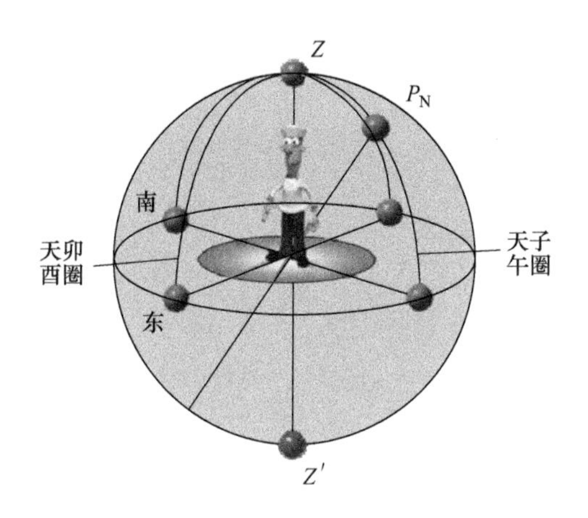

图 2-9　天子午圈和四方点

顺天球方向(从北天极看顺时针)度量,单位一般用 h、m、s,范围是 $0^h \sim 24^h$。时角有时也可用角度表示,利用式(2.7)的转换,可以将时间和角度对应起来。

如图 2-11 所示,通过天球中心作一平面与地球公转轨道面平行,这一平面称为黄道面,黄道面与天球相交的大圆叫黄道。过天球中心作一条垂直于黄道面的直线,与天球相交于两点,靠近北天极的叫北黄极。黄道面和天赤道面斜交,交角就叫黄赤交角,是一个随时间变化的变量,平均值约是 23°27′。黄道和天赤道的两个交点分别叫春分点和秋分点,太阳的周年视运动从南到北经过的这个点叫春分点,另一个叫秋分点。

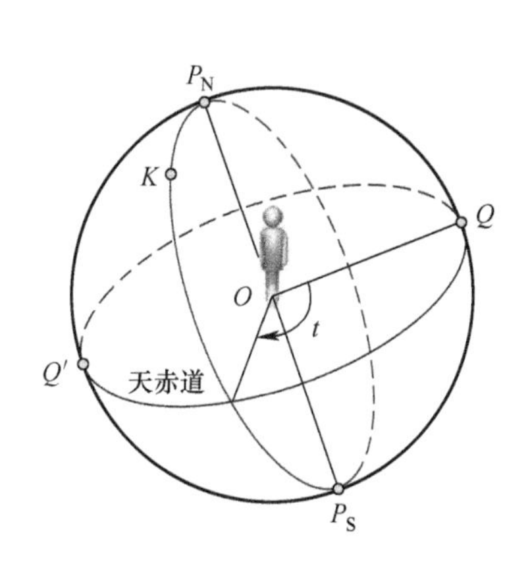

图 2-10　时角的定义

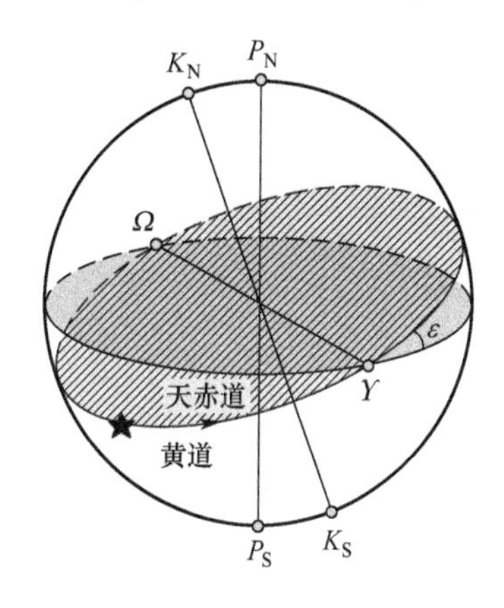

图 2-11　黄道与黄赤交角

3. 天体的视运动

在讲春分点的定义时,提到了天体视运动的概念。在惯性空间中,我们认为广大的"恒"星天体是静止的,所以称为恒星,但由于地球自身在运动,所以身在地球与地球固连的观测者,在观测天体的时候不会觉得自己或地球在运动,而是天体在运动,这就是天体的视运动。因此天体的视运动与地球自身的运动息息相关。如图 2-12 所示,地球的运动是两个运动的叠加,一个是地球绕太阳的公转,轨迹近似椭圆,近日点为 1.47 亿 km,远日点为 1.52 亿 km,属于近圆轨道。一个是地球绕自身轴的自转,自转的方向是自西向东,地球自转一周所需的时间是 23 时 56 分 4 秒。

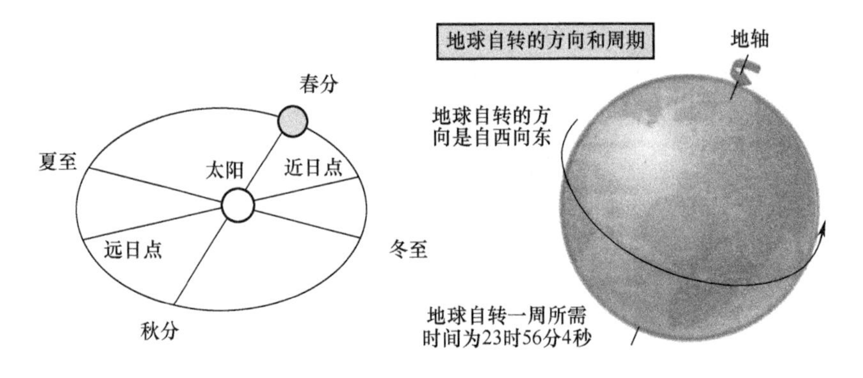

图 2-12 地球的公转和自转

地球自转一周,观测者看到天体在天球表面上的视位置,从北天极看自东向西(顺时针)旋转一周的运动叫作天体的周日视运动,由于这个运动是由地球自转一周(一日)造成的,所以叫周日视运动,如图 2-13 所示。

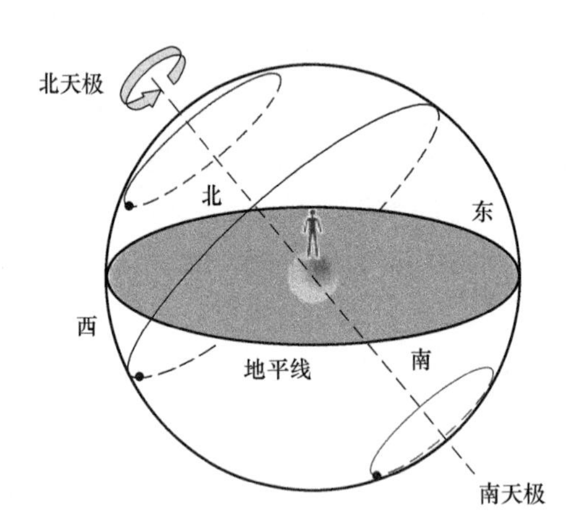

图 2-13 天体的周日视运动

在天体的周日视运动中,当天体经过观测者所在天子午圈的瞬间称为中天,其中经过包含天顶的半个子午圈的瞬间称为上中天,此时天体达到最高位置;经过包含天底的半个子午圈的瞬间称为下中天,此时天体达到最低位置。根据时角的定义,处于上中天的天体其时角为 0°,处于下中天的天体其时角为 180°。

太阳的视运动如图 2-14 所示,相比恒星更加复杂,因为它是两个运动的叠加,即由地球自转引起的周日视运动和地球公转引起的周年视运动。由于地球公转,太阳在恒星背景上会进行相对运动,即太阳沿黄道自西向东运动(从北黄极看为逆时针)。太阳的周年视运动是四季更替和昼夜长短变化的原因。

2.1.3 岁差、章动与极移

岁差、章动和极移的概念对于坐标和时间系统的定义非常重要。

1. 岁差与章动

地球自转轴在惯性空间的指向其实不是固定的,而是不断发生变化的,这种变化可

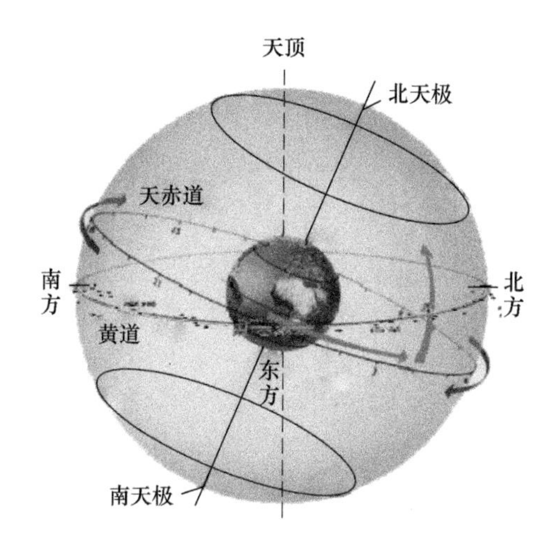

图 2-14 太阳的视运动

以分解为两种运动,一种是长期运动,也就是地球自转轴在惯性空间中指向的长期运动,称为岁差,另一种是短周期运动,称为自转轴的章动。

1) 岁差

地球自转轴在惯性空间的指向发生变化,会导致天极、天赤道、春分点等在天球上运动,岁差最明显的特征就是春分点沿着黄道西退。早在公元前 2 世纪,古希腊天文学家喜帕恰斯就发现了这个问题,他发现在太阳周年视运动过程中,太阳通过春分点的时刻总比通过同一恒星位置的时刻早一些,这说明春分点相对于恒星背景发生了西移,这样就导致回归年的长度要比恒星年短。公元 330 年,我国晋朝天文学家虞喜(282—356 年)根据对回归年和恒星年的观测推算,独立发现了岁差。

岁差形成的原因主要是由于日月引力对地球赤道隆起部分产生的不可抵消的力偶,使得地球自转轴在绕着黄道轴做进动,如图 2-15 所示(从北黄极看为顺时针,即自东向西),地球自转轴的进动形成一个圆锥面,圆锥的半顶角就是黄赤交角。

图 2-15 岁差

岁差导致天极在天球上绕黄极沿与黄道面平行的小圆运动,从北黄极看,做顺时针运动(如图 2-16 所示)。运动的速度为一年 50.37″,也就是说,大约 25800 年转一圈,即岁差的周期约为 25800 年。

2)章动

月球对地球引力的周期性变化是章动产生的主要原因。章动导致地球自转轴的进动速度不再是常数,而是随时间变化的。这是英国天文学家布拉德利在 1728 年首先发现的。章动的存在,使得天极在天球上的运动曲线非常复杂,如图 2-17 所示,它可以分解为两种运动,一种是绕黄极沿小圆运动,另一种是绕小圆轴线的运动,而且轨迹还是椭圆,称为章动椭圆。章动椭圆很小,可近似位于天球的球面上,长半轴约为 9.2″,运动周期大约为 18.6 年(即章动周期),运动的方向为从天球面外看作顺时针运动。

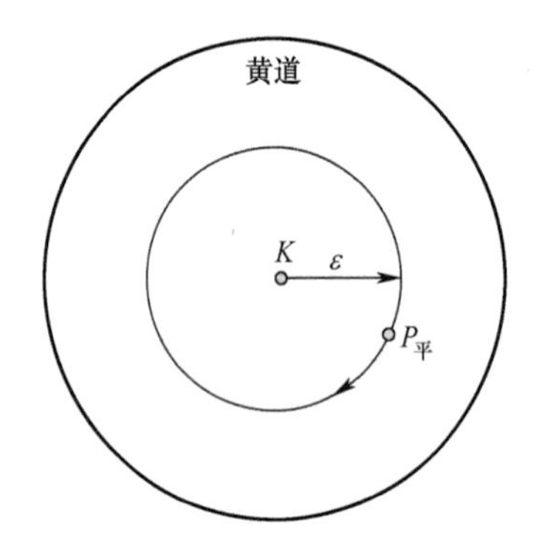

图 2-16 平天极轨迹

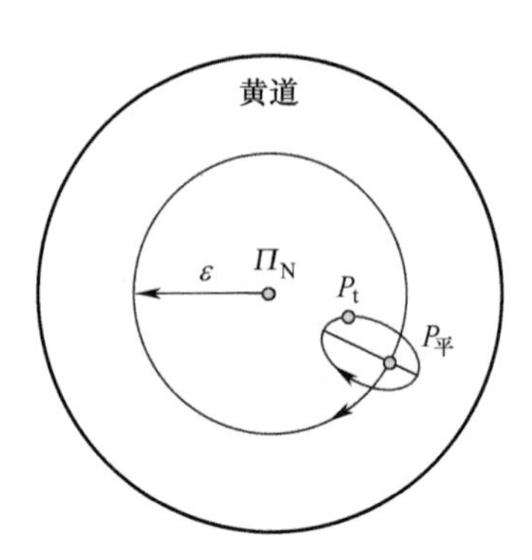

图 2-17 真天极轨迹

绕黄极的小圆上的点 $P_{平}$ 并不是真实的天极,它只是代表了章动的一个平均状态,所以称其为平天极,小椭圆上的 P_t 是真实天极,叫作真天极,因此真天极在天球上的运动实际如图 2-18 所示。

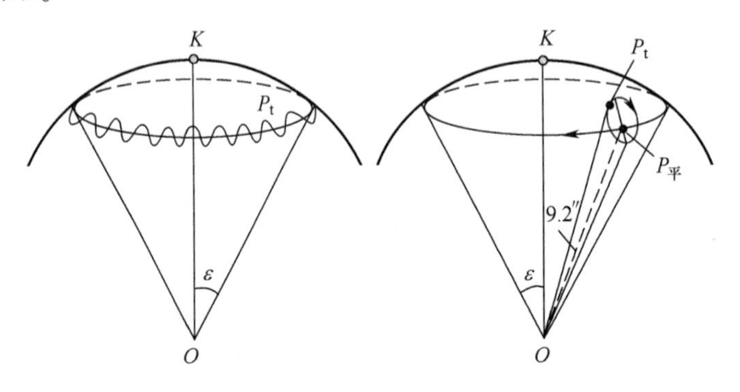

图 2-18 天极在天球上的运动

2. 极移

极移和岁差、章动的现象不同,岁差、章动是地球自转轴相对惯性空间的运动,极移是地球自转轴相对地球本身位置的变化,地极点在地球表面上的位置随时间发生改变,这种现象称为极移。例如每年的 12 月份,南极的夏季,位于极点附近的科考站都会派出科学家,用 GPS 定位系统重新测定南极极点;12 月 31 日,在准确的位置上设立标志,标明下一年度的极点位置。实际上每年的极点标志之间都有 15~20m 的变化。图 2-19 是 2005 年 12 月 31 日的南极位置。

图 2-19　2005 年 12 月 31 日的南极点位置

图 2-20 分别画出了 1968—1973 年和 2001—2005 年两个时段内地极的移动变化情况。坐标系的原点是 1900—1905 年地极平均位置，坐标平面在坐标原点和地球球面相切，x 轴是格林尼治子午线方向，也就是向下，y 轴是以西 90°的子午线方向，也就是向左。其实地极的移动幅度不是很大，大约是 0.4″，差不多是 20m。目前极移无法从理论上预测，国际地球自转与参考系服务机构(IERS)在其公报中会给出每天一组的极移坐标，以及一段时间内极移的预推公式。

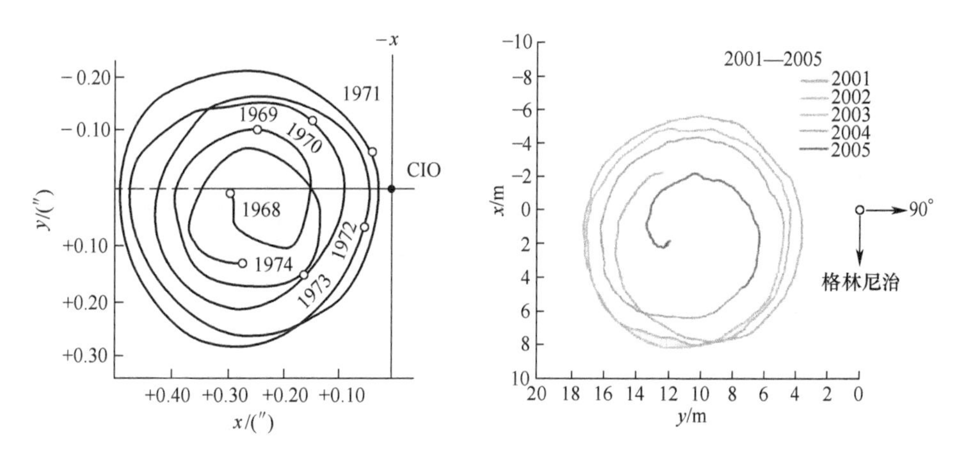

图 2-20　地极的变化曲线

极移的成因非常复杂，总体来说是由于日月引力及大气、海洋(外因)及地球内部结构(内因)的综合作用所成。由外部因素引起的叫受迫极移，摆动周期为 1 年，振幅大概是 0.1″；由内部因素引起的叫自由极移，摆动周期为 14 个月，振幅 0.2″。

岁差、章动和极移的存在会带来天极、春分点、地极的变化，进而会导致坐标和时间系统的定义变得极为复杂。

本节思考题

1. 地球形状是指什么的形状？

2. 大地水准面是如何获得的?
3. 把地球近似为均质圆球,描述该圆球的几何参数是什么,大约会造成多大的偏差?
4. 什么是地球参考椭球? 描述该椭球的几何参数是什么?
5. 天球的作用是什么? 有什么特征?
6. 讲天球的点时,提到了几个顶或极?
7. 春分点是怎么定义的?
8. 时角和赤经是分别怎么定义的? 有什么区别?
9. 太阳的视运动和其他恒星的视运动有什么区别?
10. 岁差、章动和极移的区别是什么?
11. 岁差和章动的区别是什么?
12. 岁差、章动和极移的量级分别是多少?
13. 岁差、章动和极移的存在会导致天球哪些点和线发生变化? 会增大什么定义的复杂度?

2.2 坐标系统

2.2.1 坐标系定义及转换

1. 坐标系定义

坐标系最早由笛卡儿提出,它建立了几何学和代数学的桥梁。研究物体的运动离不开坐标系,所以坐标系统对于弹道学和轨道力学,其地位是非常重要的。轨道力学中重要的坐标系有两大类:天球坐标系和地球坐标系。在飞行力学中关于导弹的运动研究中,也有一些典型的特定功能坐标系。由于导弹或航天器均在三维空间中运动,因此本章提到的坐标系通常指三维坐标系,简称坐标系。

坐标系有直角坐标系和球坐标系之分,二者可以相互转换。直角坐标系一般定义为右手坐标系。坐标系的原点、基本平面与主轴(x 轴)是确定坐标系的关键,其定义如图 2-21 所示。

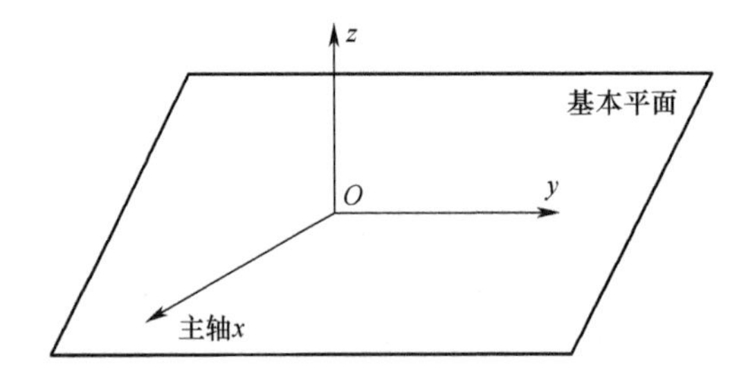

图 2-21 坐标系的定义

2. 坐标系间矢量坐标的转换

在运动分析时需要把不同坐标系下的矢量统一在同一个坐标系下,这就需要进行坐标系间矢量坐标的转换。一个矢量在不同的坐标系中,它的表达式是不同的。例如地球

自转角速度 ω_e，虽然其大小是常数，但在地心固连坐标系中表达式为 $[0\quad 0\quad \omega_e]^T$，而在发射坐标系中表达式为 $[\omega_{ex}\quad \omega_{ey}\quad \omega_{ez}]^T$。

假设 $\boldsymbol{A}$ 和 $\boldsymbol{B}$ 是任意两个原点及坐标轴方向均不重合的右手直角坐标系，它们的坐标轴单位矢量分别为

$$\boldsymbol{A}_0 = \begin{bmatrix} \boldsymbol{i}_A \\ \boldsymbol{j}_A \\ \boldsymbol{k}_A \end{bmatrix}, \boldsymbol{B}_0 = \begin{bmatrix} \boldsymbol{i}_B \\ \boldsymbol{j}_B \\ \boldsymbol{k}_B \end{bmatrix} \tag{2.8}$$

存在某个矩阵，可以将 $\boldsymbol{B}$ 坐标系中的坐标轴单位矢量转换成 $\boldsymbol{A}$ 坐标系的坐标轴单位矢量

$$\boldsymbol{A}_0 = \boldsymbol{C}_B^A \boldsymbol{B}_0 \tag{2.9}$$

将式(2.9)两边分别点乘 $\boldsymbol{B}_0^T$

$$\boldsymbol{A}_0 \cdot \boldsymbol{B}_0^T = \boldsymbol{C}_B^A \boldsymbol{B}_0 \cdot \boldsymbol{B}_0^T \tag{2.10}$$

由于有 $\boldsymbol{B}_0 \cdot \boldsymbol{B}_0^T = \boldsymbol{I}$，则可得到矩阵 $\boldsymbol{C}_B^A$ 的表达式

$$\boldsymbol{C}_B^A = \boldsymbol{A}_0 \cdot \boldsymbol{B}_0^T = \begin{pmatrix} \boldsymbol{i}_B \cdot \boldsymbol{i}_A & \boldsymbol{j}_B \cdot \boldsymbol{i}_A & \boldsymbol{k}_B \cdot \boldsymbol{i}_A \\ \boldsymbol{i}_B \cdot \boldsymbol{j}_A & \boldsymbol{j}_B \cdot \boldsymbol{j}_A & \boldsymbol{k}_B \cdot \boldsymbol{j}_A \\ \boldsymbol{i}_B \cdot \boldsymbol{k}_A & \boldsymbol{j}_B \cdot \boldsymbol{k}_A & \boldsymbol{k}_B \cdot \boldsymbol{k}_A \end{pmatrix} \tag{2.11}$$

两个单位矢量的点乘结果就是这两个单位矢量的夹角余弦值，而这个矩阵的每个元素都是两坐标系坐标轴夹角的余弦值，因此该矩阵称为方向余弦阵。方向余弦是单位矢量在坐标系三轴上的投影，方向余弦阵是指以某个坐标系三轴的单位矢量在另一个坐标系中的方向余弦为列组成的矩阵。因此，假设某任意矢量 $\boldsymbol{r}$ 在 $\boldsymbol{A}$ 坐标系中的表达式为 $[x_A\quad y_A\quad z_A]^T$，在 $\boldsymbol{B}$ 坐标系中的表达式为 $[x_B\quad y_B\quad z_B]^T$，则两者的关系满足

$$\begin{bmatrix} x_A \\ y_A \\ z_A \end{bmatrix} = \boldsymbol{C}_B^A \begin{bmatrix} x_B \\ y_B \\ z_B \end{bmatrix} \tag{2.12}$$

即通过求解两个坐标系间的方向余弦阵，就可以把某任意矢量在一个坐标系的坐标转换至另一个坐标系的坐标，因此方向余弦阵也称为坐标转换矩阵。

以一个二维平面坐标系的矢量坐标转换为例，图 2-22 为两个二维平面坐标系 $\boldsymbol{A}$ 和 $\boldsymbol{B}$，矢量 $\boldsymbol{r}$ 在坐标系 $\boldsymbol{A}$ 中的表达式为 $[r\cos(\alpha+\beta)\quad r\sin(\alpha+\beta)]^T$，在坐标系 $\boldsymbol{B}$ 中的表达式为 $[r\cos\beta\quad r\sin\beta]^T$，而从 $\boldsymbol{B}$ 到 $\boldsymbol{A}$ 的方向余弦阵 $\boldsymbol{C}_B^A$ 为

$$\boldsymbol{C}_B^A = \boldsymbol{A}_0 \cdot \boldsymbol{B}_0^T = \begin{bmatrix} \boldsymbol{i}_B \cdot \boldsymbol{i}_A & \boldsymbol{j}_B \cdot \boldsymbol{i}_A \\ \boldsymbol{i}_B \cdot \boldsymbol{j}_A & \boldsymbol{j}_B \cdot \boldsymbol{j}_A \end{bmatrix} = \begin{bmatrix} \cos\alpha & \cos\left(\dfrac{\pi}{2}+\alpha\right) \\ \cos\left(\dfrac{\pi}{2}-\alpha\right) & \cos\alpha \end{bmatrix} = \begin{bmatrix} \cos\alpha & -\sin\alpha \\ \sin\alpha & \cos\alpha \end{bmatrix}$$

则有

$$\begin{bmatrix} \cos\alpha & -\sin\alpha \\ \sin\alpha & \cos\alpha \end{bmatrix} \begin{bmatrix} r\cos\beta \\ r\sin\beta \end{bmatrix} = \begin{bmatrix} r(\cos\alpha\cos\beta - \sin\alpha\sin\beta) \\ r(\sin\alpha\cos\beta + \cos\alpha\sin\beta) \end{bmatrix} = \begin{bmatrix} r\cos(\alpha+\beta) \\ r\sin(\alpha+\beta) \end{bmatrix}$$

方向余弦阵是正交矩阵，即

$$(\boldsymbol{C}_B^A)^{-1} = (\boldsymbol{C}_B^A)^T = \boldsymbol{C}_A^B \tag{2.13}$$

对于正交矩阵，矩阵中九元素仅三元素独立，每行(或列)自身点乘等于1，互点乘等

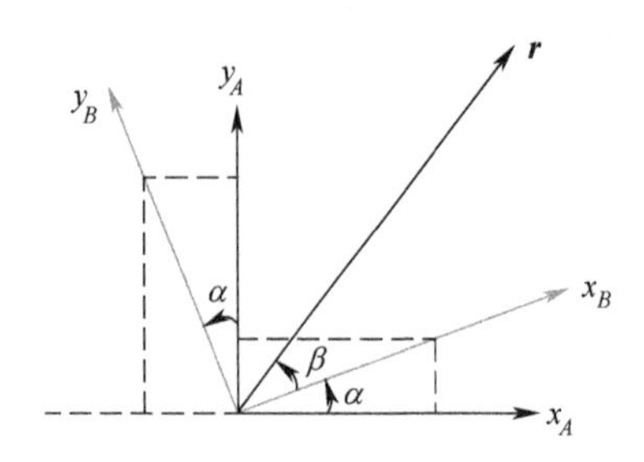

图 2-22　二维平面坐标系中矢量坐标的转换

于 0。

方向余弦阵具有传递性,3 个坐标系 $\boldsymbol{A}$、$\boldsymbol{B}$ 和 $\boldsymbol{C}$ 间的方向余弦阵具有如下关系

$$\boldsymbol{C}_C^A = \boldsymbol{C}_B^A \cdot \boldsymbol{C}_C^B \tag{2.14}$$

方向余弦阵的这些特性非常重要,在后续内容中会经常用到,例如方向余弦阵的传递性给坐标转换带来了便利,我们可以把一个复杂的坐标转换化简成若干个简单坐标转换的连乘。

式(2.11)的方向余弦阵表达式是定义式,实际运算时难以获得具体的表达式,其表达式的求解方法比较多,这里给出一种经常使用的方法——欧拉角转换法。若把坐标系视为刚体,根据刚体定点转动理论,则一坐标系最多绕其坐标轴旋转 3 次,即可与另一坐标系对应的三轴平行,这 3 次转动的角度称为欧拉角。

两个坐标系间的关系可以用三个欧拉角描述,方向余弦阵中的元素可以表示成欧拉角的三角函数。

假设两个坐标系的原点重合,它们间最简单的关系是有某个对应的坐标轴也重合,这样只需绕该轴旋转一个角度即可实现两坐标系重合(如图 2-23 所示)。

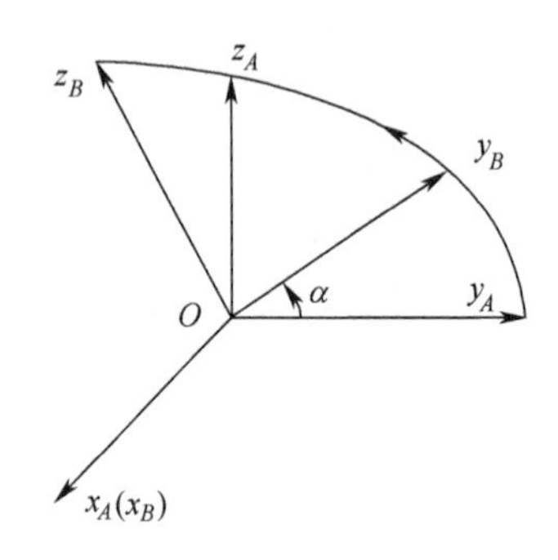

图 2-23　绕轴转动的欧拉角

当重合的轴分别为 x、y 和 z 轴,转动的欧拉角为 α、β 和 γ 时,对应的方向余弦阵分别为

$$\boldsymbol{M}_x[\alpha] = \begin{bmatrix} 1 & 0 & 0 \\ 0 & \cos\alpha & \sin\alpha \\ 0 & -\sin\alpha & \cos\alpha \end{bmatrix}, \boldsymbol{M}_y[\beta] = \begin{bmatrix} \cos\beta & 0 & -\sin\beta \\ 0 & 1 & 0 \\ \sin\beta & 0 & \cos\beta \end{bmatrix},$$

$$M_z[\gamma]=\begin{bmatrix}\cos\gamma & \sin\gamma & 0\\ -\sin\gamma & \cos\gamma & 0\\ 0 & 0 & 1\end{bmatrix} \tag{2.15}$$

式中,3 个方向余弦阵称为初等变换矩阵,根据转换矩阵的传递性可知,经多次旋转、由多个欧拉角表示的方向余弦阵可以写成上述 3 个初等转换矩阵的乘积。如图 2-24 所示,例如若 $\boldsymbol{A}$ 坐标系先绕 z 轴转动 α ,再绕 y 轴转动 β ,最后绕 x 轴转动 γ 后与 $\boldsymbol{B}$ 坐标系重合,则它们间的方向余弦阵为

$$C_A^B = M_x[\gamma]\cdot M_y[\beta]\cdot M_z[\alpha] \tag{2.16}$$

上式称为 3-2-1 转序或 $z-y-x$ 转序。

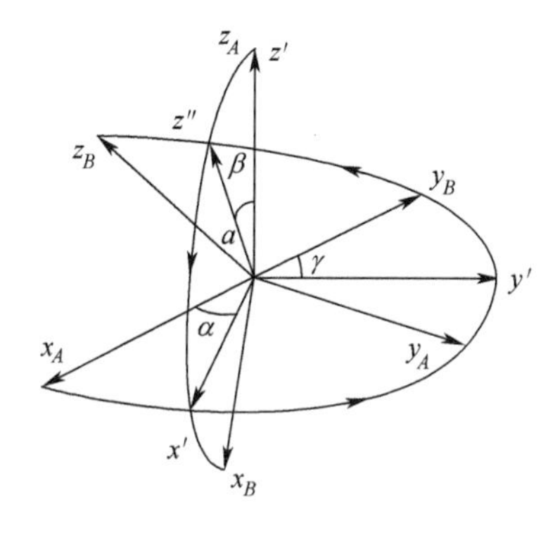

图 2-24 两坐标系间的欧拉角转换关系

假设有两坐标系如图 2-25 所示,坐标系 $\boldsymbol{A}$ 以球心为坐标原点,赤道面为基本平面,x 轴指向经度起始子午线,z 轴指向北极;坐标系 $\boldsymbol{B}$ 以球面上一点为坐标原点,该点的球面坐标为(经度 λ ,纬度 ϕ) ,与球面相切的当地水平面为基本平面,x 轴垂直基本平面向上,z 轴指向当地水平面正北,则根据右手坐标系,y 轴应指向当地水平面正东(坐标系 $\boldsymbol{B}$ 可称为天东北坐标系)。

如果让坐标系 $\boldsymbol{A}$ 通过欧拉角转动与坐标系 $\boldsymbol{B}$ 的三个坐标轴平行,可以采用以下方法(方法不唯一):首先绕 Z 轴旋转 λ 角度,然后再绕新的 Y 轴旋转 $-\phi$ 角度。

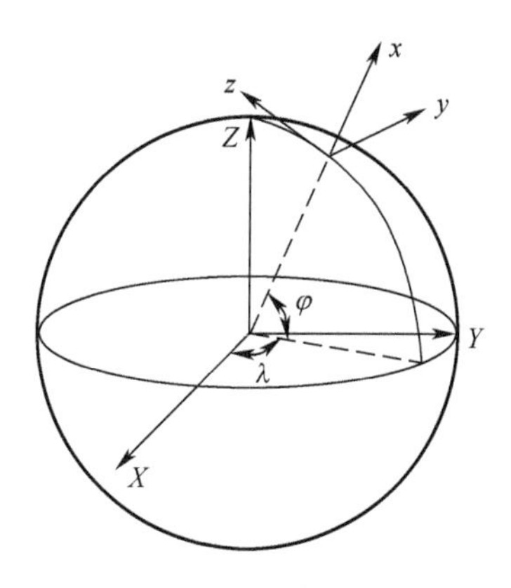

图 2-25 两坐标系的欧拉角转换

用数学描述就是

$$C_A^B = M_y[-\phi] \cdot M_z[\lambda]$$

将初等变换阵表达式(2.15)代入上式,可得

$$C_A^B = \begin{bmatrix} \cos\phi & 0 & \sin\phi \\ 0 & 1 & 0 \\ -\sin\phi & 0 & \cos\phi \end{bmatrix} \cdot \begin{bmatrix} \cos\lambda & \sin\lambda & 0 \\ -\sin\lambda & \cos\lambda & 0 \\ 0 & 0 & 1 \end{bmatrix} = \begin{bmatrix} \cos\phi\cos\lambda & \cos\phi\sin\lambda & \sin\phi \\ -\sin\lambda & \cos\lambda & 0 \\ -\sin\phi\cos\lambda & -\sin\phi\sin\lambda & \cos\phi \end{bmatrix}$$

上式即为坐标系 **A** 和 **B** 利用欧拉角转换法求得的方向余弦阵具体表达式,矩阵中每个元素都是欧拉角的三角函数。由于矩阵的乘法不满足交换律,因此意味着欧拉角与绕坐标轴旋转的次序有关,旋转次序不同时,欧拉角也不同,因此定义欧拉角必须指明旋转次序。例如在导弹或卫星的姿态转动时,通常要标明 3—2—1(z—y—x)转序或 2—3—1(y—z—x)转序等。

一个坐标系转到另一个坐标系,可以采用不同的旋转次序和对应的欧拉角,得到的矩阵 C_A^B 各元素的表达式不同,但它们的值是唯一的。换言之,如果同样的欧拉角,而旋转次序不同,则计算出来的坐标转换矩阵值也不同。

2.2.2 天球坐标系

1. 天球赤道坐标系

在轨道力学中重要的坐标系有两大类——天球坐标系和地球坐标系。以天球中心为原点,利用天球上的点和圈建立的坐标系叫天球坐标系。如将天球中心为原点,基本平面选择天赤道,X 轴指向春分点,Z 轴指向北天极,Y 轴按右手法则确定,这就是天球赤道坐标系,如图 2-26 所示。坐标系既可以用直角坐标表示,也可以用球坐标表示,两者可以相互转换,转换关系如下:

$$\begin{cases} X = r\cos\delta\cos\alpha \\ Y = r\cos\delta\sin\alpha \\ Z = r\sin\delta \end{cases} \Leftrightarrow \begin{cases} r = \sqrt{X^2 + Y^2 + Z^2} \\ \alpha = \arctan(Y/X) \\ \delta = \arcsin(Z/r) \end{cases} \tag{2.17}$$

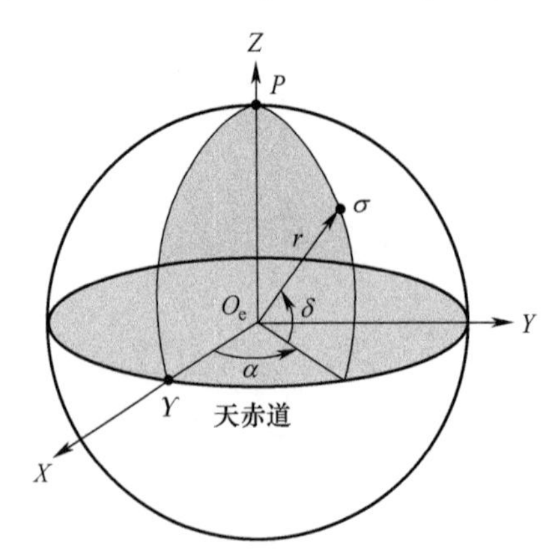

图 2-26 天球赤道坐标系

但在实际使用时,上述定义的天球赤道坐标系并不充分,因为所用到的春分点、北天极等,都是随时间变化的,并没有准确定义,通过不同定义,可以确定不同的天球坐标系。

2. 瞬时真天球坐标系

瞬时真天球坐标系如图2-27所示，原点是天球的中心，通常选取为地球的质心。X_t轴指向t时刻的真春分点，Z_t轴指向t时刻的瞬时真北天极。该坐标系随时间变化而运动，因此不是惯性坐标系，但是真实存在的。

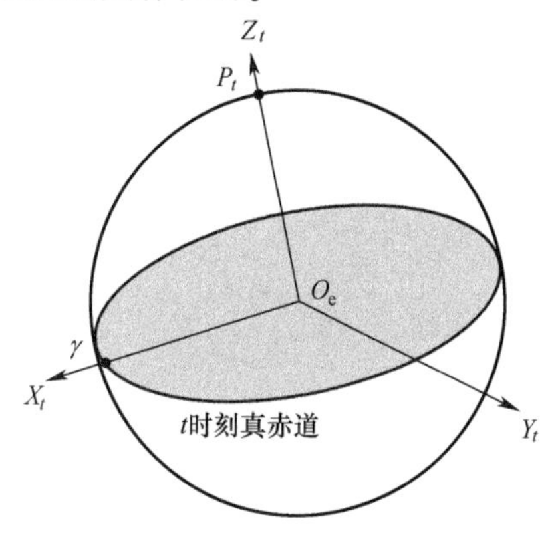

图2-27　瞬时真天球坐标系

3.　瞬时平天球坐标系

如果平均章动的影响，采用平春分点和平天极，对应的天球坐标系就是瞬时平天球坐标系（如图2-28所示）。尽管平均了章动的影响，但由于岁差的存在，该坐标系仍随时间变化而运动，不是惯性坐标系，而是一个假想坐标系（平春分点和平天极都是假想点）。

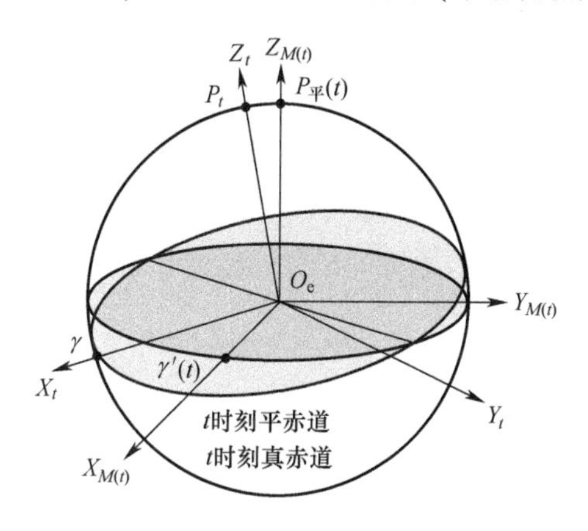

图2-28　瞬时平天球坐标系

4. 协议天球坐标系

前两个定义的天球坐标系均不是惯性坐标系，根据协议将平春分点和平天极等指定在某固定时刻，便可以获得惯性坐标系，这就是协议天球坐标系，比如现在经常采用的J2000坐标系，就是以2000年1月1.5日（TDB）为历元，采用这个时刻的平春分点和平天极作为基准。这就构成了天球坐标系中的惯性坐标系。

2.2.3　地球坐标系

1. 地心赤道坐标系

以地球质心或者地球表面某点为原点，利用地球上的点和面建立的坐标系称为地球坐标系。地心赤道坐标系(如图 2-29 所示)定义原点为地球质心,基本平面是地球赤道,X 轴指向格林尼治子午圈与赤道的交点,Z 轴指向北极,Y 轴按右手法则确定。

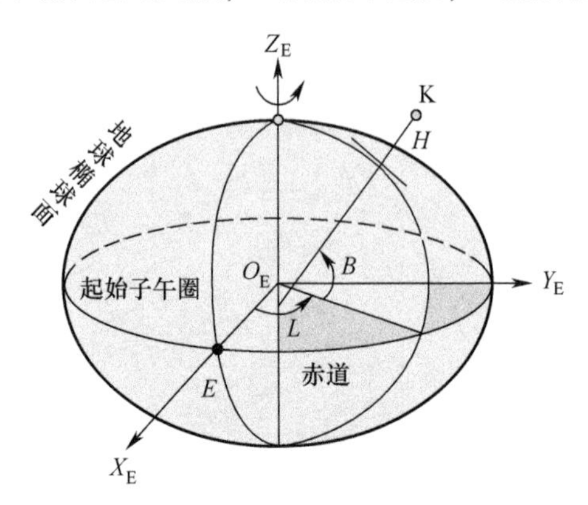

图 2-29 地心赤道坐标系

地心赤道坐标系既可以用直角坐标表示,也可以用球坐标表示,跟天球坐标系不同的是,由于通常将地球表面(大地水准面)近似为椭球,因此地心赤道坐标系的球坐标通常采用椭球坐标,对应的坐标系叫大地坐标系。大地经度与地心经度数值相同,但大地纬度是指当地平面的铅垂线与赤道的夹角,这条铅垂线通常不过地心,因此大地纬度与地心纬度数值通常不同。地心赤道坐标系的直角坐标与椭球坐标转换关系如下:

$$\begin{cases} X = (N + H)\cos B\cos L \\ Y = (N + H)\cos B\sin L \\ Z = [N(1 - e^2) + H]\sin B \end{cases} \Leftrightarrow \begin{cases} L = \arctan(Y/X) \\ B = \arctan\left(\dfrac{Z + Ne^2\sin B}{\sqrt{X^2 + Y^2}}\right) \\ H = \sqrt{X^2 + Y^2 + (Z + Ne^2\sin B)^2} - Z \end{cases} \tag{2.18}$$

式中:$e = \dfrac{\sqrt{a_e^2 - b_e^2}}{a_e}$ 为地球椭圆的偏心率;$N = \dfrac{a_e}{\sqrt{1 - e^2\sin^2 B}}$ 为卯酉圈曲率半径。

2. 协议地球坐标系

由于地球自转,地心赤道坐标系不是惯性坐标系,而且上述定义并不充分,因为由于极移的影响,地极也是随时间变化的。跟协议天球坐标系类似,也定义了协议地球坐标系(如图 2-30 所示)。首先规定协议地极(conventional terrestrial pole, CTP)为 1900—1905 年地球自转轴瞬时位置的平均位置。对应的过协议地极和格林尼治天文台的子午线与协议赤道的交点定为 E_{CTP}。协议地球坐标系,原点是地球质心,Z 轴指向协议地极 CTP,X 轴指向 E_{CTP},Y 轴构成右手坐标系。

3. 瞬时地球坐标系

类似的也有瞬时地球坐标系,如图 2-30 所示,Z 轴指向瞬时地极,X 轴定义有点特殊,它跟格里尼治天文台位置没直接关系,X 轴指向过瞬时地极和 E_{CTP} 的子午圈与瞬时赤道的交点。

4. 地球坐标系与天球坐标系的转换

在这些天球坐标系和地球坐标系中,瞬时地球(ET)和瞬时真天球(CT)坐标系最为接近,因为两者的 z 轴是一致的,只差一个时角。而用得比较多的则是协议天球和协议地

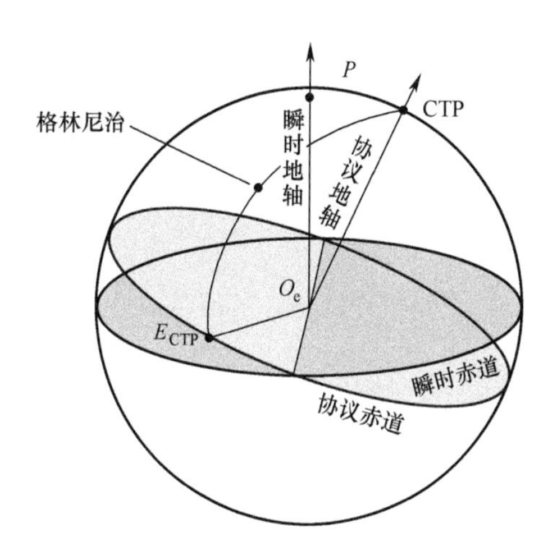

图 2-30 协议地球坐标系

球坐标系。在实际使用中,协议天球坐标系常简称为 J2000.0 地心惯性坐标系,协议地球坐标系常称为地心固连坐标系(ECF)。两者的转换通过瞬时坐标系进行,主要考虑岁差、章动、极移和地球自转的影响,转换顺序如图 2-31 所示。

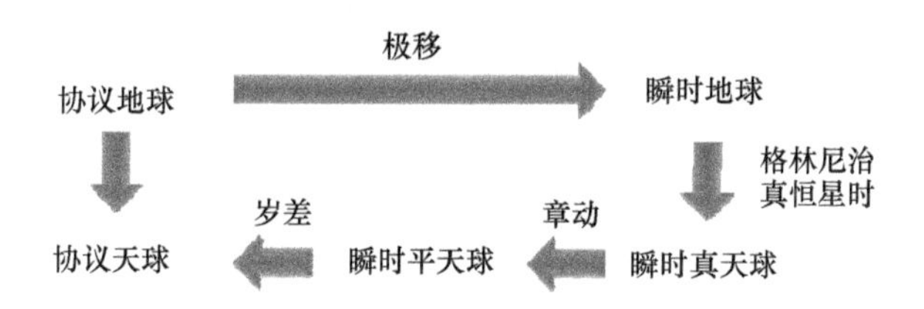

图 2-31 协议地球与协议天球坐标系间的转换

根据转换顺序,从协议天球坐标系(J2000)转换到协议地球坐标系(ECF),需要首先消除岁差的影响,将协议天球坐标系(J2000)转换到瞬时平天球坐标系(CM);然后消除章动的影响,将瞬时平天球坐标系(CM)转到瞬时真天球坐标系(CT);再消除地球自转影响,将瞬时真天球坐标系(CT)转换到瞬时地球坐标系(ET);最后再消除极移的影响,将瞬时地球坐标系(ET)转换到协议地球坐标系(ECF)。坐标转换矩阵的欧拉角表达形式为

$$\begin{aligned}
&\boldsymbol{C}_{\mathrm{J2000}}^{\mathrm{CM}} = \boldsymbol{M}_3(-Z_A)\boldsymbol{M}_2(-\theta_A)\boldsymbol{M}_3(-\zeta_A)\\
&\boldsymbol{C}_{\mathrm{CM}}^{\mathrm{CT}} = \boldsymbol{M}_1(-\bar{\varepsilon}-\Delta\varepsilon)\boldsymbol{M}_3(-\Delta\psi)\boldsymbol{M}_1(\bar{\varepsilon})\\
&\boldsymbol{C}_{\mathrm{CT}}^{\mathrm{ET}} = \boldsymbol{M}_3(\mathrm{GAST})\\
&\boldsymbol{C}_{\mathrm{ET}}^{\mathrm{ECF}} = \boldsymbol{M}_2(-x_p)\boldsymbol{M}_1(-y_p)
\end{aligned} \tag{2.19}$$

式中:欧拉角的具体定义可参考相关教材。

2.2.4 导弹常用坐标系

在导弹飞行力学中常用到一些专用坐标系,如发射坐标系、弹体坐标系和速度坐标系等。

1. 发射坐标系

发射坐标系如图 2-32 所示，它的原点是发射点，x 轴在发射点地平面内，指向射向，就是导弹要转弯飞行的方向；y 轴垂直于发射点地平面向上，如果地球是圆球，那么 y 轴其实就是发射点地心矢径方向；z 轴构成右手坐标系，z 轴也在发射点地平面内，发射坐标系通常用字母 **G** 表示。

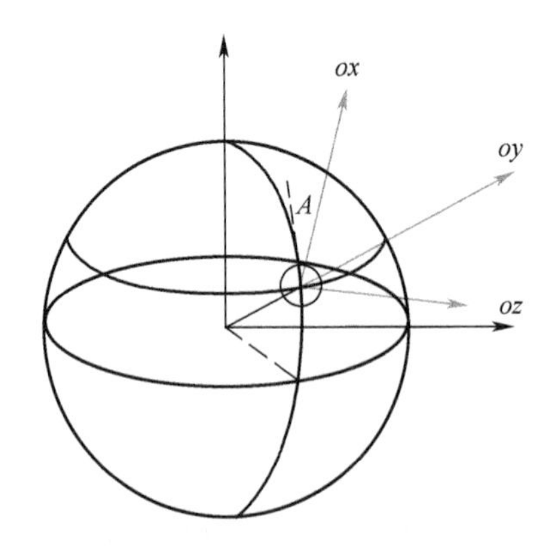

图 2-32　发射坐标系

发射坐标系里有一些重要的面和角，在后续章节会经常用到，如图 2-33 所示：平面 xOy，是发射坐标系的纵向平面，称为射面，因为射向在这个平面内；xOz 平面就是发射点水平面，也就是发射点的地平面；发射方位角就是在水平面内，正北方向到 x 轴的夹角，顺时针计量，它反映了射面与正北方向的角度关系。比如发射方位角是 0°，其实就是正北方向；如果是 90°，就是正东方向。

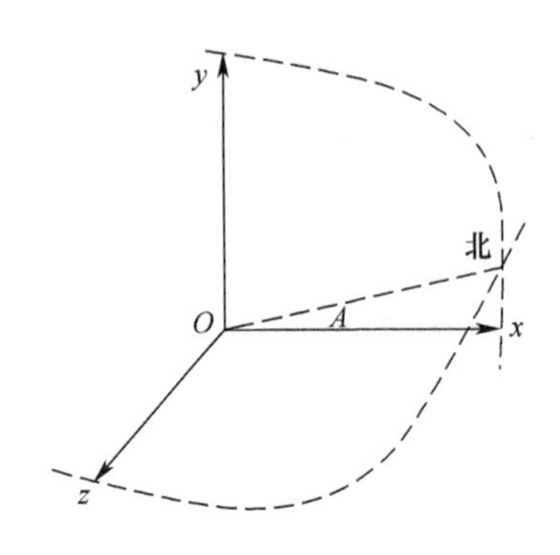

图 2-33　发射坐标系中的面和角

在发射坐标系中研究导弹的空间运动关系是比较方便的，比如在发射坐标系中绘出弹道导弹的三维弹道曲线，如图 2-34 所示，将三个坐标轴长度比例保持一致，可以看出弹道导弹通常近似在射面内运动，在纵向距离达到 7000km 的时候，横向距离只有 400km 左右。在无机动情况下，横向距离主要是由地球自转造成的。

2. 弹体坐标系

第二个常用坐标系是弹体坐标系，如图 2-35 所示，原点是导弹的质心；x_1 轴为导弹的纵向对称轴，指向头部；y_1 轴在主对称面内，垂直于 x_1 轴，主对称面就是发射瞬时的射

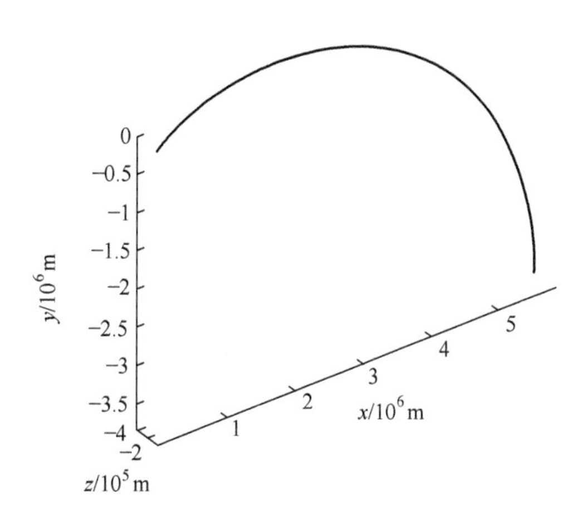

图 2-34 弹道导弹的弹道曲线

面。在发射瞬间,导弹的主对称面和射面是重合的;z_1 轴垂直于主对称面,顺着发射方向看去,指向右方,弹体坐标系也是右手坐标系,弹体坐标系通常用字母 **B** 表示。

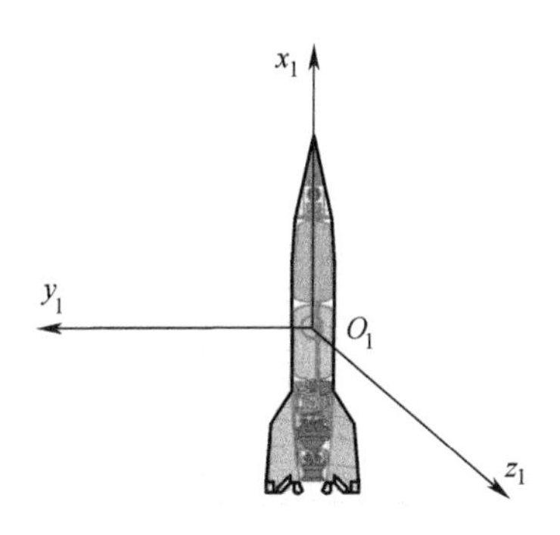

图 2-35 弹体坐标系

弹体坐标系通常用于导弹的受力分析,比如推力、控制力等,或者是导弹部件的安装。另外一个重要的作用就是弹体坐标系转换到发射坐标系所需的 3 个欧拉角定义了导弹的姿态。

$$\boldsymbol{C}_{\mathrm{G}}^{\mathrm{B}} = \boldsymbol{M}_1[\gamma]\cdot\boldsymbol{M}_2[\psi]\cdot\boldsymbol{M}_3[\varphi]$$

$$= \begin{bmatrix} \cos\varphi\cos\psi & \sin\varphi\cos\psi & -\sin\psi \\ \cos\varphi\sin\psi\sin\gamma-\sin\varphi\cos\gamma & \sin\varphi\sin\psi\sin\gamma+\cos\varphi\cos\gamma & \cos\psi\sin\gamma \\ \cos\varphi\sin\psi\cos\gamma+\sin\varphi\sin\gamma & \sin\varphi\sin\psi\cos\gamma-\cos\varphi\sin\gamma & \cos\psi\cos\gamma \end{bmatrix} \tag{2.20}$$

如图 2-36 所示,导弹纵轴在射面内的投影与 x 轴的夹角称为俯仰角,通常用 φ 表示,投影在 x 轴的上方,俯仰角为正;导弹纵轴与射面的夹角称为偏航角,通常用 ψ 表示,顺着 x 轴正方向看,导弹纵轴在射面的左方,偏航角为正;导弹绕其纵轴旋转的角度称为滚转角,通常用 γ 表示,当旋转角速度矢量方向与导弹纵轴正方向一致时,滚转角为正。

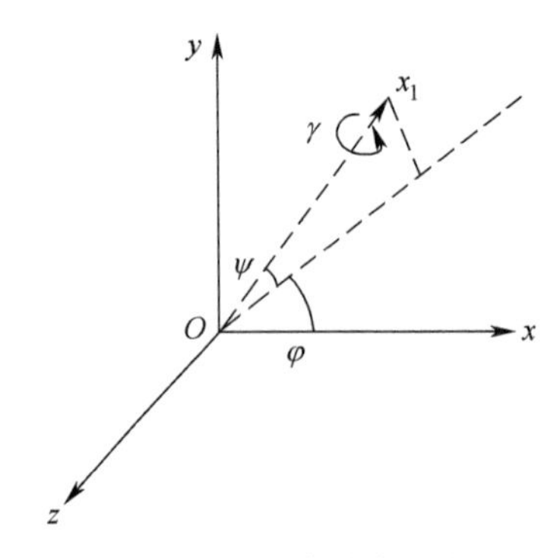

图 2-36 导弹姿态角的定义

例如弹道导弹在主动段的姿态角设计,通常将偏航角和滚转角设为 0°,也就是不进行偏航和滚转运动,只是俯仰角发生变化,其变化曲线如图 2-37 所示,初始是 90°(垂直发射),保持一段时间之后,开始转弯,俯仰角逐渐减小,最终达到终端要求角度。

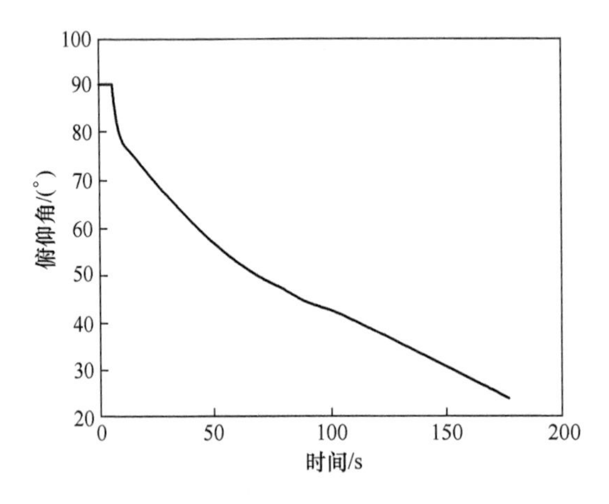

图 2-37 弹道导弹主动段俯仰角变化曲线

3. 速度坐标系

第三个常用的坐标系是速度坐标系,如图 2-38 所示,原点仍然是导弹的质心,x_v 轴为导弹的速度方向,y_v 轴同样在主对称面内,垂直于 x_v 轴;z_v 轴垂直于 x_vOy_v 平面,顺着飞行方向看,指向右边,三轴构成右手坐标系。速度坐标系通常用字母 V 表示。

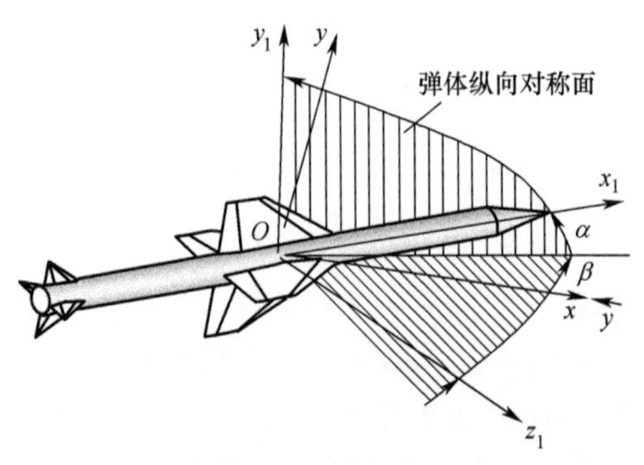

图 2-38 速度坐标系

在速度坐标系中研究空气动力是比较方便的，同时，弹体坐标系与速度坐标系间的欧拉角会影响空气动力的大小，原因在后面会讲到。从速度坐标系到弹体坐标系，只需要两次定轴转动。速度坐标系先绕 y_v 轴转 β 角，再绕新的 z_v 轴转 α 角，便与弹体坐标系重合。

$$
\begin{aligned}
\boldsymbol{C}_{\mathrm{V}}^{\mathrm{B}} &= \boldsymbol{M}_3[\alpha]\cdot\boldsymbol{M}_2[\beta] \\
&= \begin{bmatrix} \cos\alpha\cos\beta & -\sin\alpha\cos\beta & \sin\beta \\ \sin\alpha & \cos\alpha & 0 \\ -\cos\alpha\sin\beta & \sin\alpha\sin\beta & \cos\beta \end{bmatrix}
\end{aligned} \tag{2.21}
$$

式中：α 角称为攻角，为速度轴在主对称面的投影与弹体纵轴的夹角，投影在弹体纵轴的下方，攻角为正，它决定了气动升力的大小；β 角称为侧滑角，为速度轴与主对称面的夹角，顺着弹体纵轴正方向看，速度轴在主对称面右方，侧滑角为正，它决定了气动侧力的大小。

例如弹道导弹主动段，在穿越大气层的时候，通常是通过设计攻角的变化规律，利用升力来改变导弹的飞行姿态和轨迹，俯仰角和攻角变化的对应关系如图 2-39 所示。导弹垂直发射后，俯仰角恒定为 90°，通过采用负攻角获得负的升力使导弹转弯，俯仰角开始减小，攻角的大小决定了升力的大小，也就是转弯速率的快慢。

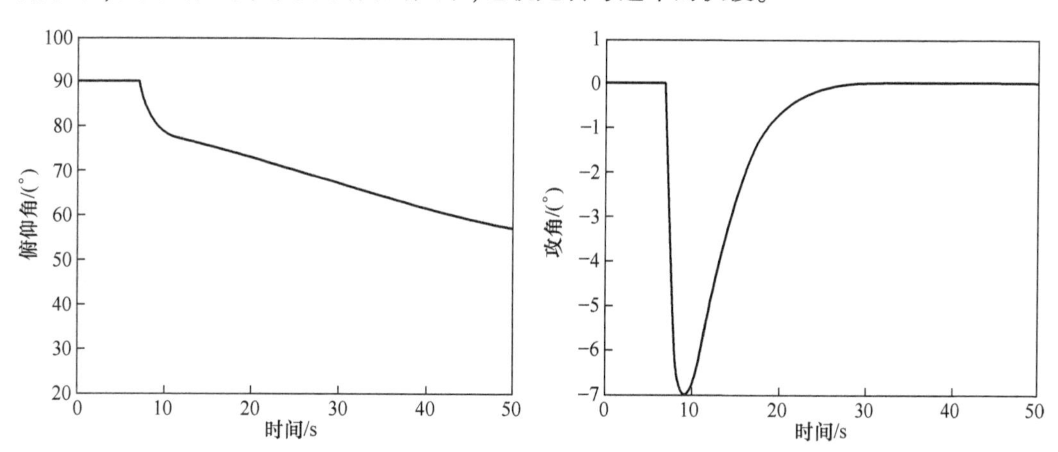

图 2-39　弹道导弹主动段俯仰角和攻角变化的对应关系

类似地，从发射坐标系到速度坐标系也需要 3 个欧拉角的旋转，这 3 个欧拉角分别为：速度倾角 θ，是速度矢量在射面内投影与 x 轴的夹角；航迹偏航角 σ，是速度矢量与射面的夹角；倾侧角 ν，是导弹绕其速度轴旋转的角度。以上 3 个欧拉角正向的定义分别与俯仰角、偏航角和滚转角相同。

$$
\begin{aligned}
\boldsymbol{C}_{\mathrm{G}}^{\mathrm{V}} &= \boldsymbol{M}_1[\nu]\cdot\boldsymbol{M}_2[\sigma]\cdot\boldsymbol{M}_3[\theta] \\
&= \begin{bmatrix} \cos\theta\cos\sigma & \sin\theta\cos\sigma & -\sin\sigma \\ \cos\theta\sin\sigma\sin\nu - \sin\theta\cos\nu & \sin\theta\sin\sigma\sin\nu + \cos\theta\cos\nu & \cos\sigma\sin\nu \\ \cos\theta\sin\sigma\cos\nu + \sin\theta\sin\nu & \sin\theta\sin\sigma\cos\nu - \cos\theta\sin\nu & \cos\sigma\cos\nu \end{bmatrix}
\end{aligned} \tag{2.22}
$$

4. 发射坐标系、弹体坐标系和速度坐标系的转换

如图 2-40 所示，发射坐标系、弹体坐标系和速度坐标系间坐标转换涉及 3 组 8 个欧拉角，但这 8 个欧拉角不独立，根据坐标转换矩阵的传递性，它们之间有函数关系

$$C_G^V = C_B^V C_G^B \tag{2.23}$$

或展开为

$$M_1[\nu]\cdot M_2[\sigma]\cdot M_3[\theta] = M_2[-\beta]\cdot M_3[-\alpha]\cdot M_1[\gamma]\cdot M_2[\psi]\cdot M_3[\varphi]$$

$$\begin{bmatrix} \cos\theta\cos\sigma & \sin\theta\cos\sigma & -\sin\sigma \\ \cos\theta\sin\sigma\sin\nu - \sin\theta\cos\nu & \sin\theta\sin\sigma\sin\nu + \cos\theta\cos\nu & \cos\sigma\sin\nu \\ \cos\theta\sin\sigma\cos\nu + \sin\theta\sin\nu & \sin\theta\sin\sigma\cos\nu - \cos\theta\sin\nu & \cos\sigma\cos\nu \end{bmatrix} =$$

$$\begin{bmatrix} \cos\alpha\cos\beta & -\sin\alpha\cos\beta & \sin\beta \\ \sin\alpha & \cos\alpha & 0 \\ -\cos\alpha\sin\beta & \sin\alpha\sin\beta & \cos\beta \end{bmatrix} \times$$

$$\begin{bmatrix} \cos\varphi\cos\psi & \sin\varphi\cos\psi & -\sin\psi \\ \cos\varphi\sin\psi\sin\gamma - \sin\varphi\cos\gamma & \sin\varphi\sin\psi\sin\gamma + \cos\varphi\cos\gamma & \cos\psi\sin\gamma \\ \cos\varphi\sin\psi\cos\gamma + \sin\varphi\sin\gamma & \sin\varphi\sin\psi\cos\gamma - \cos\varphi\sin\gamma & \cos\psi\cos\gamma \end{bmatrix} \tag{2.24}$$

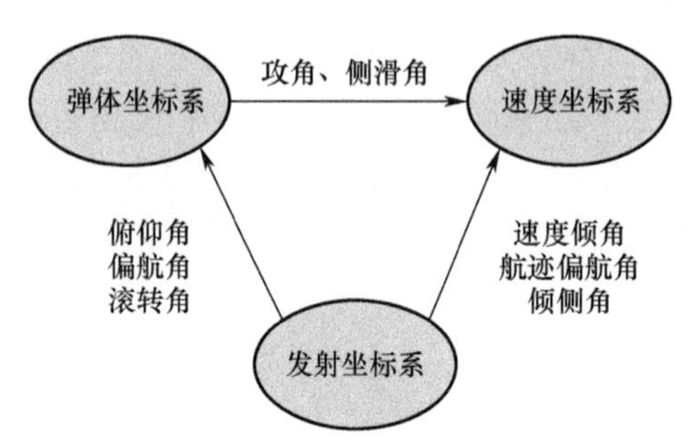

图 2-40　导弹常用坐标系间的转换关系

由于方向余弦阵中 9 个元素只有 3 个是独立的，因此式(2.24)只能找到 3 个方程，即 8 个欧拉角，只有 5 个是独立的。选定 3 个联系方程的方法是必须是在不同一行或同一列的 3 个方向余弦元素，根据式(2.24)可选下列 3 个联系方程

$$\begin{cases} \sin\sigma = \cos\alpha\cos\beta\sin\psi + \sin\alpha\cos\beta\cos\psi\sin\gamma - \sin\beta\cos\psi\cos\gamma \\ \cos\sigma\sin\nu = -\sin\alpha\sin\psi + \cos\alpha\cos\psi\sin\gamma \\ \cos\theta\cos\sigma = \cos\alpha\cos\beta\cos\varphi\cos\psi - \sin\alpha\cos\beta(\cos\varphi\sin\psi\sin\gamma - \sin\varphi\cos\gamma) + \\ \qquad \sin\beta(\cos\varphi\sin\psi\cos\gamma + \sin\varphi\sin\gamma) \end{cases} \tag{2.25}$$

在弹道导弹的弹道设计和计算中，通常侧滑角 β、航迹偏航角 σ、倾侧角 ν、偏航角 ψ 和滚转角 γ 均为小量，将它们的正弦、余弦量展开为泰勒级数取至一阶项，并将上述各量的一阶微量乘积作为高阶微量略去，则式(2.25)可化简为

$$\begin{cases} \sigma = \psi\cos\alpha + \gamma\sin\alpha - \beta \\ \nu = \gamma\cos\alpha - \psi\sin\alpha \\ \theta = \varphi - \alpha \end{cases} \tag{2.26}$$

如果攻角 α 也为小量时，可进一步化简为

$$\begin{cases} \theta \approx \varphi - \alpha \\ \sigma \approx \psi - \beta \\ \nu \approx \gamma \end{cases} \tag{2.27}$$

即俯仰角约等于攻角与速度倾角的和，偏航角约等于侧滑角与航迹偏航角的和，滚转角

约等于倾侧角。

本节思考题

1. 坐标转换矩阵有哪三个特性?

2. 根据刚体定轴转动定理,最多绕其坐标轴旋转几次,即可与另一坐标系对应的三轴平行?

3. 同样的欧拉角,不同的转换顺序,获得的坐标转换矩阵一样吗?

4. 本节介绍了几种天球坐标系? 几种地球坐标系?

5. 本节介绍的天球和地球坐标系中,哪个坐标系是惯性坐标系?

6. 本节介绍的天球和地球坐标系中,哪两个坐标系是真实存在的坐标系?

7. 如何从协议地球坐标系转到协议天球坐标系? 每转换一次主要补偿什么影响?

8. 本节讲了几种导弹常用坐标系,对应定义了什么欧拉角? 各有什么适合应用的背景?

9. 为什么弹体坐标系到速度坐标系转换仅需 2 个欧拉角?

10. 弹体坐标系、速度坐标系和发射坐标系 3 个坐标系间的转换定义了几个欧拉角,有几个是独立的?

2.3　时间系统

时间是描述物体运动的基本变量,也是客观世界的一个维度。其实时间包含了两个含义:一个是时间间隔,即物体由一个运动状态到另一个运动状态花了多少时间;另一个是时刻,即某一物体运动状态瞬间与时间轴原点的时间间隔。这就像一个一维的坐标轴的定义,需要定义两个要素:原点和刻度。时间轴也一样,对应的要素名称为起始历元和秒长。

秒长作为时间的刻度,其定义要以一种均匀的、可以测量的、周期性的运动为参考。自然界有 3 种运动可以用于秒长的定义:①地球的自转,对应的时间定义为世界时;②地球的公转,对应的时间定义是历书时;③原子内部电子能级的跃迁,对应的时间定义是原子时。

2.3.1　世界时系统

世界时是参考地球的自转运动而建立的时间系统。地球自转的方向是自西向东,自转一周的时间是 23 时 56 分 4 秒。参考的物体运动要有可观测性,地球的自转是依靠天体的周日视运动进行观测的,因此参考天体不同,建立的世界时系统也不同。

1. 恒星时

如果以春分点为参考,建立的世界时称为恒星时。定义恒星日为春分点在天球上连续两次上中天的时间间隔,将恒星日 24 等分,每一份是 1 恒星时,将恒星时 60 等分,每一份是 1 恒星分,将恒星分 60 等分,每一份是 1 恒星秒。春分点首次过上中天的瞬间就是恒星时的 0 时,由于春分点过不同经度测站上中天的时候不一样,因此恒星时的定义具有地方性。

如图 2-41 所示，恒星时在数值上就等于春分点的时角，即春分点所在子午圈与天子午圈的夹角，例如 0 时意味着春分点所在的子午圈和天子午圈重合，所以春分点时角是多少，就意味着恒星时是多少。

$$ST = T_{\Upsilon} \tag{2.28}$$

春分点是天球上的假想点，实际不存在，只能通过观测恒星来推求春分点的位置。如图 2-41 所示，假设某恒星 σ 的赤经为 α，就是春分点子午圈到恒星子午圈的夹角；恒星的时角为 T，就是天子午圈到恒星子午圈的夹角，那么恒星时就等于天子午圈到春分点子午圈的夹角，就是 $\alpha + T$，赤经和时角的正向定义刚好相反。

$$ST = T_{\Upsilon} = \alpha + T \tag{2.29}$$

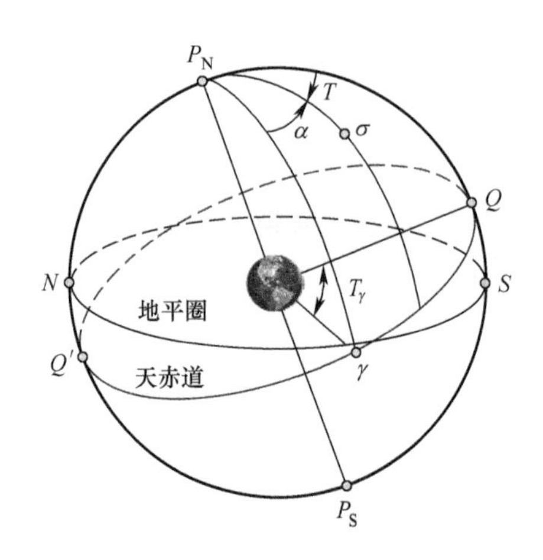

图 2-41　恒星时的计算

同一瞬间两测站的恒星时之差与天文经度之差满足如下关系：

$$S_A - S_B = (\lambda_A - \lambda_B)/15 \tag{2.30}$$

式中：天文经度单位为(°)。因此，天文经度为 0°的格林尼治天文台所在子午线的恒星时在时间计量中具有重要的地位，常用特定的符号 S 表示，天文经度 λ 的恒星时 s 与格林尼治地方恒星时 S 的关系为

$$s = S + \lambda/15 \tag{2.31}$$

例如当格林尼治地方恒星时为 0 时，处于东经 120°的地方恒星时应为 8 时。

2. 真太阳时

太阳视圆面的中心称为真太阳，或者视太阳。真太阳连续两次上中天的时间间隔记作 1 真太阳日。与恒星时类似，可以定义真太阳时、真太阳分、真太阳秒，从而形成真太阳时系统，通常用 $m_{\odot}$ 表示。如果把真太阳上中天的时刻作为时间的零点，那么中午就是零点，白天被分成了两半，与常识不符，所以定义真太阳下中天的时刻为零点。数学描述就是真太阳的时角 $t_{\odot}$ 加 12 时。

$$m_{\odot} = t_{\odot} + 12^{\mathrm{h}} \tag{2.32}$$

真太阳日最大的缺点就是长短不一，如图 2-42 所示，原因有两个：第一，真太阳除有周日视运动外，还有周年视运动，而周年视运动的速度是不均匀的，因为地球公转的轨道

是个椭圆,近心点速度快,远心点速度慢;第二,太阳的周年视运动是在黄道进行的,而真太阳的时角是沿天赤道度量的,两者不重合,有夹角,即使在黄道上的运动均匀,投影到天赤道也变得不均匀。真太阳日最长的一天和最短的一天可以差51秒,将近1分钟,可谓相当显著。

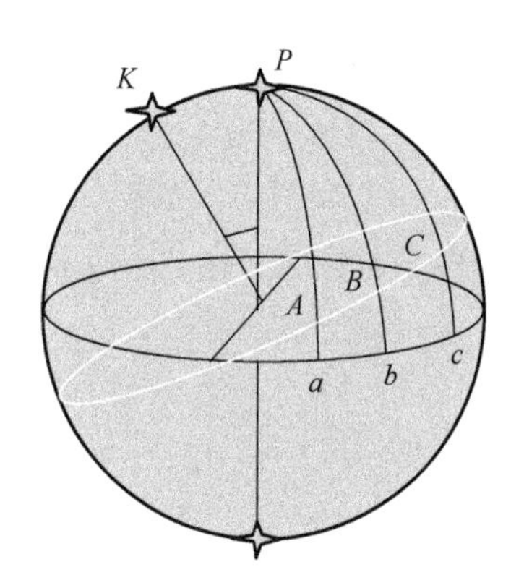

图2-42 真太阳不均匀的周年视运动

3. 平太阳时

为了减小真太阳时的误差,使其变得更为均匀,做如下改进:①认为太阳的周年视运动是天赤道,不是黄道;②太阳在天赤道上运行的速度是均匀的,取真太阳周年视运动速度的平均值,也就是说一个运动周期仍是一个回归年。这就是19世纪末纽康提出的平太阳时,那个假想的太阳就是平太阳。平太阳日的零点根据常识仍然是选在午夜。

平太阳是假想的,无法直接观测,天文台用天文学方法测定的仍然是恒星时,然后通过理论换算为平太阳时,这一过程称为测时。

4. 世界时

无论是恒星时,还是平太阳时,它们的定义都跟天体的时角有关,因此带来的问题是时间具有地方性,不同地方时间不一样。所以就有了世界时(universal time, UT)的定义,本质就是统一用某一个地方的地方时,最终决定采用格林尼治天文台的地方时。所以,世界时刻度跟平太阳时一样,零点就是平太阳过格林尼治子午圈下中天的时刻(平子夜)。天文经度为λ处的地方时m与世界时M就差了一个天文经度λ,因为时角的定义和天文经度的定义方向刚好相反,根据图2-43所示,三者的关系为

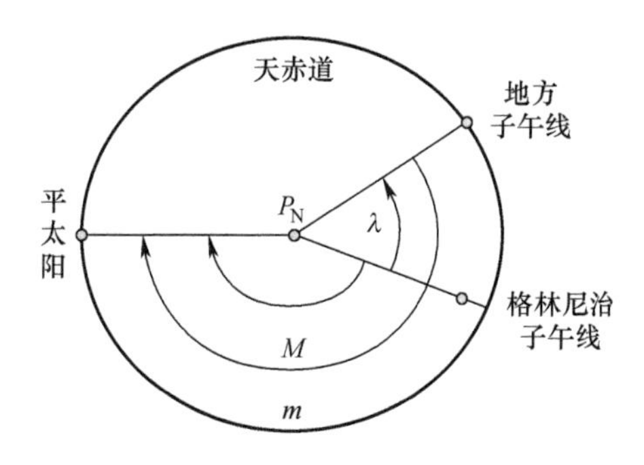

图2-43 地方时与世界时的关系

$$m - M = \lambda/15 \tag{2.33}$$

式中:时角的单位是时(h);经度单位为度(°)。

世界时是地球自转的反映,如果考虑更加精细的度量,世界时也不均匀。比如地球自转运动的不均匀,存在长期变慢的趋势、不规则的起伏、周期变化以及极移等。为获得更加准确的世界时,需要进一步进行修正。UT0 是原始测量时间,UT1 是引入了极移的修正项 $\Delta\lambda$,UT2 引入了地球自转周期性变化的修正项 ΔT_s 。

$$\begin{aligned} \mathrm{UT1} &= \mathrm{UT0} + \Delta\lambda \\ \mathrm{UT2} &= \mathrm{UT1} + \Delta T_s \end{aligned} \tag{2.34}$$

修正后的世界时 UT2 的精度达到每秒有 10^{-7} 秒的不确定度,可以支持一般精度的应用,但是对于高精度的航天任务,还是无法满足需求。

2.3.2 原子时系统

1. 国际原子时

随着粒子物理理论和技术的发展,人们发现原子内部运动的稳定性要比地球自转高得多,原子内部电子在能级之间的跃迁,所吸收或发射电磁波的频率稳定性和复现性非常高,基于这个现象建立了原子时系统。

1967 年,定义海平面上铯原子 ^{133}Cs 基态的某两个超精细能级在零磁场中跃迁辐射的电磁波振荡 9192631770 周所持续的时间,为原子时系统的 1 秒。这就是原子时的刻度。而规定 1958 年 1 月 1 日 0 时 0 秒(UT2,即考虑极移、地球自转周期性变化影响的世界时)的瞬间为起始历元。不过由于当时技术的原因,实际上没有对准,而是有了一个小小的偏差,后来就进行了修正,最终的原子时的起始历元为

$$\mathrm{TA}_0 = \mathrm{UT2}(1958\text{ 年 }1\text{ 月 }1\text{ 日 }0\text{ 时 }0\text{ 秒}) - 0.0039\text{ 秒} \tag{2.35}$$

原子时精度非常高,准确度可达 10^{-15},需要考虑相对论效应,不同的位置和速度条件下测量的秒长是不一样的,所以在秒长定义中要明确是海平面。国际上采用约 100 台原子钟通过相互对比和数据处理推算出来的统一的原子时,定为国际原子时(temps atomique international,TAI)。图 2-44 所示为原子钟。

图 2-44 原子钟

2. 协调世界时

虽然原子时准确度很高,但是存在一个问题,原子时是按照内部原子运动定义的,跟天象和人们的日常生活没有关系,由于原子时和世界时的秒长不严格相等,如果利用原子时来计时,随着误差的累积,可能慢慢会发生中午 12 点在夜间的极端情况,与人类生活的常识不符合,这就诞生了协调世界时(coordinated universal time, UTC)。

协调世界时秒长采用原子时,尺度更加均匀,时刻要尽量与世界时保持一致,即两者

相差不能大于0.9秒。具体的处理方式为:在1972年以前是通过修改秒长的方法,秒长作为一种刻度经常变化存在问题,后来在1972年后就变成闰秒或跳秒的方法。闰秒(leap second)是指为保持协调世界时接近于世界时时刻,由国际计量局统一规定在年底或年中(也可能在季末)对协调世界时增加或减少1秒的调整,增加1秒称为正闰秒(1分61秒)。截止到2018年全球已经进行了27次闰秒,均为正闰秒,最近一次闰秒在北京时间2017年1月1日7时59分59秒(时钟显示07:59:60)出现。这也是本世纪的第5次闰秒。平时用得最多的就是协调世界时,这其实是一种世界时和原子时的混合。

在导弹或飞机飞行试验的遥外测数据中,经常会用到时间戳(time stamp)的概念,常用的时间戳有两个:UNIX时间戳和GPS时间戳。

UNIX时间戳是计算从1970年01月01日0:00:00UTCG到当前UTCG时刻的秒数,如表2-2所示,其中的时间戳指的就是UNIX时间戳,换算成UTCG时间为2021年8月16日00:10:23。

表2-2 某飞机的ADS-B数据

航班号	注册代码	飞机型号	UNIX时间戳	相对时间	大地纬度	大地经度
CNV4541	166695	Boeing C-40A	1629072623	0	47.151432	-122.482607

GPS时间戳是计算从1980年01月06日0:00:00UTCG到当前UTCG时刻的秒数,时间连续增加不跳秒。GPS时间戳与UNIX时间戳的关系为

$$\text{unix\_timestamp} = \text{gps\_timestamp} + 315964800 - \text{LEAPSEC} \tag{2.36}$$

2.3.3 年、历元和儒略日

上节介绍了计量时间的基本单位:日和秒。这些单位对于人类日常生活来说量级偏小,为了便于日常工作和生活,还要定义一些更大的时间刻度。这就是以地球公转为基础定义的年和以月球公转为基础定义的月。年有回归年和恒星年之分,回归年是指太阳中心在天球上连续两次通过春分点的时间间隔,长度为365.2422平太阳日,而恒星年是指太阳中心在天球上连续两次通过某一恒星的黄经圈所需的时间间隔,长度为365.2564平太阳日。两者之所以存在差别是由于春分点西退的现象,而且造成回归年要小于恒星年。

回归年的一年不是平太阳日的整数倍,日常生活中使用不方便,所以要通过编制历法来解决。在古罗马时期,公元前56年,儒略·凯撒制定了一种历法,称为儒略历,其规则为:以回归年为基本单位,平年365日,闰年366日,凡公元年份能被4整除的为闰年,历年平均长度为365.25平太阳日,也称为儒略年。儒略年比回归年多0.008日,这样400年差不多要多出来3天,误差还是比较显著的。1582年教皇格力高利修正了儒略历的致闰法则,世纪年只有被400除尽才为闰年,400年中有97个闰年,少3天,历年平均长度为365.2425平太阳日,这样与回归年差别为0.0003,3000多年才会多出1天,比儒略年要精确得多,这就是现在通用的公历。

在计算航天器轨道和天体坐标时,常选定某一瞬间作为讨论问题的起点,称为历元(epoch)。比如儒略历元,其表现形式为:取年初,年份前加符号J,年份后加.0,如J2000.0。1984年起,天文年历采用标准历元J2000.0,对应的时刻为2000年1月1.5日TDB。

公历给人们的日常生活带来很大便利,但是并不适用于科学计算,比如不能很迅速地算出某年月日距现在有多少天,而这在地惯系到地固系的坐标系转换中需要经常用到,于是就有天文上应用的一种不用年和月的长期纪日法,称为儒略日,记为 JD。儒略日以公元前 4713 年儒略历 1 月 1 日格林尼治平午(即世界时 12 时)为起算点,便于计算两事件之间的间隔日。比如现在天文年历的标准历元的儒略日是 JD(J2000.0)= 2451545.0。在计算现在时刻的儒略日时,通常儒略日的数值较大,有时为方便,采用约简儒略日,起算点为 1858 年 11 月 17 日世界时 0 时,记为 MJD,这样约简儒略日数值就会更小,使用更方便。

公历和儒略日是可以相互转换的。当已知公历日期的年、月、日(时、分、秒要转化为日的小数部分)分别为 Y、M、D,则对应的儒略日为

$$\begin{aligned}\mathrm{JD} = {} & D - 32075.5 + \\ & \left[1461 \times \left(Y + 4800 + \left[\frac{M-14}{12}\right]\right) \div 4\right] + \\ & \left[367 \times \left(M - 2 - \left[\frac{M-14}{12}\right] \times 12\right) \div 12\right] - \\ & \left[3 \times \left(Y + 4900 + \left[\frac{M-14}{12}\right]\right) \div 100 \div 4\right]\end{aligned} \tag{2.37}$$

式中:$[X]$ 表示取 X 的整数部分。

例如,将表中的时间 2021 年 8 月 16 日 0 时 10 分 23 秒 UTCG 转为儒略日就是

$$\mathrm{JD} = 2459442.50721065 \text{ 日}$$

设某时刻的儒略日为 JD,对应公历日期的年、月、日(时、分、秒要转化为日的小数部分)分别为 Y、M、D,则转换公式为

$$\begin{cases} J = [\mathrm{JD} + 0.5] \\ N = \left[\dfrac{4(J + 68569)}{146097}\right] \\ L_1 = J + 68569 - \left[\dfrac{N \times 146097 + 3}{4}\right] \\ Y_1 = \left[\dfrac{4000(L_1 + 1)}{1461001}\right] \\ L_2 = L_1 - \left[\dfrac{1461 \times Y_1}{4}\right] + 31 \\ M_1 = \left[\dfrac{80 \times L_2}{2447}\right] \\ D = L_2 - \left[\dfrac{2447 \times M_1}{80}\right] \\ L_3 = \left[\dfrac{M_1}{11}\right] \\ M = M_1 + 2 - 12 \times L_3 \\ Y = [100(N - 49) + Y_1 + L_3] \end{cases} \tag{2.38}$$

在地心固连坐标系和地心惯性坐标系的坐标转换矩阵求解中,假设忽略岁差、章动和极移的影响,则坐标转换矩阵只和格林尼治恒星时有关

$$C_{\mathrm{ECI}}^{\mathrm{ECF}} \approx R_z(S_G) \tag{2.39}$$

格林尼治恒星时与当前时刻的儒略日有如下近似关系

$$S_G = 280.4606184 + 360.9856122863 \times d(°) \tag{2.40}$$

式中:$d = \mathrm{JD} - \mathrm{JD0}$;$\mathrm{JD0} = \mathrm{JD}(\mathrm{J2000.0}) = 2451545.0$。此时如已知某飞行器在地心惯性坐标系中的位置矢量,则可以按照上述方法计算其在给定时刻的地心固连坐标系中的位置矢量:首先根据时间计算格林尼治恒星时,然后计算地心固连坐标系和地心惯性坐标系的坐标转换矩阵,最后将地心惯性坐标系的位置矢量转换至地心固连坐标系。需要说明的是,由于忽略了岁差、章动和极移的影响,该转换方法精度有限,与 STK 软件转换结果相比大约存在 10km 的位置误差。

例题 2-1:假设某飞行器在北京时间 2020 年 4 月 13 日 19 时 17 分 35 秒时的位置矢量在 J2000 地心惯性坐标系中的表达式为 $[-6075967 \quad 1930998 \quad 1352288]^{\mathrm{T}}\mathrm{m}$,请问在地心固连坐标系中该矢量的表达式是什么?(不考虑岁差章动和极移影响,利用式(2.40)计算)

解答:

(1) 北京时间转换为格林尼治时间:

UTCG:2020 年 4 月 13 日 11 时 17 分 35 秒

(2) 把 UTCG 转换为儒略日:

$$\mathrm{JD}(2020\text{ 年 }4\text{ 月 }13\text{ 日 }11\text{ 时 }17\text{ 分 }35\text{ 秒}) = 2458952.97054398\mathrm{d}$$

(3) 计算格林尼治恒星时:

$$d = \mathrm{JD} - \mathrm{JD0} = 7407.970543982\mathrm{d}$$

$$S_G = 280.4606184 + 360.9856122863 \times d = 11.243237°$$

这个公式计算出来的 S_G 单位是(°),要把它转成 rad 才能用于后面转换矩阵的计算!

(4) 计算地心惯性坐标系到地心固连坐标系的坐标转换矩阵:

$$C_{\mathrm{ECI}}^{\mathrm{ECF}} = R_z(S_G) = \begin{bmatrix} 0.980808 & 0.194974 & 0 \\ -0.194974 & 0.980808 & 0 \\ 0 & 0 & 1 \end{bmatrix}$$

(5) 计算地心固连坐标系位置矢量:

$$r_{\mathrm{ECF}} = C_{\mathrm{ECI}}^{\mathrm{ECF}} r_{\mathrm{ECI}} = \begin{bmatrix} -5582863 \\ 3078597 \\ 1352288 \end{bmatrix}\mathrm{m}$$

本节思考题

1. 世界时和原子时分别是参考什么建立的时间系统?
2. 真太阳时存在什么缺陷?是什么原因导致的?怎样修改成为了平太阳时?
3. 世界时如何定义?
4. 世界时和原子时各有什么优缺点?为此产生了什么时间系统?

5. 坐标转换中,日期适合采用哪种方式?

本章习题

1. 在天球上请分别绘出天子午圈、天卯酉圈和地平圈的示意图。

2. 什么是岁差、章动和极移,它们的区别是什么?变化的大小量级分别是多少?会给天球上的哪些点和圈带来变化?

3. 请根据方向余弦阵的定义式,证明方向余弦阵是正交矩阵,且具有传递性。

4. 请推导出绕 z 轴旋转的初等变换矩阵表达式。

5. 某发射点的地心经度为 λ ,地心纬度为 ϕ ,发射方位角为 A ,请写出地心固连坐标系(即协议地球坐标系)到发射坐标系的坐标转换矩阵,写成初等变换阵连乘形式即可,不需展开。(假设地球为均质圆球)

第3章　导弹力学环境

在飞行中,作用在导弹上的力主要有发动机的推力、地球引力和空气动力等。推力是发动机工作时,发动机的内燃气介质以高速喷出而形成作用于导弹上的力,它是导弹飞行的动力。作用于导弹上的引力,严格地说,应是地心引力和因地球自转所产生的离心惯性力的合力。空气动力是空气对在其中运动的物体的作用力。当可压缩的黏性气流绕流过导弹各部件的表面时,由于表面上压强分布不对称,出现了压强差;空气对导弹表面又有黏性摩擦,出现了黏性摩擦力。这两部分合在一起,就形成了作用在导弹上的空气动力。

当把导弹看作刚体时,这些力的作用点并不一定都在导弹的质心,而如果仅为了计算导弹的弹道轨迹,可以把导弹当作质点,则可简化为每个力的作用点都在质心上。

3.1　推力

在导弹动力飞行段,所受的发动机推力是指发动机通过喷射出高速气流,自身获得与气流速度相反的反作用力。

3.1.1　变质量力学基本原理

1. 密歇尔斯基方程

由于导弹(运载火箭)采用火箭发动机,在推进过程中喷射物质在不断消耗,弹箭质量逐渐减小,因此火箭推进是一个变质量物体的运动。

假设一个变质量质点在 t 时刻的质量为 $m(t)$,质量是时间的函数,速度矢量为 $\boldsymbol{V}$,那么 t 时刻的质点动量为 $m(t)$ 乘以 $\boldsymbol{V}$,假设在 $\mathrm{d}t$ 时间内,质点向外界以相对速度 $\boldsymbol{V}_r$ 喷射出元质量 $-\mathrm{d}m$,而剩余质量 $m(t+\mathrm{d}t)$ 获得的速度增量假设为 $\mathrm{d}V$ 。很显然, t 时刻的质量、$t+\mathrm{d}t$ 时刻的质量和元质量有如下关系

$$-\mathrm{d}m = m(t) - m(t+\mathrm{d}t) \tag{3.1}$$

在 $t+\mathrm{d}t$ 时刻,整个质点系统的动量可以表示为剩余质量和元质量两部分动量的和,即

$$\boldsymbol{Q}(t+\mathrm{d}t) = [m(t) - (-\mathrm{d}m)][\boldsymbol{V} + \mathrm{d}\boldsymbol{V}] + (-\mathrm{d}m)[\boldsymbol{V} + \boldsymbol{V}_r] \tag{3.2}$$

将式(3.2)展开,舍去二阶小量得

$$\boldsymbol{Q}(t+\mathrm{d}t) = m(t)\boldsymbol{V} + m(t)\mathrm{d}\boldsymbol{V} - \mathrm{d}m\boldsymbol{V}_r \tag{3.3}$$

质点在 $\mathrm{d}t$ 时间内的动量变化量为

$$\mathrm{d}\boldsymbol{Q} = m(t)\mathrm{d}\boldsymbol{V} - \mathrm{d}m\boldsymbol{V}_r \tag{3.4}$$

根据质点动量定理有

$$\frac{\mathrm{d}\boldsymbol{Q}}{\mathrm{d}t} = \boldsymbol{F} \tag{3.5}$$

式中：$\boldsymbol{F}$ 是指外界作用在质点上的合力。根据式(3.4)和式(3.5)可得

$$m\frac{\mathrm{d}\boldsymbol{V}}{\mathrm{d}t}=\boldsymbol{F}+\frac{\mathrm{d}m}{\mathrm{d}t}\boldsymbol{V}_r \tag{3.6}$$

该方程称为密歇尔斯基方程，即变质量质点基本方程。对于不变质量质点，$\frac{\mathrm{d}m}{\mathrm{d}t}=0$，密歇尔斯基方程就转化为普通质点的牛顿第二定律方程。

式(3.6)中，$\frac{\mathrm{d}m}{\mathrm{d}t}\boldsymbol{V}_r$ 即为作用在质点上的喷射反作用力，由于 $\frac{\mathrm{d}m}{\mathrm{d}t}<0$，因此喷射反作用力的方向与 $\boldsymbol{V}_r$ 方向相反，是一个加速力。

2. 齐奥尔科夫斯基公式

由上节可知，物体产生运动状态的变化，除外界作用力外，还可以通过物体本身向所需运动反方向喷射物质而获得加速度，这称为直接反作用原理。

根据密歇尔斯基方程，如果质点不受外力作用，则有

$$m\frac{\mathrm{d}\boldsymbol{V}}{\mathrm{d}t}=\frac{\mathrm{d}m}{\mathrm{d}t}\boldsymbol{V}_r \tag{3.7}$$

由于 $\boldsymbol{V}$ 和 $\boldsymbol{V}_r$ 方向相反，方程可转化为标量形式

$$m\frac{\mathrm{d}V}{\mathrm{d}t}=-\frac{\mathrm{d}m}{\mathrm{d}t}V_r \tag{3.8}$$

整理可得

$$\mathrm{d}V=-V_r\frac{\mathrm{d}m}{m} \tag{3.9}$$

假设 $\boldsymbol{V}_r$ 为定值，对式(3.9)两边积分可得

$$V_k-V_0=V_r\ln\frac{m_0}{m_k} \tag{3.10}$$

式中：V_0 和 m_0 为起始时刻质点所具有的速度和质量；V_k 和 m_k 为结束时刻质点所具有的速度和质量。若初始速度为0，工质全部喷射完后，导弹具有的速度为

$$V_k=V_r\ln\frac{m_0}{m_k} \tag{3.11}$$

式(3.11)即为著名的齐奥尔科夫斯基公式（简称齐氏公式），用该式计算出的速度为导弹的理想速度。该公式第一次从数学意义上证明了利用火箭进行航天飞行的可行性，可以说是现代航天技术发展的原点。这个公式说明，火箭所获得的理想速度增量可以由排气速度、初始质量和结构空质量计算，同时也为发动机性能改善提供了两种方法：一是增大排气速度，二是减小结构质量。

3. 单级入轨局限性

利用齐氏公式可以解释为什么现役化学能运载火箭无法实现单级入轨，即利用单级火箭发动机把载荷送入航天轨道。现役化学能火箭，通常有两大类型：液体燃料火箭和固体燃料火箭。表3-1给出两类性能优异火箭代表的参数，代入齐氏公式计算速度增量，看是否能达到第一宇宙速度。对于固体燃料火箭来说，其优势是不需要燃料贮箱和液体管路，因此结构质量很轻（例如美国三叉戟Ⅱ-D5潜射弹道导弹的固体火箭发动机），质量比可以做到16.7，但是固体燃料的有效排气速度较小，海平面大气条件下较好

的约为2500m/s，经计算可获得的速度增量为7036m/s，远小于第一宇宙速度的数值；而对于液体燃料火箭，其优势为推进剂的有效排气速度较大（例如美国德尔塔-4系列运载火箭的液氢液氧火箭发动机），推进剂海平面大气条件下的有效排气速度可达4000m/s，但由于液体燃料储存的局限性，它的质量比不会太大，较好的可以达到约8.6，利用齐氏公式计算，可获得的最大速度增量约为8607m/s，虽然该数据看似大于第一宇宙速度，但由于要考虑地球引力和大气阻力的影响，会造成大约2000m/s的速度损失，减去这个速度损失后，实际情况远远达不到入轨的速度要求。

表3-1 现役火箭发动机的参数

火箭类型	燃气速度/(m/s)	质量比	速度增量/(m/s)
三叉戟Ⅱ-D5	2800	16	7763
德尔塔-4	4000	8.6	8607

4. 多级入轨

那么如何实现航天飞行呢，可以采用多级火箭发动机串联的形式实现入轨，即将多个火箭发动机串联在一起，首先下面的火箭发动机点火工作，工作结束后抛掉下面的火箭发动机，然后上面的火箭发动机点火工作。利用多级火箭获得的速度增量为

$$V_n = \sum_{i=1}^{n} V_i = \sum_{i=1}^{n} V_r^{(i)} \ln \frac{m_0^{(i)}}{m_k^{(i)}} \tag{3.12}$$

可以严格证明，通过多级串联形式获得的速度增量要大于单级火箭的速度增量，此处不做展开证明，仅通过一个理想实验计算验证。

如图3-1所示，假设一枚火箭，初始质量为m_0，结构质量m_k，把它分成两枚火箭串联，每一枚子火箭初始质量为$\frac{m_0}{2}$，结构质量为$\frac{m_k}{2}$，串联后的二级火箭的总质量、结构质量和推进剂质量均与单级火箭相同。

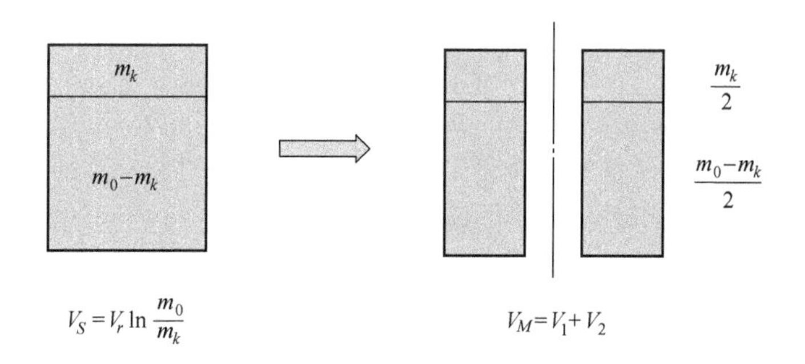

图3-1 多级火箭理想实验

对于图3-1中的单级火箭来说，其获得的速度增量为

$$V_S = V_r \ln \frac{m_0}{m_k} \tag{3.13}$$

而对于二级火箭，一级火箭发动机工作获得的速度增量为

$$V_1 = V_r \ln \frac{m_0}{m_0 - \frac{m_0 - m_k}{2}} = V_r \ln \frac{2m_0}{m_0 + m_k} \tag{3.14}$$

二级火箭发动机工作获得的速度增量为

$$V_2 = V_r \ln \frac{\frac{m_0}{2}}{\frac{m_k}{2}} = V_r \ln \frac{m_0}{m_k} \tag{3.15}$$

最终二级串联火箭获得的总速度增量为

$$V_M = V_1 + V_2 = V_r \left(\ln \frac{2m_0}{m_0 + m_k} + \ln \frac{m_0}{m_k} \right) \tag{3.16}$$

二级串联火箭的速度增量减去单级火箭的速度增量可得

$$V_M - V_S = V_r \ln \frac{2m_0}{m_0 + m_k} \tag{3.17}$$

由于 $m_0 > m_k$,所以 $V_M - V_S > 0$,说明相同总质量和结构比的火箭,二级串联形式确实能够比单级形式获得更多的速度增量！这是由于在计算 V_2 的时候,初始质量是抛掉了一级火箭结构质量之后的总质量,导致计算的总速度增量要大于单级火箭速度增量,即多级串联火箭是通过逐渐抛掉多余质量来实现增加速度增量的。既然增加串联级数可以提高速度增量,那么是否可以通过无限地增加级数来提高速度增量呢？答案是否定的,一是这种方法提高的速度增量是有限的,级数越多增量越小,最终趋于 0;另外级数的增加也会带来火箭可靠性的下降和制造难度的增加,所以一般不超过 4 级。

3.1.2 火箭发动机推力

1. 动推力

在火箭发动机研究中,燃气相对弹体的喷射速度用 u 表示, $\dot{m} = |\mathrm{d}m/\mathrm{d}t|$ 称为推进剂质量秒消耗量,则导弹由于喷射燃气获得的反作用力为

$$P_r = \dot{m}u \tag{3.18}$$

可知反作用力的大小取决于推进剂质量秒耗量与燃气喷射速度,单位时间内喷出的推进剂生成物质量越大,燃气相对弹体的速度越大,则反作用力也越大。当发动机安装轴线与弹体纵轴一致时,该反作用力的方向即为弹体纵轴方向。

式(3.18)反映的仅是燃气动量变化所产生的推力,通常称为理论推力(或动推力)。虽然它反映了推力产生的实质,但还没有包括许多客观因素的影响,因此发动机推力的实际值是以试车时的实际测量值为依据的。

2. 静推力

从图 3-2 可以看出,发动机地面试车时,除了重力和试车台反作用力存在并相互抵消外,就只有轴向力。

应注意的是该轴向力并不单纯是动推力 $-\dot{m}u$,还包括导弹表面大气静压力和喷管出口截面上燃气静压力所形成的轴向力,这两部分静压力的和称为静推力,记为 P_{st} 。导

图 3-2　火箭发动机地面试车

弹所受静推力如图 3-3 所示。

$$P_{st} = \int_{S_e} p\mathrm{d}S_e + \int_{S_b} p_H \mathrm{d}S_b \tag{3.19}$$

式中：S_e 为喷口截面积；S_b 为弹体表面积(不包括喷口部分)；p_H 为试车台所在高度的大气压；p 为喷口截面上燃气静压，其平均值假设为 p_e，方向指向弹体纵轴。

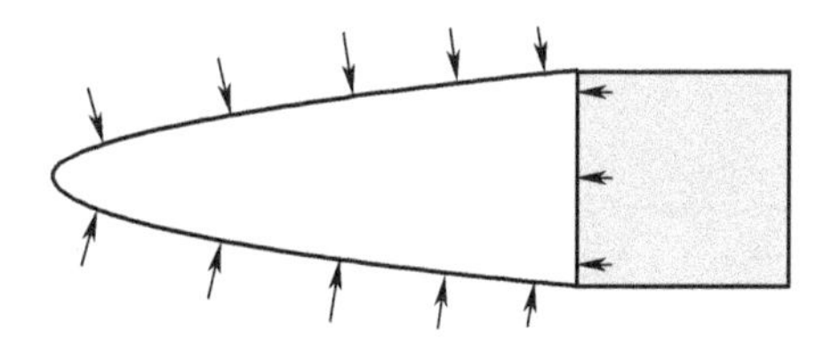

图 3-3　导弹所受静推力

考虑到导弹外形通常具有对称性，则静推力表达式积分可得

$$P_{st} = S_e(p_e - p_H) \tag{3.20}$$

因此，一台发动机的推力就定义为动推力和静推力之和

$$P = P_r + P_{st} = \dot{m}u + S_e(p_e - p_H) \tag{3.21}$$

空气动力学计算和实验表明，在一定范围内可以认为排气速度 u 不变，同时排气端面的压力 p_e 正比于秒耗量 $\dot{m}$，因此 u、$p_e/\dot{m}$ 与外部大气压 p_H 无关，故可以记

$$u' = u + S_e \frac{p_e}{\dot{m}} \tag{3.22}$$

称为有效排气速度。则式(3.21)可表示为

$$P = \dot{m}u' - S_e p_H \tag{3.23}$$

表明发动机的推力随高度不同由于大气压变化而变化，在海平面时推力达到极小值，在真空中推力达到极大值

$$\begin{cases} P_{\min} = \dot{m}u' - S_e p_0 \\ P_{\max} = \dot{m}u' \end{cases} \tag{3.24}$$

3. 比冲量

描述发动机性能的一个重要指标是比推力(或称比冲量) I_{SP} 。其定义为发动机在无限小时间间隔内产生的冲量与该段时间间隔内消耗的推进剂重量之比,即

$$I_{SP} = \frac{P\delta t}{\dot{m}g_0\delta t} = \frac{P}{\dot{m}g_0} \tag{3.25}$$

式中: g_0 为海平面标准重力加速度。

将式(3.23)代入式(3.25)可得

$$I_{SP} = \frac{u'}{g_0} - \frac{S_e p_H}{\dot{m}g_0} \tag{3.26}$$

在真空中由于 $p_H = 0$,记真空比推力为 $I_{SP.V}$,则其计算表达式为

$$I_{SP.V} = \frac{u'}{g_0} \tag{3.27}$$

可以看出,真空中的比推力与有效排气速度成正比例关系,两者仅差一个海平面标准重力加速度常数,因此有时比冲也用有效排气速度来表示,此时单位为 m/s。表 3-2 列出了不同国家、不同类型发动机的比冲数值。整体来看,液体火箭发动机的比冲要高于固体火箭发动机,目前比冲最大的是液氢液氧推进剂,大约 4000m/s,而固体火箭比冲通常为 2000~3000m/s;另外,即使对于相同的推进剂,由于工艺技术水平不同,比冲大小也会不同,数值越大说明技术水平越高。

表 3-2 不同火箭发动机的比冲

发动机型号	所属箭/弹	所属国家	氧化剂	燃料	比冲/(m/s)
SR-119	和平卫士	美国	端二羟基聚丁二烯		3030
GF-36	CZ-1D	中国	端二羟基聚丁二烯		2834
YF-24K	CZ-2F	中国	四氧化二氮	偏二甲肼	2941.8
RD-255	SS-18	俄罗斯	四氧化二氮	偏二甲肼	3334
YF-100	CZ-5	中国	液氧	煤油	3286.2
RS-68	德尔塔-4	美国	液氧	液氢	4011

表 3-3 给出不同火箭发动机海平面比冲和真空比冲的数值。

表 3-3 不同火箭发动机的海平面比冲和真空比冲

发动机类型	推进剂	海平面比冲/(m/s)	真空比冲/(m/s)
德尔塔-4 火箭固体助推器	固体	2383	2696.8
德尔塔-4 火箭液体助推器	液氢液氧	3501	4011
长征-5 火箭液体助推器	液氧煤油	2942	3286
长征-5 火箭一级发动机	液氢液氧	3058	4214

可以看出,无论是液体还是固体火箭发动机,其比冲在海平面为极小值,而在真空中

达到极大值,这与式(3.26)是一致的。

本节思考题

1. 变质量质点的运动特征与恒质量质点相比,有什么不同?
2. 发动机的推力由哪两部分组成?分别怎么计算?
3. 随着高度增加,发动机的推力如何变化?
4. 什么是比冲?真空中比冲与什么量成正比?

3.2　地球引力

3.2.1　地球引力位

地球引力是近地航天器轨道运动中最重要的作用因素,但是地球复杂的形状以及不均匀的质量分布,导致地球引力场的精确描述非常困难。图3-4给出了地球引力场分布的异常情况,红色越深代表正向异常越大,蓝色越深代表负向异常越大,可以看出,引力场显著异常的分布区域是较多的。

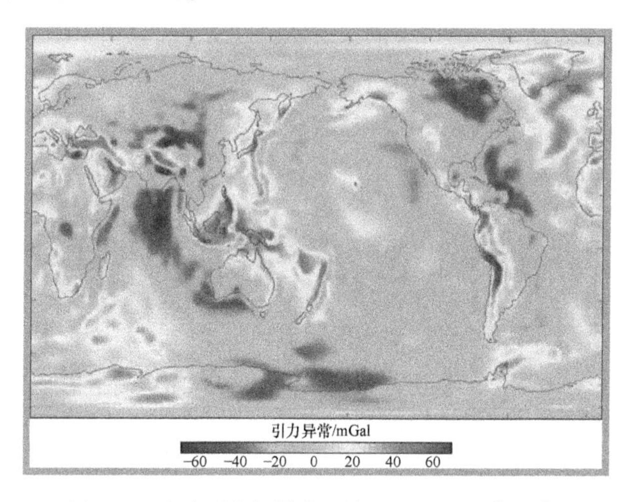

图3-4　地球引力场异常区域($1\text{mGal}=10^{-5}\text{m/s}^2$)

1. 点质量的引力位

地球对其外部质点的引力是万有引力的一种体现。这个力的大小和两个质点的质量成正比,和质点间的距离平方成反比。如图3-5所示,假设在某直角坐标系中,质量为m_1的质点1位置矢量为$\boldsymbol{r}_1$,质量为m_2的质点2位置矢量为$\boldsymbol{r}_2$,则质点2到1的位置矢量$\boldsymbol{r}=\boldsymbol{r}_1-\boldsymbol{r}_2$,质点1受到质点2的万有引力为

$$\boldsymbol{F}=-\frac{Gm_1m_2}{r^2}\frac{\boldsymbol{r}}{r} \tag{3.28}$$

式中:$G=6.67408\times10^{-11}\text{N}\cdot\text{m}^2/\text{kg}^2$,为万有引力常数。

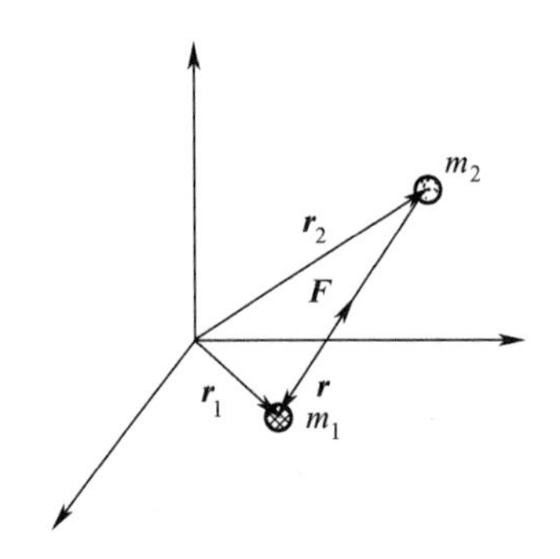

图 3-5 两个质点间的万有引力

万有引力是保守力,做功仅与始末位置有关,而与路径无关,因此可以定义引力势能为:物体由任意位置移动到零势能位置时万有引力做的功(定义无穷远处为势能零点)。处在 $\boldsymbol{r}$ 位置的引力势能 V 可以由将万有引力对矢量 $\boldsymbol{r}$ 从 r 到无穷大进行定积分求得,如下:

$$V=\int_{r}^{\infty}-\frac{Gm_1m_2}{r^3}\boldsymbol{r}\cdot\mathrm{d}\boldsymbol{r} \tag{3.29}$$

化简可得引力势能的表达式

$$V=Gm_1m_2\int_{r}^{\infty}\mathrm{d}\left(\frac{1}{r}\right)=-\frac{Gm_1m_2}{r} \tag{3.30}$$

可以看出引力势能通常为负值,与距离 r 成反比。

引力位 U 是引力势能的另外一种表示方式,定义是单位质量质点的引力势能的相反数。质点 2 在距离 r 处的引力位为

$$U=-\frac{V}{m_1}=\frac{Gm_2}{r}=\int_{\infty}^{r}\boldsymbol{a}\cdot\mathrm{d}\boldsymbol{r} \tag{3.31}$$

式中:$\boldsymbol{a}$ 为质点所受万有引力加速度。该积分式等价于将引力位 U 对矢量 $\boldsymbol{r}$ 求导(引力位 U 的梯度)可得到引力加速度矢量 $\boldsymbol{a}$ 。对于保守力,标量场的引力位和矢量场的引力加速度是可以相互转化的。

2. 均质圆球的引力位

如果 m_2 不是质点,而是一个密度均匀的圆球,那么它外部空间的引力位计算就要通过积分求得。

$$U=\int_{M}\frac{G}{r_m}\mathrm{d}m=G\rho\iiint_{V}\frac{\mathrm{d}V}{r_m}=G\rho\frac{V}{r}=\frac{GM}{r} \tag{3.32}$$

从积分结果可知,均质圆球对其外部空间的引力位,等价于质量等于圆球总质量的质点位于球心时产生的引力位。

3. 真实地球的引力位

对于真实地球,由于地球的形状和质量分布也是确定的,因此地球外部空间某点的引力位也是确定的,也可以通过积分获得,只不过由于地球形状和质量分布的复杂性,使得真实地球的引力位无法得到解析表达式。

拉普拉斯证明,天体的引力位满足偏微分方程

$$\Delta U=\nabla\cdot\nabla U=\frac{\partial^2 U}{\partial x^2}+\frac{\partial^2 U}{\partial y^2}+\frac{\partial^2 U}{\partial z^2}=0 \tag{3.33}$$

上式即著名的拉普拉斯方程,为更容易求解,通常转换至球坐标系

$$\frac{\partial}{\partial r}\left(r^2\frac{\partial U}{\partial r}\right)+\frac{1}{\cos^2\phi}\frac{\partial^2 U}{\partial \lambda^2}+\frac{1}{\cos\phi}\frac{\partial}{\partial \phi}\left(\cos\phi\frac{\partial U}{\partial \phi}\right)=0 \tag{3.34}$$

式中:r,ϕ,λ 为球坐标系中的地心距、地心纬度和地心经度。

利用拉普拉斯方程,虽然无法得到真实地球引力位的解析积分表达式,但是可以用级数逼近获得满足给定精度的近似解。根据式(3.34)解得地球引力位拉普拉斯方程的球谐级数解为

$$\begin{aligned}U&=\frac{GM_{\mathrm{e}}}{r}\left[1+\sum_{n=2}^{\infty}\sum_{m=0}^{n}\left(\frac{a_{\mathrm{e}}}{r}\right)^n \mathrm{P}_n^m(\sin\phi)(A_{n,m}\cos m\lambda+B_{n,m}\sin m\lambda)\right]\\&=\frac{GM_{\mathrm{e}}}{r}-\frac{GM_{\mathrm{e}}}{r}\sum_{n=2}^{\infty}\left(\frac{a_{\mathrm{e}}}{r}\right)^n J_n\mathrm{P}_n(\sin\phi)+\\&\quad\frac{GM_{\mathrm{e}}}{r}\sum_{n=2}^{\infty}\sum_{m=1}^{n}\left(\frac{a_{\mathrm{e}}}{r}\right)^n \mathrm{P}_n^m(\sin\phi)(A_{n,m}\cos m\lambda+B_{n,m}\sin m\lambda)\end{aligned} \tag{3.35}$$

式中:M_{e} 为地球质量;$GM_{\mathrm{e}}=\mu_{\mathrm{e}}$ 为地球引力常数;$A_{n,m}$ 和 $B_{n,m}$ 为球谐系数;$\mathrm{P}_n^m(\sin\phi)$ 为 n 阶 m 次缔合勒让德多项式。

可以看出,如果没有高阶级数项,地球引力位就是均质圆球的结果;后面与经度无关的项称为带谐项,J_n 为带谐系数;与经纬度均有关的项叫田谐项。随着项数越多,与真实的地球引力位越逼近,也就是说通过对均质圆球引力位的逐步修正,可以逐渐接近真实地球的引力位。图3-6给出了各种球谐项修正示意结果。

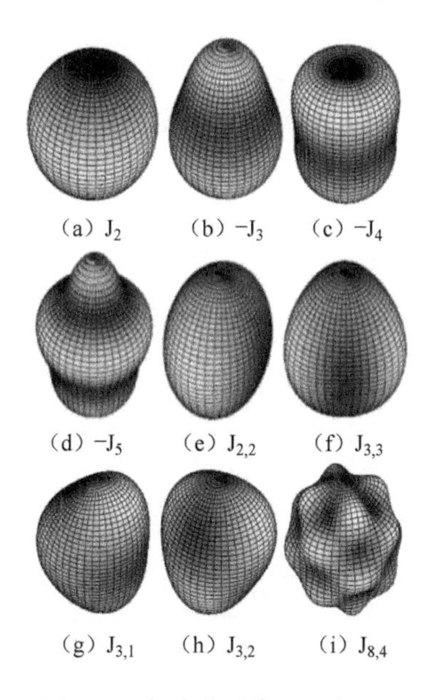

图3-6　各球谐项修正示意图

从图3-6中可以看出,前面4个是带谐项的修正结果,它的特点是同纬度地区的特点是一样的,与经度无关,所以具有旋转对称性;后面5个是田谐项的修正结果,由于与

经度和纬度均有关，所以不再具有旋转对称性。其实在实际应用中，大多数情况考虑前几项就足够了，比如最大项的 J_2 项其相对误差仅为千分之一的量级，J_3 项进一步减小至 10^{-6} 的量级，其他更小。通过球谐级数解可知，只要确定了球谐系数，那么就确定了地球的引力位表达式。而通过测地卫星的重力探测，便可以获得这些球谐系数。不同的测量数据得到不同的球谐系数，一组球谐系数称为一种引力场模型，如 WGS-84 模型等。

4. 地球引力位简化

对于不同问题的研究，对地球引力位的精度要求是不一样的，比如在导弹和卫星的弹道或轨道设计时，为保证运算速度，需要对地球引力位的计算适当简化。科研的过程大多都是先由简到繁，再由繁到简。由简到繁是为了弄清事物的本质，而由繁到简是在科学指导下为了更加方便地处理问题。最简单的简化就是认为地球是均质圆球，地球引力位的表达式为

$$U = \frac{\mu_e}{r} \tag{3.36}$$

此时地球引力场等价于质点引力场，又称为中心引力场或牛顿引力场，航天器在该引力场中的运动就是后续会讲到的二体运动。

在导弹或卫星高精度的弹轨道计算中通常采用旋转椭球体模型，此时引力位函数与经度无关

$$U = \frac{\mu_e}{r} - \frac{\mu_e}{r}\sum_{n=2}^{\infty}\left(\frac{a_e}{r}\right)^n J_n \mathrm{P}_n(\sin\phi) \tag{3.37}$$

引力位函数不显含时间 t，与经度无关，仅包括带谐项，称为正常引力位，此时地球引力位模型由半长轴、扁率和地球引力常数 3 个参数进行描述。

3.2.2 常用地球引力位函数

地球引力可以通过求地球引力位函数的梯度获得，但由于地球形状和质量分布的复杂性，真实地球的引力位无法得到解析表达式，而只能通过求解拉普拉斯方程获得球谐级数逼近解。

不同的地球模型，所得到的球谐系数有所差异。在飞行力学中，通常假设地球是质量分布对于地轴及赤道面有对称性的两轴旋转椭球，则该椭球对球外单位质点的引力位 U 为

$$U = \frac{\mu_e}{r}\left[1 - \sum_{n=1}^{\infty}\left(\frac{a_e}{r}\right)^{2n} J_{2n}\mathrm{P}_{2n}(\sin\phi)\right] \tag{3.38}$$

称为正常引力位，在实际工程应用中取至 J_4 项即可保证精度，即

$$U = \frac{\mu_e}{r}\left[1 - \sum_{n=1}^{2}\left(\frac{a_e}{r}\right)^{2n} J_{2n}\mathrm{P}_{2n}(\sin\phi)\right] \tag{3.39}$$

由于球谐系数与地球模型有关，不同地球模型的球谐系数有差异，但对于 J_2 项是一致的，J_4 项也差异较小。1975 年国际大地测量协会的推荐数值为

$$\begin{aligned} J_2 &= 1.08263 \times 10^{-3} \\ J_4 &= -2.37091 \times 10^{-6} \end{aligned} \tag{3.40}$$

式(3.39)中的勒让德函数为

$$
\begin{aligned}
P_2(\sin\phi) &= \frac{3}{2}\sin^2\phi - \frac{1}{2} \\
P_4(\sin\phi) &= \frac{35}{8}\sin^4\phi - \frac{15}{4}\sin^2\phi + \frac{3}{8}
\end{aligned}
\tag{3.41}
$$

在弹道设计和计算中,有时为了方便,还可取到 J_2 项为止的引力位作为正常引力位,把相应的勒让德函数代进去,即为

$$
U = \frac{\mu_e}{r}\left[1 + \frac{J_2}{2}\left(\frac{a_e}{r}\right)^2(1 - 3\sin^2\phi)\right] \tag{3.42}
$$

需要指出的是,正常引力位是人为假设的,与实际引力位均有所差别,这一差别称为引力位异常。若要求弹道计算精度较高,则需考虑引力位异常的影响。

3.2.3　地球引力加速度

有了位函数后即可以通过求梯度获得单位质点受地球引力作用的引力加速度矢量 $\boldsymbol{g}$。由式(3.42)可知,正常引力位仅与所研究空间点的地心距 r 和地心纬度 ϕ 有关,因此引力加速度 $\boldsymbol{g}$ 总是位于地轴与所研究空间点构成的平面内,该平面与包含所研究空间点地心矢径 $\boldsymbol{r}$ 在内的子午面重合。

在不同的坐标系中地心距 r 和地心纬度 ϕ 与坐标分量的函数表达式不同,因此在不同坐标系下通过求梯度获得的引力加速度矢量 $\boldsymbol{g}$ 表达式也不同,在地心固连坐标系 ECF 中求解较为简便。假设质点在地心固连坐标系中的坐标为 $(X\quad Y\quad Z)^{\mathrm{T}}$,则其地心距 r 和地心纬度 ϕ 为

$$
\begin{cases}
r = \sqrt{X^2 + Y^2 + Z^2} \\
\sin\phi = \dfrac{Z}{\sqrt{X^2 + Y^2 + Z^2}}
\end{cases}
\tag{3.43}
$$

将式(3.43)代入式(3.42)可得

$$
U = \mu_e\left[\frac{1}{\sqrt{X^2 + Y^2 + Z^2}} + \frac{J_2 a_e^2}{2}\left(\frac{1}{(\sqrt{X^2 + Y^2 + Z^2})^3} - \frac{3Z^2}{(\sqrt{X^2 + Y^2 + Z^2})^5}\right)\right] \tag{3.44}
$$

对式(3.44)求梯度并化简可得

$$
\boldsymbol{g}_{\mathrm{ECF}} = \begin{bmatrix} \dfrac{\partial U}{\partial X} \\ \dfrac{\partial U}{\partial Y} \\ \dfrac{\partial U}{\partial Z} \end{bmatrix} = \begin{bmatrix} -\mu_e\dfrac{X}{r^3}\left[1 + J\left(\dfrac{a_e}{r}\right)^2(1 - 5\sin^2\phi)\right] \\ -\mu_e\dfrac{Y}{r^3}\left[1 + J\left(\dfrac{a_e}{r}\right)^2(1 - 5\sin^2\phi)\right] \\ -\mu_e\dfrac{Z}{r^3}\left[1 + J\left(\dfrac{a_e}{r}\right)^2(1 - 5\sin^2\phi)\right] - 2\dfrac{\mu_e}{r^2}J\left(\dfrac{a_e}{r}\right)^2\sin\phi \end{bmatrix} \tag{3.45}
$$

式中:$J = \dfrac{3}{2}J_2$。

例题 3-1:已知某飞行器的位置矢量在地心固连坐标系坐标为 $\begin{bmatrix}5378687\\3976980\\1981083\end{bmatrix}$ m,假设地球引力模型为均质圆球模型,引力位函数数值是多少?引力加速度矢量为多少?假设地球引力模型考虑 J_2 项摄动,引力位函数数值是多少?引力加速度矢量为多少?(矢量在地心固连坐标系中表示)

解答:(1) 地球引力模型为均质圆球模型:

引力位为

$$U = \frac{\mu_e}{r} = 57134863\text{m}^2/\text{s}^2$$

地心固连坐标系引力加速度矢量为

$$\boldsymbol{g}_{\text{ECF}} = \begin{bmatrix}\dfrac{\partial U}{\partial X}\\[2mm] \dfrac{\partial U}{\partial Y}\\[2mm] \dfrac{\partial U}{\partial Z}\end{bmatrix} = \begin{bmatrix}-\mu_e\dfrac{X}{r^3}\\[2mm] -\mu_e\dfrac{Y}{r^3}\\[2mm] -\mu_e\dfrac{Z}{r^3}\end{bmatrix} = \begin{bmatrix}-6.313995\\-4.668542\\-2.325576\end{bmatrix}\text{m/s}^2$$

(2) 地球引力模型考虑 J_2 项摄动:

引力位为 $U = \dfrac{\mu_e}{r}\left[1 + \dfrac{J_2}{2}\left(\dfrac{a_e}{r}\right)^2(1 - 3\sin^2\phi)\right] = 57154460\text{m}^2/\text{s}^2$

$$\boldsymbol{g}_{\text{ECF}} = \begin{bmatrix}\dfrac{\partial U}{\partial X}\\[2mm] \dfrac{\partial U}{\partial Y}\\[2mm] \dfrac{\partial U}{\partial Z}\end{bmatrix} = \begin{bmatrix}-\mu_e\dfrac{X}{r^3}\left[1 + J\left(\dfrac{a_e}{r}\right)^2(1 - 5\sin^2\phi)\right]\\[2mm] -\mu_e\dfrac{Y}{r^3}\left[1 + J\left(\dfrac{a_e}{r}\right)^2(1 - 5\sin^2\phi)\right]\\[2mm] -\mu_e\dfrac{Z}{r^3}\left[1 + J\left(\dfrac{a_e}{r}\right)^2(1 - 5\sin^2\phi)\right] - 2\dfrac{\mu_e}{r^2}J\left(\dfrac{a_e}{r}\right)^2\sin\phi\end{bmatrix}$$

$$= \begin{bmatrix}-6.319109\\-4.672324\\-2.333773\end{bmatrix}\text{m/s}^2$$

本节思考题

1. 什么是正常引力位?
2. J_2 和 J_4 项系数的量级大概是多少?
3. 在哪个坐标系下计算引力加速度的表达式较为简便?

3.3 空气动力

3.3.1 地球大气模型

从质量上看,地球大气的全部质量仅为地球质量的百万分之一,但任何物体只要有相对大气的运动,大气就会对这个物体产生空气动力作用,因此大气对各种导弹、近地卫星和其他部分运动在大气层内的飞行器的运动均有较大的影响。在讲解空气动力前,需要介绍一些有关大气特性的基本知识。

从组成看,地球大气是多种气体的混合,它的分布随着高度、纬度和太阳照射条件的不同而不同,具有极其复杂的不规则性和随机性。首先界定大气层的空间范围,把平均海平面定为零高度,在高度1000km、大气密度小于10^{-13} kg/m^{3}时,作用在飞行器上的空气动力基本可以忽略不计。因此,研究飞行器运动时,一般认为大气层的空间范围是从地球表面到1000km高度。

1. 大气分层

为讨论大气的一般特性,比较方便的方法是根据大气的温度分布,把它分成如下几层。

1) 对流层

此为大气的最底层,它的底界是地面,顶部所在高度在赤道地区约为18km,在两极地区只有8km左右。在对流层中集中了整个大气层质量的75%左右及水汽的95%,该层是大气变化最复杂的层次,大气沿垂直方向上下对流,一些大气现象,如风、云、雾、雷暴、积冰等均出现在这一层中。

该层大气的温度随着高度的增加而下降。平均而言,高度每增加100m,气温下降0.65℃。因此,对流层顶部的温度常常低于-50~60℃。

该层大气的密度和压强随着高度的增加而减小,对流层顶部的密度是地球表面密度的30%左右,压强是地球表面压强的22%左右。

2) 平流层

平流层高度从11~50km。平流层的质量约占全部大气质量的1/4。从11~30km,称为同温层。在同温层,大气从太阳吸收的热量等于散射的热量,温度几乎不变,与对流层相比对流运动显著减弱,该层的气流比较平稳。从高度30~50km,存在臭氧(O_3),称为臭氧层。臭氧对太阳辐射的波长为0.2~0.3μm的短波紫外线的吸收能力强,而且越接近太阳吸收能力越强,在这种辐射作用下,臭氧发生分解,产生热量,使臭氧层的温度随着高度的增加而升高。

在整个平流层中,随着高度的增加,大气的密度和压强一直是减小的,高度50km的密度和压强只有地球表面相应值的0.08%。

3) 中间层

中间层高度从50~90km。中间层的质量约为全部大气质量的1/3000。该层的温度随着高度的增加而下降,原因之一是臭氧浓度降低为零,另一原因是在该层内没有使温度明显变化的放热化学反应。

4）热成层

热成层高度从 90~500km。热成层的质量约为全部大气质量的 $1/10^6$。从高度 90~200km 左右，温度随着高度的增加急剧升高；高度 200km 以上，温度的增加趋于缓和；到达高度 300~500km，温度就达到所谓的外逸层温度。在此高度以上，温度保持不变，热成层的大气状况受太阳活动的强烈影响，在太阳扰动期间太阳的紫外辐射和微粒子辐射增强，使得大气的压强、密度和平均分子量有较明显的变化。

5）外逸层

外逸层为高度 500km 以上，质量约为全部大气质量的 $1/10^{11}$，这里空气密度极低，此时作用在宇宙飞行器上的空气动力基本上可以忽略不计。

对于弹道导弹（运载火箭）而言，比上述高度低得多的高度上，大气的影响就小得可以不予考虑，一般只考虑到 80~90km 处。

图 3-7 给出了各层的高度范围和温度随高度的变化曲线，图 3-8 给出了大气的压强、密度和平均分子量随高度的变化关系。

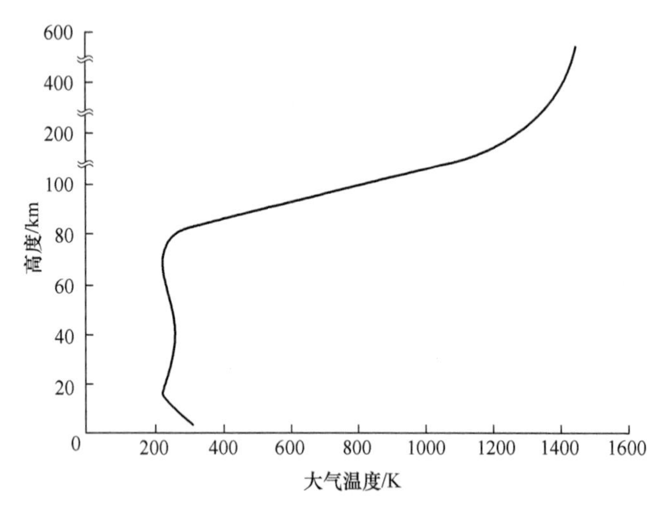

图 3-7 大气温度随高度变化曲线

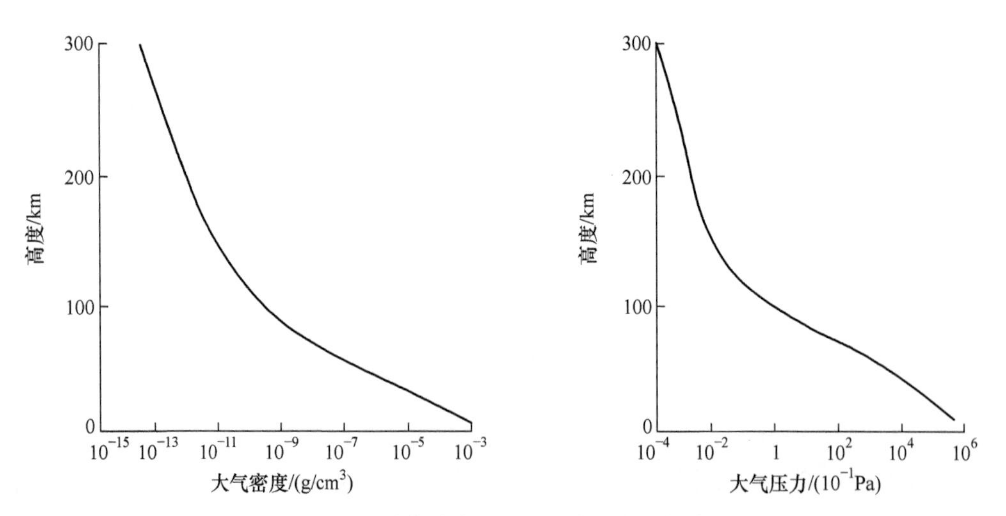

图 3-8 大气密度和压强随高度变化曲线

导弹的飞行状态是随着高度变化的连续函数,它与随着高度变化的大气状态参数(压强 p 、密度 ρ 、温度 T 及声速 a 等)有着密切关系。实际大气状态参数的变化是复杂的,它们不仅随着高度变化,而且还与地理纬度、季节、昼夜和太阳活动等其他偶然因素有关。

在进行导弹弹道设计及计算时,只需要掌握大气变化的基本规律或基本状态,没有必要也不可能考虑实际发射时的具体天气状态。在进行飞行试验或实际战斗使用时,根据实际的大气状态,综合考虑实际大气状态与基本状态的差别对导弹运动所带来的影响。

在实际工作中,常采用两种方法来计算有关大气状态参数的基本规律或基本状态:①在一定假设条件下建立大气变化规律的标准分布;②编制标准大气表。

2. 大气变化规律的标准分布

气体状态方程在实际使用中常采用的形式为

$$p = Rg_0\rho T \tag{3.46}$$

式中:g_0 为几何高度为 0 的引力加速度;$R = 29.27\text{m/K}$ 称为标准气体常数。

1)温度 T 随高度的标准分布

当 h 在 0~80km 范围内,可近似用一组折线来表示温度与高度的变化关系。如图 3-9 所示,则可以用直线方程来描述各段的变化规律。

$$T(\Delta h) = T_0 + G\Delta h \tag{3.47}$$

式中:T_0 为每一层底层的温度;G 为每一层的温度梯度;Δh 为距该层层底的高度。例如,在对流层,取温度梯度 $G=-0.65°\text{C}\times10^{-2}\text{m}^{-1}$,在同温层,取温度梯度 $G=0$,对于大气的不同层次,温度梯度取相应的值。

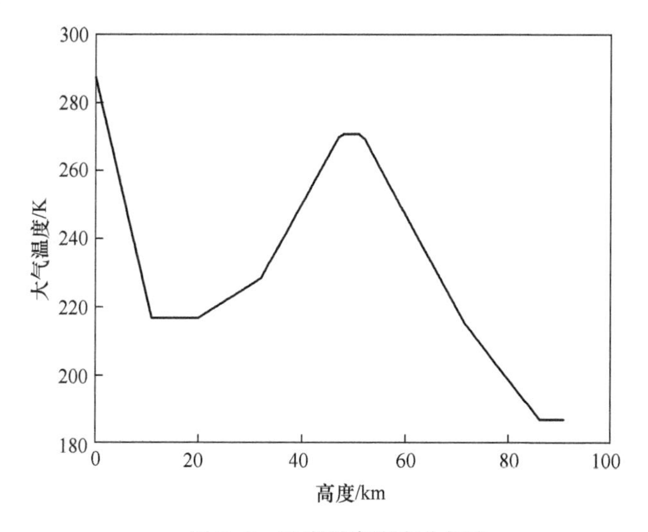

图 3-9 温度随高度变化折线

2)压强 p 随高度的标准分布

实际的大气压强 p 和温度一样具有复杂的变化。下面引入“大气垂直平衡”假设,得到压强的标准分布。“大气垂直平衡”假设认为,大气在铅锤方向是静止的,处于力的平衡状态。

在高度 h 处，取厚度为 $\mathrm{d}h$ 的圆柱体气柱作为研究对象，如图 3-10 所示，气柱的上、下底面积为 $\mathrm{d}S$，设上下底面处大气压强分别为 $p+\mathrm{d}p$ 和 p，则气柱上、下底面受到的压力分别为 $(p+\mathrm{d}p)\mathrm{d}S$ 和 $p\mathrm{d}S$，设高度 h 处的重力加速度为 g，则气柱的重量为 $\rho g\mathrm{d}S\mathrm{d}h$。

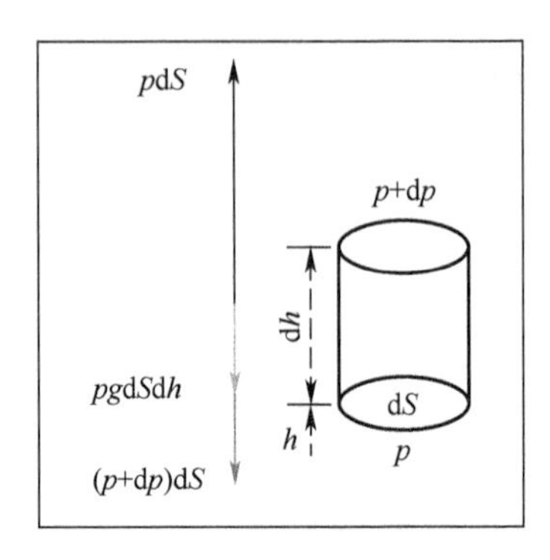

图 3-10 大气垂直平衡假设

根据假设此三力平衡，则

$$(p+\mathrm{d}p)\mathrm{d}S+\rho g\mathrm{d}S\mathrm{d}h-p\mathrm{d}S=0 \tag{3.48}$$

即有

$$\mathrm{d}p=-\rho g\mathrm{d}h \tag{3.49}$$

由气体状态方程有

$$\rho=\frac{p}{RTg_0} \tag{3.50}$$

将其代入式(3.49)可得

$$\frac{\mathrm{d}p}{p}=-\frac{g}{RTg_0}\mathrm{d}h \tag{3.51}$$

设 $h=0$ 处大气压强为 p_0，对上式积分可得

$$p=p_0\mathrm{e}^{-\frac{1}{Rg_0}\int_0^h\frac{g}{T}\mathrm{d}h} \tag{3.52}$$

令

$$H=\frac{1}{g_0}\int_0^h g\mathrm{d}h \tag{3.53}$$

称为重力势高度或位势高度，相当于具有同等势能的均匀重力场中的高度。

在标准大气情况下，认为几何高度 h 处的重力加速度用下式计算即可得到足够的精度

$$g=-\frac{\mu}{(R_0+h)^2} \tag{3.54}$$

式中：$R_0=6356.766\mathrm{km}$，为标定地球半径。则位势高度 H 与几何高度 h 的换算关系为

$$H=\frac{h}{1+\dfrac{h}{R_0}} \tag{3.55}$$

可知，位势高度 H 总是小于几何高度 h，但在高度不大时两者差别较小。利用式(3.55)可将式(3.52)改写为

$$p = p_0 e^{-\frac{1}{R}\int_0^H \frac{dH}{T}} \tag{3.56}$$

在弹道计算中有时可以进行简化，忽略 H 与 h 的差别，认为

$$p = p_0 e^{-\frac{1}{R}\int_0^h \frac{dh}{T}} \tag{3.57}$$

将温度随着高度变化的规律 $T(h)$ 代入式(3.57)即可得到压强的基本变化规律。压强随着高度的增加呈指数规律减小，这是因为高度越高，同体积气柱的重量越小。

3）密度 ρ 随高度的分布规律

设 $h=0$ 处，密度为 ρ_0，温度为 T_0，则根据气体状态方程有

$$\frac{\rho}{\rho_0} = \frac{pT_0}{p_0T} = \frac{T_0}{T} e^{-\frac{1}{R}\int_0^H \frac{dH}{T}} \tag{3.58}$$

将温度随高度变化的规律代入式(3.58)，即可得密度的基本变化规律。

在分析导弹基本运动规律时，可以将压强和密度的计算作进一步近似，即认为在高度 $H_1 \sim H_2$ 范围内为等温过程，取 $H_{MCP} = 7110\text{m}$，压强和密度按下式计算

$$\frac{p}{p_0} = \frac{\rho}{\rho_0} = e^{-\frac{h}{H_{MCP}}} \tag{3.59}$$

利用这种"准等温"大气模型计算得到的大气状态参数与实际大气状态参数比较接近。

4）声速

在高度0~91km范围内，声速的计算公式为

$$a = 20.0468\sqrt{T(K)} \tag{3.60}$$

例如在海平面，空气的温度为288.2K，对应声速为340.3m/s；在高度为11~24km的同温层高空，空气温度保持216.7K，则声速为295.1m/s。

5）马赫数

流场中某点处的气流速度 v 与当地声速 a 之比叫作该点处气流的马赫数，用 Ma 表示，即

$$Ma = \frac{v}{a} \tag{3.61}$$

马赫数是一个无量纲速度，其本质是气体宏观运动的功能与气体内部分子无规则运动的动能(即内能)之比的度量。马赫数是研究高速流动的重要参数，是划分高速流动类型的标准。马赫数小于1，叫作亚声速气流；马赫数大于1，叫作超声速气流；一般将马赫数0.8~1.2气流称作跨声速气流。超声速气流和亚声速气流所遵循的规律有着本质的区别，而跨声速气流则兼有亚声速和超声速流动，是更复杂的混合流动。

3. 编制标准大气表

标准大气表是大气状态参数随着几何高度变化的数据表。它是以实际大气特征的统计平均为基础，并结合一定的近似数值计算而形成的。它反映的是大气状态参数的年平均状况。

显然，利用标准大气表计算得到的导弹运动轨迹，所反映的只是导弹"平均"运动规律。对导弹设计而言，若只关心该型号导弹在"平均"大气状态下的运动规律，因此运用标准大气表就可以了。对导弹飞行试验而言，以标准大气下的运动规律作为依据，再考虑实际大气条件与该标准大气的偏差对试验结果的影响，对导弹的运动规律进行综合分析。

标准大气表的使用方法有两个：

(1) 利用标准大气表进行查表插值运算来计算大气参数；

(2) 直接利用以标准大气表为依据采用拟合法所得出的大气参数计算公式。

杨炳尉的论文《标准大气参数的公式表示》给出了以标准大气表为依据，采用拟合法得出的从海平面到91km的标准大气参数计算公式。运用该公式计算的参数值与原表数据的相对误差小于万分之三，用于弹道分析计算这个精度是足够的，一般认为可以运用该公式代替原始的标准大气表。

计算大气参数的公式以几何高度 h 进行分段，每段引入一个中间参数 W，它在各段代表不同的简单函数。各段统一选用海平面的值作为参照值，以下标 SL 表示。大气参数拟合计算公式代码如图 3-11 所示。

```
if Z<=11019.1
   W=1-H/44330.8;
   T=288.15*W;
   P=Psl*W^5.2559;
   rho=rhosl*W^4.2559;
elseifZ<=20063.1&&Z>11019.1
   W=exp((14964.7-H)/6341.6);
   T=216.650;
   P=Psl*0.11953*W;
   rho=rhosl*0.15898*W;
elseifZ<=32161.9&&Z>20063.1
   W=1+(H-24902.1)/221552;
   T=221.552*W;
   P=0.025158*Psl*W^(-34.1629);
   rho=0.032722*rhosl*W^(-35.1629);
elseifZ<=47350.1&&Z>32161.9
   W=1+(H-39749.9)/89410.7;
   T=250.350*W;
   P=0.0028338*Psl*W^(-12.2011);
   rho=0.0032618*rhosl*W^(-13.2011);
elseifZ<=51412.5&&Z>47350.1
   W=exp((48625.2-H)/7922.3);
   T=270.650;
   P=0.00089155*Psl*W;
   rho=0.0009492*rhosl*W;
elseifZ<=71802.0&&Z>51412.5
   W=1-(H-59439.0)/88221.8;
   T=247.021*W;
   P=0.00021671*Psl*W^(12.2011);
   rho=0.00021671*rhpsl*W^(12.2011);
elseifZ<=86000&&Z>71802.0
   W=1-(H-78030.3)/100295;
   T=200.59*W;
   P=0.000012274*Psl*W^(17.0816);
   rho=0.000017632*rhosl*W^(16.0816);
elseifZ>=86000&&Z<91000
   W=exp((87284.8-H)/5470.0);
   T=186.87;
   P=(2.2730+1.042*H/1000000)*Psl*W/1000000;
   rho=3.6411/1000000*rhosl*W;
else
   T=186.87;
   P=0;
   rho=0;
end
Vs=20.0468*sqrt(T);
```

图 3-11　大气参数拟合计算公式代码

3.3.2　空气动力模型

导弹与其他物体一样，当其相对于大气运动时，大气会在导弹的表面形成作用力，就是空气动力。空气动力是作用在导弹表面的分布力系,如图3-12所示。

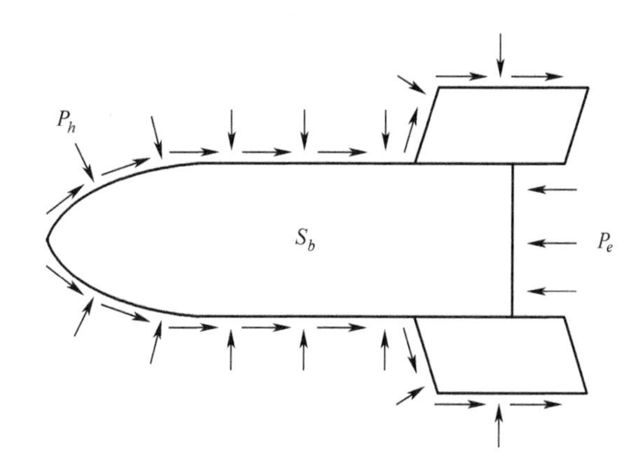

图3-12 弹体表面的空气动力

空气作用在弹体表面单位面积上均作用有法向力和切向力。为了便于研究,通常对这些分布力沿弹体表面进行积分,获得其合力

$$\boldsymbol{R}=\boldsymbol{X}_{1ba}+\boldsymbol{X}_{1f}+\boldsymbol{X}_{1b}+\boldsymbol{Y}_1+\boldsymbol{Z}_1 \tag{3.62}$$

式中:$\boldsymbol{X}_{1ba}$ 为导弹底阻,其方向与导弹纵轴 x_1 重合;$\boldsymbol{X}_{1f}$ 为摩擦阻力,其方向与导弹纵轴 x_1 重合;$\boldsymbol{X}_{1b}$ 为压差阻力,其方向也与导弹纵轴 x_1 重合;$\boldsymbol{Y}_1$ 为法向力,其方向与导弹法向轴 y_1 重合;$\boldsymbol{Z}_1$ 为横向力,其方向与导弹横向轴 z_1 轴重合。

记

$$\boldsymbol{X}_1=\boldsymbol{X}_{1ba}+\boldsymbol{X}_{1f}+\boldsymbol{X}_{1b} \tag{3.63}$$

为总的轴向力,则空气动力矢量可以表示为

$$\boldsymbol{R}=\boldsymbol{X}_1+\boldsymbol{Y}_1+\boldsymbol{Z}_1 \tag{3.64}$$

当导弹相对大气运动时,如何确定作用在导弹上的空气动力是一个颇为复杂的问题,很难通过理论计算准确确定。目前,采用应用空气动力学理论进行计算与空气动力实验校正相结合的方法。空气动力实验在可产生一定马赫数均匀气流的风洞中进行,在实验时,将按比例缩小的实物模型放在风洞内,然后使气流按一定的马赫数吹过此模型,通过测量此模型所受的空气动力并进行适当的换算后,求得实物在此马赫数下的空气动力系数。

已知导弹的空气动力系数后,式(3.64)的空气动力三个分量可按下式计算

$$\begin{cases}-X_1=C_{x1}S\dfrac{1}{2}\rho V^2\\ Y_1=C_{y1}S\dfrac{1}{2}\rho V^2\\ Z_1=C_{z1}S\dfrac{1}{2}\rho V^2\end{cases} \tag{3.65}$$

式中:V 为导弹相对于大气的速度;ρ 为大气密度,可查标准大气表或按近似公式计算;S 为导弹最大横截面积,也称为特征面积;C_{x1}、C_{y1} 和 C_{z1} 分别为导弹的轴向力系数、法向力系数和横向力系数,均为无因次量;$q=\dfrac{1}{2}\rho V^2$ 称为速度头(或称为动压头)。

从形成机理上看,空气动力分为两种。第一种是升力,翼型与流场有一定夹角,使得上下表面的压强分布不对称,产生升力。翼型通常有两种,一种是对称翼型,没有攻角时,上下表面压强相等,没有升力,必须有攻角才能产生升力;另一种是非对称翼型,上凸下平,没有攻角时下表面压强也大于上表面,产生升力;弹道导弹通常采用的上面这一种,通过攻角产生升力。升力与导弹相对大气的速度方向垂直,总升力在直角坐标系中分解为升力和侧力。第二种是阻力,由于空气的黏性,导致空气对运动物体都具有阻碍作用。这种阻力的方向与导弹相对大气的速度相反。

在实际过程中,通常在速度坐标系中构建空气动力,空气动力总合力可在速度坐标系内分解为阻力 $\boldsymbol{X}$ 、升力 $\boldsymbol{Y}$ 和侧力 $\boldsymbol{Z}$,即

$$\boldsymbol{R} = \boldsymbol{X} + \boldsymbol{Y} + \boldsymbol{Z} \tag{3.66}$$

给出的空气动力系数分别为阻力系数 C_x 、升力系数 C_y 和侧力系数 C_z ,此时空气动力的 3 个分量计算方法类似为

$$\begin{cases} -X = C_x S \dfrac{1}{2}\rho V^2 \\ Y = C_y S \dfrac{1}{2}\rho V^2 \\ Z = C_z S \dfrac{1}{2}\rho V^2 \end{cases} \tag{3.67}$$

从空气动力计算表达式可以看出,导弹横截面积越大,大气密度越大,速度越快,则气动力越大。而根据速度坐标系与弹体坐标系间的坐标转换关系,空气动力在此两个坐标系的分量有如下关系:

$$\begin{bmatrix} -X \\ Y \\ Z \end{bmatrix} = \boldsymbol{C}_{\mathrm{B}}^{\mathrm{V}} \begin{bmatrix} -X_1 \\ Y_1 \\ Z_1 \end{bmatrix} \tag{3.68}$$

式中: $\boldsymbol{C}_{\mathrm{B}}^{\mathrm{V}}$ 是弹体坐标系到速度坐标系的坐标转换矩阵。

在实际计算中,空气动力系数通过二维插值表格获得,阻力系数为零升阻力系数 C_{d0} 和诱导阻力系数 C_{di} 的和,前者为攻角为 0 时的阻力系数,其仅为马赫数 Ma 和高度 H 的函数,后者为存在攻角 α 后阻力系数的增量,其为攻角 α 和马赫数 Ma 的函数

$$C_x = C_{d0}(H, Ma) + C_{di}(\alpha, Ma) \tag{3.69}$$

考虑到通常导弹弹体具有轴对称特性,升力系数和侧力系数相同,均为攻角 α 和马赫数 Ma 的函数

$$C_y = -C_z = C_y(\alpha, Ma) \tag{3.70}$$

当空气动力系数二维插值表格难以获得,且对计算精度要求不高、更注重运算速度时,可以采用近似拟合公式,速度坐标系下空气动力系数的拟合公式为

$$C_x = \begin{cases} 0.29 & 0 \leqslant Ma \leqslant 0.8 \\ Ma - 0.51 & 0.8 < Ma \leqslant 1.07 \\ 0.091 + \dfrac{0.5}{Ma} & Ma > 1.07 \end{cases} \tag{3.71}$$

$$C_y^{\alpha} = -C_z^{\beta} = \begin{cases} 2.8 & 0 \leqslant Ma \leqslant 0.25 \\ 2.8 + 0.447(Ma - 0.25) & 0.25 < Ma \leqslant 1.1 \\ 3.18 - 0.66(Ma - 1.1) & 1.1 < Ma \leqslant 1.6 \\ 2.85 + 0.35(Ma - 1.6) & 1.6 < Ma \leqslant 3.6 \\ 3.55 & Ma > 3.6 \end{cases} \tag{3.72}$$

升力系数与攻角、侧力系数与侧滑角分别成线性关系

$$\begin{cases} C_y = \alpha \cdot C_y^{\alpha} \\ C_z = \beta \cdot C_z^{\beta} \end{cases} \tag{3.73}$$

式中:攻角和侧滑角的单位为 rad。

导弹相对大气运动时,由于导弹的对称性,作用于导弹的空气动力 $\boldsymbol{R}$ 的作用等效到导弹纵轴 x_1 上,该作用点称为压力中心,简称压心,记为 $O_{\mathrm{c.p}}$。一般情况下,压心并不与质心重合,但如果假设导弹为一个质点,研究其质心运动规律时,可以将空气动力作用点简化到质心上,即此时压心与质心重合。

图 3-13 给出弹道导弹主动段阻力和升力加速度的一般变化曲线,对于弹道导弹的主动段,可以看出:(1)通常阻力占主要因素,较升力要大一个数量级,阻力的大小约为 0.2g,升力的大小约为 0.02g;(2)阻力恒为负值,说明空气动力的存在一直导致速度损失,升力为负值,说明采用负攻角转弯;(3)开始时,随着导弹速度的增加,空气动力加速度(无论是阻力还是升力)的模值都逐渐增大,但是随着高度的逐渐增加,此时大气密度迅速减小,导致空气动力加速度迅速减小,直至接近为 0。

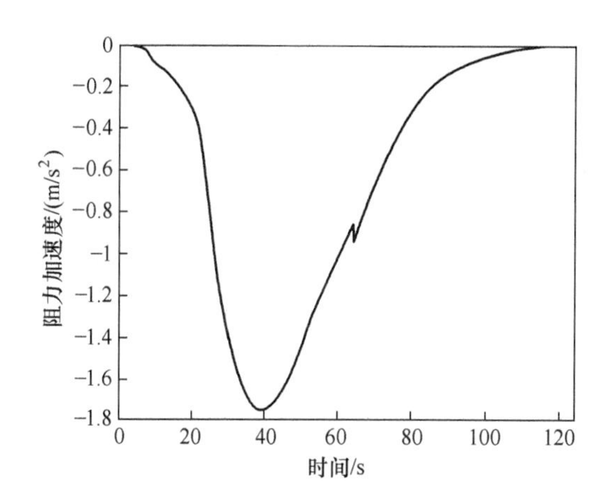

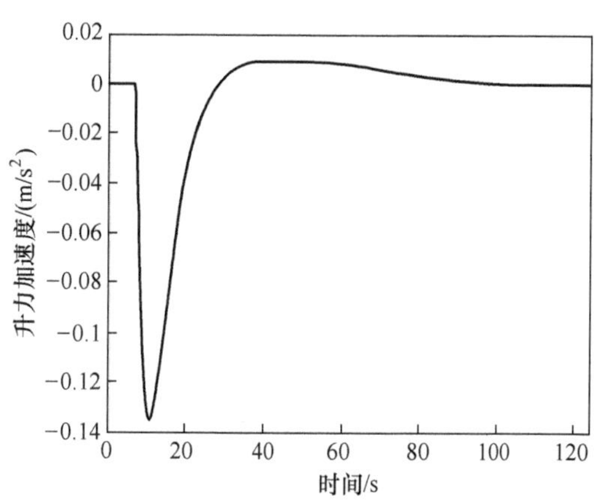

图 3-13 弹道导弹主动段阻力和升力加速度变化曲线

例题 3-2:假设某飞行器飞行高度为 15km,速度为 800m/s,质量为 26802kg,截面积为 2.3m^2,攻角为-3.6°,侧滑角为 0.3°。请计算该飞行器的动压和在速度坐标系下的空气动力加速度矢量。(假设大气模型为指数模型,空气动力系数采用拟合公式,海平面大气密度 $\rho_0 = 1.2250\text{kg/m}^3$,声速设为常数 $v_s = 300\text{m/s}$)

解答:

所在高度大气密度

$$\rho = \rho_0 e^{-\frac{h}{H_{\mathrm{MCP}}}} = 0.14856\ \text{kg/m}^3$$

动压

$$q = \frac{1}{2}\rho v^2 = 47539\text{Pa}$$

马赫数

$$Ma = \frac{v}{vs} = 2.67$$

将马赫数代入拟合公式(3.71)计算

$$C_x = 0.2785$$

将马赫数代入拟合公式(3.72)计算

$$C_y^\alpha = -C_z^\beta = 3.3223$$

速度坐标系下的空气动力加速度

$$\boldsymbol{a}_V = \begin{bmatrix} -\dfrac{C_x Sq}{m} \\ \dfrac{C_y^\alpha \alpha Sq}{m} \\ -\dfrac{C_z^\beta \beta Sq}{m} \end{bmatrix} = \begin{bmatrix} -1.136158 \\ -0.826225 \\ -0.068852 \end{bmatrix} \text{m/s}^2$$

本节思考题

1. 随着高度的增加,地球大气的温度、压强和密度变化规律如何?
2. 空气动力的计算表达式是什么?空气动力的大小都跟哪些参数有关?

本 章 习 题

1. 假设真空中某火箭推力大小为常值600kN,点火时推力加速度为30m/s²,60s后推力加速度增加至90m/s²,请问该火箭的平均质量秒耗量和有效喷气速度分别是多少?获得的速度增量为多少?

2. 某飞行器飞行高度为45km,速度为3000m/s,该飞行器的动压为多少?(假设大气模型为指数模型)

第 4 章　导弹质心动力学方程

第 3 章对导弹在飞行过程中的受力进行了分析,建立了各力的数学模型,利用牛顿第二定律便可以构建导弹的质心动力学方程,即描述导弹受力与其质心位移和速度间关系的方程。该方程把导弹当作质点,所有的力作用点都在质心,体现的是导弹质心的运动规律,通过求解可以获得导弹质点在三维空间中的运动轨迹,因此也被称作导弹的三自由度弹道方程。

4.1　矢量方程

根据第 3 章的分析,在惯性空间中导弹的受力示意如图 4-1 所示。

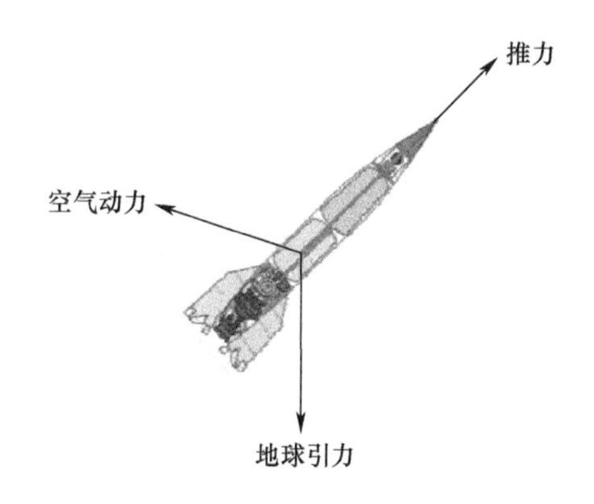

图 4-1　惯性空间导弹受力示意图

因此导弹在惯性坐标系中以矢量描述的质心动力学方程为

$$m\frac{\mathrm{d}^2\boldsymbol{r}}{\mathrm{d}t}=\boldsymbol{P}+m\boldsymbol{g}+\boldsymbol{R} \tag{4.1}$$

式中: $\boldsymbol{r}$ 为导弹质心在惯性坐标系中的位移矢量; m 为导弹的质量,由于采用喷气推进,质量是实时变化的变量; $\boldsymbol{P}$、$\boldsymbol{g}$ 和 $\boldsymbol{R}$ 分别为推力、地心引力加速度和空气动力矢量。

导弹质心动力学方程是典型的二阶常微分方程组,其矢量形式简洁明了,物理概念清晰,适用于导弹飞行状态的分析,但不利于常微分方程的求解,其求解需将其投影到选定的坐标系中进行。

4.2　发射坐标系下的动力学方程

弹道导弹的弹道计算通常是选择地面发射坐标系为描述火箭运动的参考系,该坐标系是定义在将地球看作是角速度 ω_e 进行自转的两轴旋转椭球体上的,因此发射坐标系不是惯性坐标系。

4.2.1 坐标系间的矢量微分关系

地面发射坐标系为一动坐标系,其相对于惯性坐标系以角速度 ω_e 转动,这涉及到坐标系间矢量微分转换问题。

设有两个原点重合的坐标系 **A** 和 **B**,其中 **A** 坐标系相对于 **B** 坐标系以角速度 ω 转动。对任意矢量 $\boldsymbol{r}$,在转动坐标系 **A** 中可以表示为

$$\boldsymbol{r} = x_A\boldsymbol{i}_A + y_A\boldsymbol{j}_A + z_A\boldsymbol{k}_A \tag{4.2}$$

在 **B** 坐标系中对上式求微分可得

$$\frac{\mathrm{d}\boldsymbol{r}}{\mathrm{d}t} = \frac{\mathrm{d}x_A}{\mathrm{d}t}\boldsymbol{i}_A + \frac{\mathrm{d}y_A}{\mathrm{d}t}\boldsymbol{j}_A + \frac{\mathrm{d}z_A}{\mathrm{d}t}\boldsymbol{k}_A + x_A\frac{\mathrm{d}\boldsymbol{i}_A}{\mathrm{d}t} + y_A\frac{\mathrm{d}\boldsymbol{j}_A}{\mathrm{d}t} + z_A\frac{\mathrm{d}\boldsymbol{k}_A}{\mathrm{d}t} \tag{4.3}$$

定义

$$\frac{\delta\boldsymbol{r}}{\delta t} = \frac{\mathrm{d}x_A}{\mathrm{d}t}\boldsymbol{i}_A + \frac{\mathrm{d}y_A}{\mathrm{d}t}\boldsymbol{j}_A + \frac{\mathrm{d}z_A}{\mathrm{d}t}\boldsymbol{k}_A \tag{4.4}$$

式中:$\frac{\delta\boldsymbol{r}}{\delta t}$ 是与转动坐标系 **A** 固连的观测者看到的矢量 $\boldsymbol{r}$ 随时间的变化率。对该观测者而言,单位矢量 $\boldsymbol{i}_A$、$\boldsymbol{j}_A$ 和 $\boldsymbol{k}_A$ 是固定不变的。但对于 **B** 坐标系内的观测者来说,由于坐标系 **A** 的旋转造成单位矢量是变化的,$\frac{\mathrm{d}\boldsymbol{i}_A}{\mathrm{d}t}$ 是具有位置矢量 $\boldsymbol{i}_A$ 由于转动 $\boldsymbol{\omega}$ 而造成的速度,由理论力学可知该点的速度为

$$\frac{\mathrm{d}\boldsymbol{i}_A}{\mathrm{d}t} = \boldsymbol{\omega}\times\boldsymbol{i}_A,\quad \frac{\mathrm{d}\boldsymbol{j}_A}{\mathrm{d}t} = \boldsymbol{\omega}\times\boldsymbol{j}_A,\quad \frac{\mathrm{d}\boldsymbol{k}_A}{\mathrm{d}t} = \boldsymbol{\omega}\times\boldsymbol{k}_A \tag{4.5}$$

将式(4.5)代入式(4.3)可得

$$\frac{\mathrm{d}\boldsymbol{r}}{\mathrm{d}t} = \frac{\delta\boldsymbol{r}}{\delta t} + \boldsymbol{\omega}\times\boldsymbol{r} \tag{4.6}$$

式中:$\frac{\delta\boldsymbol{r}}{\delta t}$ 称为相对导数,它是在转动坐标系中看到的矢量变化率;$\frac{\mathrm{d}\boldsymbol{r}}{\mathrm{d}t}$ 称为绝对导数,它是在固定坐标系(假定而非绝对的)中看到的矢量变化率。需要注意的是,上面的推导并未假定 **B** 坐标系是惯性坐标系,因此式(4.6)对于任意两个坐标系都是成立的,该式说明飞行器在两参考系中的速度相差一项 $\boldsymbol{v}_e = \boldsymbol{\omega}\times\boldsymbol{r}$,称为牵连速度。

例题 4-1:某火箭在地面发射架上时,其在地心固连坐标系的速度矢量为 $\boldsymbol{v}_{ECF} = [0\quad 0\quad 0]^T$,那么其在地心惯性坐标系的速度矢量是什么?假设地心固连坐标系相对于地心惯性坐标系的旋转角速度为 $\boldsymbol{\omega}_{ECI} = [0\quad 0\quad \omega_e]^T$,此时导弹在地心惯性坐标系中的位置矢量为 $\boldsymbol{r}_{ECI} = \begin{bmatrix} -2583081 \\ 4474028 \\ 3728310 \end{bmatrix}$ m。

解答：

$$\boldsymbol{v}_{\mathrm{ECI}}=\boldsymbol{C}_{\mathrm{ECF}}^{\mathrm{ECI}}\boldsymbol{v}_{\mathrm{ECF}}+\boldsymbol{\omega}_{\mathrm{ECI}}\times\boldsymbol{r}_{\mathrm{ECI}}=\boldsymbol{\omega}_{\mathrm{ECI}}\times\boldsymbol{r}_{\mathrm{ECI}}=\begin{bmatrix}-326.251\\-188.361\\0\end{bmatrix}\mathrm{m/s}$$

继续微分式(4.6)可得

$$\begin{aligned}\frac{\mathrm{d}^2\boldsymbol{r}}{\mathrm{d}t^2}&=\frac{\mathrm{d}}{\mathrm{d}t}\left(\frac{\delta\boldsymbol{r}}{\delta t}\right)+\frac{\mathrm{d}}{\mathrm{d}t}(\boldsymbol{\omega}\times\boldsymbol{r})\\&=\frac{\delta^2\boldsymbol{r}}{\delta t^2}+\boldsymbol{\omega}\times\frac{\delta\boldsymbol{r}}{\delta t}+\frac{\mathrm{d}\boldsymbol{\omega}}{\mathrm{d}t}\times\boldsymbol{r}+\boldsymbol{\omega}\times\frac{\mathrm{d}\boldsymbol{r}}{\mathrm{d}t}\\&=\frac{\delta^2\boldsymbol{r}}{\delta t^2}+\boldsymbol{\omega}\times\frac{\delta\boldsymbol{r}}{\delta t}+\boldsymbol{\omega}\times\left(\frac{\delta\boldsymbol{r}}{\delta t}+\boldsymbol{\omega}\times\boldsymbol{r}\right)\\&=\frac{\delta^2\boldsymbol{r}}{\delta t^2}+2\boldsymbol{\omega}\times\frac{\delta\boldsymbol{r}}{\delta t}+\boldsymbol{\omega}\times(\boldsymbol{\omega}\times\boldsymbol{r})\end{aligned}\tag{4.7}$$

式中：由于旋转角速度 $\boldsymbol{\omega}$ 为常量，因此其导数 $\mathrm{d}\boldsymbol{\omega}/\mathrm{d}t$ 为 0。可见，飞行器在两参考系中的加速度相差两项，分别是牵连加速度 $\boldsymbol{a}_{\mathrm{e}}=\boldsymbol{\omega}\times(\boldsymbol{\omega}\times\boldsymbol{r})$ 和科氏加速度 $\boldsymbol{a}_{\mathrm{k}}=2\boldsymbol{\omega}\times\frac{\delta\boldsymbol{r}}{\delta t}$。

受力分析在惯性参考系中进行，因此有式(4.1)，代入式(4.7)可得

$$\begin{aligned}&\frac{\mathrm{d}^2\boldsymbol{r}}{\mathrm{d}t}=\frac{\boldsymbol{P}}{m}+\boldsymbol{g}+\frac{\boldsymbol{R}}{m}=\frac{\delta^2\boldsymbol{r}}{\delta t^2}+2\boldsymbol{\omega}\times\frac{\delta\boldsymbol{r}}{\delta t}+\boldsymbol{\omega}\times(\boldsymbol{\omega}\times\boldsymbol{r})\\&\Leftrightarrow\frac{\delta^2\boldsymbol{r}}{\delta t^2}=\frac{\boldsymbol{P}}{m}+\boldsymbol{g}+\frac{\boldsymbol{R}}{m}-2\boldsymbol{\omega}\times\frac{\delta\boldsymbol{r}}{\delta t}-\boldsymbol{\omega}\times(\boldsymbol{\omega}\times\boldsymbol{r})\end{aligned}\tag{4.8}$$

假设旋转坐标系为地面发射坐标系，则导弹相对地面发射坐标系的位置、速度和加速度矢量分别为 $\boldsymbol{r}$、$\frac{\delta\boldsymbol{r}}{\delta t}$ 和 $\frac{\delta^2\boldsymbol{r}}{\delta t^2}$，动力学方程的求解就是获得这些矢量随时间变化的规律。

4.2.2 各力在发射坐标系的分解

假设导弹在发射坐标系中的位置矢量为 $\boldsymbol{r}=[x\quad y\quad z]^{\mathrm{T}}$，则导弹在发射坐标系中的速度和加速度矢量分别可表示为

$$\frac{\delta\boldsymbol{r}}{\delta t}=\frac{\mathrm{d}}{\mathrm{d}t}\begin{bmatrix}x\\y\\z\end{bmatrix}=\begin{bmatrix}\frac{\mathrm{d}x}{\mathrm{d}t}\\\frac{\mathrm{d}y}{\mathrm{d}t}\\\frac{\mathrm{d}z}{\mathrm{d}t}\end{bmatrix}=\begin{bmatrix}\dot{x}\\\dot{y}\\\dot{z}\end{bmatrix}=\begin{bmatrix}v_x\\v_y\\v_z\end{bmatrix}\tag{4.9}$$

$$\frac{\delta^2\boldsymbol{r}}{\delta t^2}=\frac{\mathrm{d}^2}{\mathrm{d}t^2}\begin{bmatrix}x\\y\\z\end{bmatrix}=\begin{bmatrix}\frac{\mathrm{d}^2x}{\mathrm{d}t^2}\\\frac{\mathrm{d}^2y}{\mathrm{d}t^2}\\\frac{\mathrm{d}^2z}{\mathrm{d}t^2}\end{bmatrix}=\begin{bmatrix}\ddot{x}\\\ddot{y}\\\ddot{z}\end{bmatrix}=\begin{bmatrix}a_x\\a_y\\a_z\end{bmatrix}\tag{4.10}$$

1. 推力

推力 $\boldsymbol{P}$ 指向弹体坐标系 x_1 轴正向，推力大小为 $P=\dot{m}u+S_e(p_e-p_H)$，在弹体坐标系中推力的描述形式最简单，即

$$\boldsymbol{P}_1=\begin{bmatrix}P\\0\\0\end{bmatrix} \tag{4.11}$$

弹体坐标系到发射坐标系的坐标转换矩阵为 $\boldsymbol{C}_{\mathrm{B}}^{\mathrm{G}}$，经过坐标转换得推力在发射坐标系中的分类分量为

$$\boldsymbol{P}=\begin{bmatrix}P_x\\P_y\\P_z\end{bmatrix}=\boldsymbol{C}_{\mathrm{B}}^{\mathrm{G}}\begin{bmatrix}P\\0\\0\end{bmatrix} \tag{4.12}$$

2. 地球引力

在第3章已经获得地球引力在地心固连坐标系(ECF)中的表达式，这里只需要将其转换到地面发射坐标系中，因此求解的关键是地心固连坐标系到发射系的坐标转换矩阵 $\boldsymbol{C}_{\mathrm{ECF}}^{\mathrm{G}}$ 和发射系中位置矢量 $\boldsymbol{r}=[x\quad y\quad z]^{\mathrm{T}}$ 与地心固连坐标系中位置矢量 $\boldsymbol{R}=[X\quad Y\quad Z]^{\mathrm{T}}$ 的函数关系。

通常发射点位置会以大地坐标的形式给出，即大地纬度、经度和高度为 $(B_0\quad L_0\quad H_0)$，发射方位角为 A_0，如图4-2所示，如果想让地心固连坐标系通过旋转与发射坐标系重合，可先绕 OZ 轴旋转 $-\left(\dfrac{\pi}{2}-L_0\right)$ 角度，然后绕新的坐标系 OX' 轴旋转 B_0 角度，最后再绕新的坐标系 OY'' 轴旋转 $-\left(\dfrac{\pi}{2}+A_0\right)$ 角度，即可与发射坐标系重合。

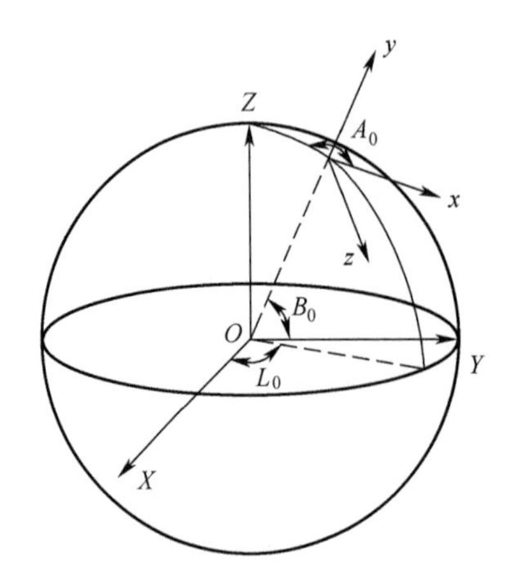

图4-2 发射坐标系与地心固连坐标系

对应的坐标转换矩阵为

$$\boldsymbol{C}_{\mathrm{ECF}}^{G}=\boldsymbol{M}_y\left(-\left(\frac{\pi}{2}+A_0\right)\right)\cdot\boldsymbol{M}_x(B_0)\cdot\boldsymbol{M}_z\left(-\left(\frac{\pi}{2}-L_0\right)\right) \tag{4.13}$$

根据式(2.18)可以获得发射点地心固连坐标系坐标 $\boldsymbol{R}_0$，则有

$$\boldsymbol{R} = \boldsymbol{C}_{\mathrm{G}}^{\mathrm{ECF}}\boldsymbol{r} + \boldsymbol{R}_0 \tag{4.14}$$

将式(4.14)代入式(3.45)即可计算获得地心固连坐标系下的引力加速度 $\boldsymbol{g}_{\mathrm{ECF}}$，再转换至发射坐标系可得

$$\boldsymbol{g} = \boldsymbol{C}_{\mathrm{ECF}}^{\mathrm{G}}\boldsymbol{g}_{\mathrm{ECF}} \tag{4.15}$$

3. 空气动力

通常给定的导弹空气动力系数为阻力系数、升力系数和侧力系数，因此在速度坐标系中建立空气动力较为方便，再将其转换到发射坐标系中

$$\boldsymbol{R} = \boldsymbol{C}_{\mathrm{V}}^{\mathrm{G}}\boldsymbol{R}_{\mathrm{V}} = \boldsymbol{C}_{\mathrm{V}}^{\mathrm{G}}\begin{bmatrix} -C_x S\dfrac{1}{2}\rho v^2 \\ C_y S\dfrac{1}{2}\rho v^2 \\ C_z S\dfrac{1}{2}\rho v^2 \end{bmatrix} \tag{4.16}$$

式中：$v = \sqrt{\dot{x}^2 + \dot{y}^2 + \dot{z}^2}$；密度 ρ 为高度 H 的函数，而任意时刻导弹的飞行高度可以由地心固连坐标系坐标转换为大地坐标获得；空气动力系数通过二维插值表格获得，是飞行高度、攻角、侧滑角和马赫数的函数。

4. 牵连加速度

由于地球自转角速度在地心固连坐标系中分解较为方便，因此牵连加速度也可以先给出地心固连坐标系中表达式，然后再转换至发射坐标系。

地心固连坐标系中的地球自转加速度矢量为

$$\boldsymbol{\omega}_{\mathrm{ECF}} = \begin{bmatrix} 0 \\ 0 \\ \omega_{\mathrm{e}} \end{bmatrix} \tag{4.17}$$

地心固连坐标系中的牵连加速度为

$$\boldsymbol{a}_{\mathrm{e,ECF}} = -\boldsymbol{\omega}_{\mathrm{ECF}} \times (\boldsymbol{\omega}_{\mathrm{ECF}} \times \boldsymbol{R}) = \begin{bmatrix} \omega_{\mathrm{e}}^2 X \\ \omega_{\mathrm{e}}^2 Y \\ 0 \end{bmatrix} \tag{4.18}$$

转换至发射坐标系为

$$\boldsymbol{a}_{\mathrm{e}} = \boldsymbol{C}_{\mathrm{ECF}}^{\mathrm{G}}\boldsymbol{a}_{e,\mathrm{ECF}} \tag{4.19}$$

5. 科氏加速度

与牵连加速度的计算类似，首先计算导弹在地心固连坐标系中的速度矢量为

$$\begin{bmatrix} \dot{X} \\ \dot{Y} \\ \dot{Z} \end{bmatrix} = \boldsymbol{C}_{\mathrm{G}}^{\mathrm{ECF}}\begin{bmatrix} \dot{x} \\ \dot{y} \\ \dot{z} \end{bmatrix} \tag{4.20}$$

地心固连坐标系中的科氏加速度为

$$\boldsymbol{a}_{\mathrm{k,ECF}} = -2\boldsymbol{\omega}_{\mathrm{ECF}} \times \dot{\boldsymbol{R}} = \begin{bmatrix} 2\omega_{\mathrm{e}}\dot{Y} \\ -2\omega_{\mathrm{e}}\dot{X} \\ 0 \end{bmatrix} \tag{4.21}$$

转换至发射坐标系中为

$$\boldsymbol{a}_{\mathrm{k}} = \boldsymbol{C}_{\mathrm{ECF}}^{\mathrm{G}}\boldsymbol{a}_{\mathrm{k,ECF}} \tag{4.22}$$

4.2.3 弹道计算方程组

通过建立各力在发射坐标系中的分量表达式,综合获得导弹在发射坐标系中的质心动力学方程

$$m\frac{\mathrm{d}}{\mathrm{d}t}\begin{bmatrix} \dot{x} \\ \dot{y} \\ \dot{z} \end{bmatrix} = \boldsymbol{C}_{\mathrm{B}}^{\mathrm{G}}\begin{bmatrix} P \\ 0 \\ 0 \end{bmatrix} + m\boldsymbol{C}_{\mathrm{ECF}}^{\mathrm{G}}\begin{bmatrix} -\mu\dfrac{X}{R^3}\left[1 + J\left(\dfrac{a_{\mathrm{e}}}{R}\right)^2(1 - 5\sin^2\phi)\right] \\ -\mu\dfrac{Y}{R^3}\left[1 + J\left(\dfrac{a_{\mathrm{e}}}{R}\right)^2(1 - 5\sin^2\phi)\right] \\ -\mu\dfrac{Z}{R^3}\left[1 + J\left(\dfrac{a_{\mathrm{e}}}{R}\right)^2(1 - 5\sin^2\phi)\right] - 2\dfrac{\mu}{R^2}J\left(\dfrac{a_{\mathrm{e}}}{R}\right)^2\sin\phi \end{bmatrix} +$$

$$\boldsymbol{C}_{\mathrm{V}}^{\mathrm{G}}\begin{bmatrix} -C_xS\dfrac{1}{2}\rho v^2 \\ C_yS\dfrac{1}{2}\rho v^2 \\ C_zS\dfrac{1}{2}\rho v^2 \end{bmatrix} + m\boldsymbol{C}_{\mathrm{ECF}}^{\mathrm{G}}\begin{bmatrix} \omega_{\mathrm{e}}^2X \\ \omega_{\mathrm{e}}^2Y \\ 0 \end{bmatrix} + m\boldsymbol{C}_{\mathrm{ECF}}^{\mathrm{G}}\begin{bmatrix} 2\omega_{\mathrm{e}}\dot{Y} \\ -2\omega_{\mathrm{e}}\dot{X} \\ 0 \end{bmatrix} \tag{4.23}$$

$$\frac{\mathrm{d}}{\mathrm{d}t}\begin{bmatrix} x \\ y \\ z \end{bmatrix} = \begin{bmatrix} \dot{x} \\ \dot{y} \\ \dot{z} \end{bmatrix} \tag{4.24}$$

方程组含有发射坐标系位置和速度 3 个分量共 6 个未知数、6 个微分方程,理论上可以求解获得导弹发射坐标系中位置和速度 3 个分量随时间变化的规律,但还需要一些补充方程,对方程中的一些变量计算进行明确,具体如下。

1. 推力大小

推力的大小 P 可以由式(3.21)计算,也可以通过推力随时间变化的曲线插值获得。

2. 质量方程

由于导弹的主动段飞行属于变质量问题,应给出质量随时间变化的规律

$$m = m(t) \tag{4.25}$$

3. 地心固连坐标系和发射坐标系中位置速度矢量的转换

见式(4.14)和式(4.20)。

4. 大气密度的计算

利用地心固连坐标系坐标可以转换为大地坐标系坐标,获得高度,然后利用标准大

气表或拟合公式计算大气密度等参数。

$$\rho = \rho(H) \tag{4.26}$$

5. 空气动力系数的计算

通过计算获得导弹的高度、马赫数、攻角和侧滑角后，通过二维插值计算空气动力系数。

6. 射程与发射方位角的计算

如图 4-3 所示，假设发射点为 L，落点为 F，则定义该弹道的射程角为大圆弧 $\widehat{LF}$ 所对应的地心角。

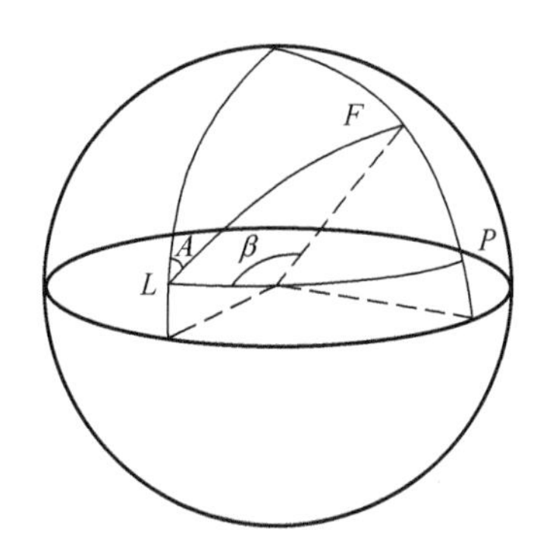

图 4-3　射程角与发射方位角

假设发射点 L 和落点 F 的地心经纬度坐标分别为 (λ_0,φ_0) 和 (λ_f,φ_f)，则根据球面三角公式，射程角 β 为

$$\beta = \arccos(\sin\varphi_0\sin\varphi_f + \cos\varphi_0\cos\varphi_f\cos(\lambda_f - \lambda_0)) \tag{4.27}$$

发射方位角 A 为

$$A = \arcsin\left(\frac{\cos\varphi_f\sin(\lambda_f - \lambda_0)}{\sin\beta}\right) \tag{4.28}$$

7. 坐标转换中的欧拉角确定

式(4.23)中坐标转换矩阵 $\boldsymbol{C}_{\mathrm{B}}^{\mathrm{G}}$ 中的欧拉角 φ、ψ、γ，$\boldsymbol{C}_{\mathrm{V}}^{\mathrm{G}}$ 中的欧拉角 θ、σ、ν，以及计算空气动力系数所需的攻角 α 和侧滑角 β，3 组 8 个欧拉角还未明确。根据 2.2.4 节可知，这 8 个欧拉角仅有 5 个是独立的，即已知其中 5 个可以通过约束方程计算出另外 3 个。而速度倾角 θ 和航迹偏航角 σ 根据定义可以由速度矢量计算

$$\begin{cases} \theta = \arctan\dfrac{\dot{y}}{\dot{x}} \\ \sigma = -\arcsin\dfrac{\dot{z}}{v} \end{cases} \tag{4.29}$$

因此若要完整地求解动力学方程，还需要给出 3 个欧拉角的数值。比如在弹道导弹的主动段，可以给出俯仰角 φ、偏航角 ψ 和滚转角 γ 的变化规律

$$\begin{cases} \varphi = \varphi_{\mathrm{pr}}(t) \\ \psi = \psi_{\mathrm{pr}}(t) \\ \gamma = \gamma_{\mathrm{pr}}(t) \end{cases} \tag{4.30}$$

已知 φ、ψ、γ、θ 和 σ 后，便可以利用约束方程求出 α、β 和 ν，而导弹姿态角变化规律的设计也被称为导弹的飞行程序设计。

4.2.4 弹道导弹飞行程序设计

根据导弹主动段飞行的特点，飞行程序的选择通常将其分为大气层飞行与真空飞行两部分进行。一般来说，弹道的第一级基本上是在稠密大气层飞行，而第二级或更上面级则基本是在稀薄大气或真空中飞行。弹道在大气层飞行段与稠密大气层外的飞行段受力状况有着显著的不同。

对于大气层飞行段的飞行程序选择，除考虑减少导弹的重力加速度损失和攻角速度损失以外，主要考虑怎样减少导弹的空气动力，特别是空气阻力，以减少导弹速度的气动阻力损失，同时减小作用在导弹上的气动载荷。

对于稠密大气层外的飞行，导弹主要受发动机推力和地球引力的作用，所受的空气动力很小，可忽略不计，导弹载荷基本取决于发动机的状态。所以此段飞行程序的选择主要考虑怎样使导弹关机时达到有效载荷要求的状态，同时尽量减少导弹在地球引力作用下的重力加速度损失以及发动机推力偏离速度方向的攻角速度损失。

基于以上思想，工程上常采用一种在基本设计参数选定后选择飞行程序的设计方法。

弹道导弹主动段飞行程序的设计，通常假设导弹偏航角 ψ 和滚转角 γ 为0，飞行程序设计就是指俯仰角的变化规律设计 $\varphi = \varphi_{pr}(t)$，即俯仰角随时间的变化规律，如下：

$$\begin{cases}\varphi = \varphi_{pr}(t) \\ \psi = 0 \\ \gamma = 0\end{cases} \tag{4.31}$$

因此俯仰角也称作飞行程序角。

1. 一级飞行段

导弹大气层飞行段飞行程序角采用近似公式表示，从而使选择飞行程序角的问题变成近似公式的参数选择问题。此处选择的俯仰飞行程序角为如下近似公式

$$\varphi_{pr} = \begin{cases}90^\circ & 0 \leqslant t \leqslant t_1 \\ \alpha(t) + \theta(t) & t_1 < t \leqslant t_2 \\ \theta(t) & t_2 < t \leqslant t_{Shut1}\end{cases} \tag{4.32}$$

各个飞行段分别描述如下：

(1)垂直段($0\sim t_1$)。从导弹起飞到垂直段结束时刻(t_1)，t_1 主要取决于导弹推重比 N_{01}，近似有

$$t_1 = \sqrt{40/(N_{01} - 1)} \tag{4.33}$$

(2)亚声速段($t_1 \sim t_2$)。从垂直段结束时刻 t_1 开始到马赫数 $Ma \approx 0.7 \sim 0.8$ 时结束(t_2)，此段为亚声速转弯段，导弹以负攻角飞行，且以下列关系给出

$$\alpha(t) = -4\alpha_m e^{-a(t-t_1)}(1 - e^{-a(t-t_1)}) \tag{4.34}$$

式中：α_m 为亚声速段攻角绝对值的最大值，为优化设计变量；a 为可调节参数，一般可取为常值($a = 0.28$)。调节 a、α_m 就可以调整弹道转弯的快慢。图4-4给出不同参数条件

下攻角随时间变化曲线,可以看出,整个过程为负攻角转弯过程,α_m 决定了负攻角取极值的大小,a 则决定了取到极值时间的快慢,数值越大则取到极值的时间越快。

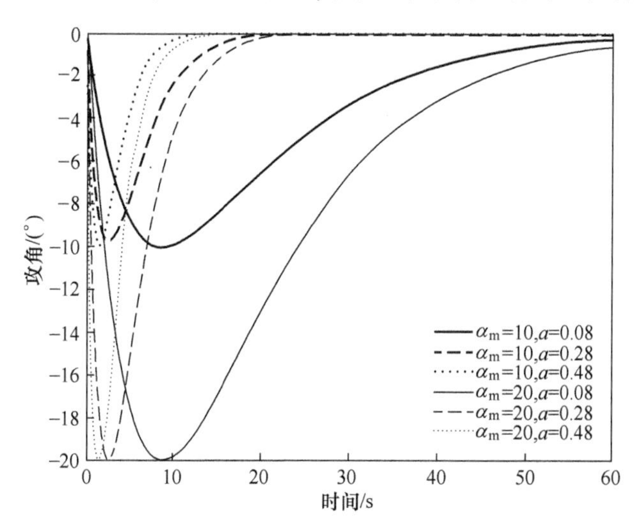

图 4-4　不同参数条件下攻角随时间变化曲线

(3)弹道转弯段($t_2 \sim t_{\text{Shut1}}$)。由于这一段导弹所受的动压较大,导弹以接近零的攻角飞行穿越大气层,仅依靠重力的法向分量缓慢地转弯,以减少气动载荷和气动干扰。关机分离段也采用零攻角飞行。

2. 真空飞行段

远程导弹第二级及其以上的各级已处于稀薄大气层中飞行,这时空气动力对俯仰角程序选择的影响可忽略不计,所以称为真空段。

为使二级飞行程序简化,在工程设计中常采用简化形式,此时俯仰角按时间的线性关系表达式为

$$\varphi_{\text{pr}} = \varphi_1 + \frac{\varphi_k - \varphi_1}{t_{\text{Shut2}} - t_{\text{Ign2}}}(t - t_{\text{Ign2}}) \tag{4.35}$$

式中:φ_1 为第二级点火时的俯仰角;t_{Ign2} 为第二级点火时刻;t_{Shut2} 为第二级关机时刻,均为已知量;φ_k 为第二级关机时的俯仰角,其作为设计变量决定了二级转弯速率的快慢。飞行程序设计本质是一系列参数寻优问题。

本节思考题

1. 当 $\boldsymbol{A}$ 坐标系相对于 $\boldsymbol{B}$ 坐标系旋转时,绝对速度和相对速度之间差了什么?表达式是什么?

2. 当 $\boldsymbol{A}$ 坐标系相对于 $\boldsymbol{B}$ 坐标系旋转时,绝对加速度和相对加速度之间差了什么?表达式是什么?

3. 推力适合在哪个坐标系中分解?如何转到发射坐标系?

4. 引力适合在哪个坐标系中分解?如何转到发射坐标系?

5. 空气动力适合在哪个坐标系中分解?如何转到发射坐标系?

6. 牵连和科氏加速度适合在哪个坐标系中分解？如何转到发射坐标系？

4.3 弹道计算方法

由4.1节可知，导弹质心动力学方程是二阶微分方程，该方程的解就是导弹质心位置、速度随时间的变化规律。根据高等数学知识可知，微分方程的求解有两种方法，一种是解析法，推导出其解的解析表达式；另一种是数值方法，计算出其满足某一定初始条件下的一组特解。其中前者的优点是解是通解，揭示了解的物理变化规律，便于对导弹运动的理论分析，但缺点是理论推导复杂，尤其当微分方程不是特定形式且极为复杂时，无法获得解的解析表达式，比如4.2.3节建立的弹道计算方程组，无法获得其解的解析表达式，只有在特定的简化条件下（如后面要讲到的二体问题）才可以获得。后者的优点是便于工程实现，尤其是随着计算机技术的发展，运算速度和运算精度获得很大提高，而且还可以根据建模精度和运算时间的综合考虑，构建任意精度的受力模型，以满足精度和速度的综合要求，但其缺点是计算获得的是一组特解，不具备普适性。考虑到弹道计算方程组的复杂性，本节主要讲述如何采用数值方法进行弹道计算方程的求解。

常微分方程组的数值积分方法很多，在弹道计算中，根据弹道方程组的特性和对弹道计算精度的要求，经常采用龙格-库塔法、阿达姆茨法以及龙格-库塔转阿达姆茨法（或称预报校正法）等数值积分方法，本节重点介绍最常用的龙格-库塔法。

4.3.1 常微分方程数值求解原理

已知函数 $y(x)$ 的导数和初值为

$$\begin{cases} y' = f(x, y) \\ y(x_0) = y_0 \end{cases} \tag{4.36}$$

求解原函数 $y(x)$，称为微分方程 $y(x)$ 的初值求解问题。如图4-5所示。

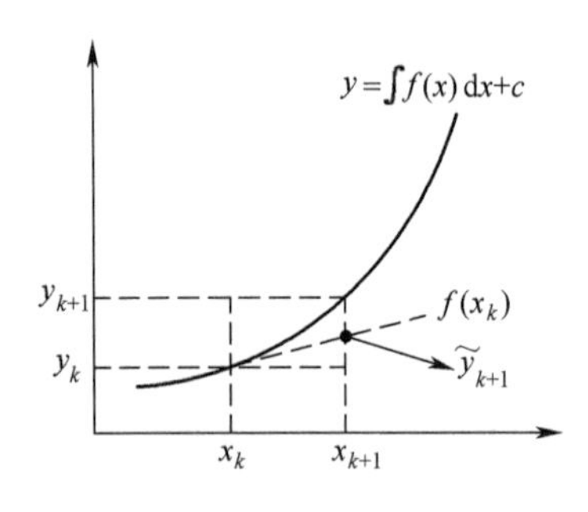

图4-5 微分方程数值求解原理

假设函数 $y(x)$ 在坐标中为任意一条曲线，已知其在 x_k 处函数值为 y_k，则根据泰勒级数展开公式，可得在 x_k 邻域内的 x_{k+1} 点处，其函数 $y(x_{k+1})$ 可表示为

$$y(x_{k+1}) = y(x_k) + y'(x_k)h + \frac{y''(x_k)}{2}h^2 + \cdots = \sum_{n=0}^{\infty} \frac{y^{(n)}(x_k)}{n!}h^n \tag{4.37}$$

式中：$y^{(n)}(x)$ 为函数 $y(x)$ 的 n 阶导数。

假设已知函数的一阶导数 $y'(x)$,并忽略二阶及以上的级数项,则 $y(x_{k+1})$ 的近似值 $\tilde{y}(x_{k+1})$ 可由 x_k 处的函数值以及一阶导数计算获得

$$y_{k+1} \approx \tilde{y}_{k+1} = y_k + f(x_k)(x_{k+1} - x_k) \tag{4.38}$$

从图 4-5 中看,其几何解释为由梯形面积来近似曲边梯形的面积。当邻域长度数值不大时,该方法具有一定的精度,虽然该公式误差较为显著,但它揭示了微分方程数值求解的原理。

4.3.2 欧拉法

式(4.38)其实是欧拉法的一种。定义泰勒公式(4.37)中舍弃的截断误差为 $E = O(h^{p+1})$ 时,称为该近似公式有 p 阶精度。因此式(4.38)所表示的欧拉法具有一阶精度,称为一阶欧拉法。其问题描述和求解步骤如下。

求初值问题 $\begin{cases} y' = f(x,y) \\ y(x_0) = y_0 \end{cases}$,在区间 $[x_0, x_f]$ 上 $n+1$ 个等距节点的近似解。

(1) 求步长: $h = \dfrac{x_f - x_0}{N}$。

(2) 计算导数: $y_0' = f(x_0, y_0)$。

(3) 求函数值: $\tilde{y}_1 = y_0 + y_0' h$。

(4) 自变量更新: $x_1 = x_0 + h$, $(x_1, \tilde{y}_1)$ 至步骤(2)循环。

图 4-6 给出了初值问题 $\begin{cases} y' = x^2 \\ y(0) = 0 \end{cases}$,在区间 $0 \leqslant x \leqslant 1$ 上 10+1 个等距节点的利用一阶欧拉法计算的近似解与真值的比较。

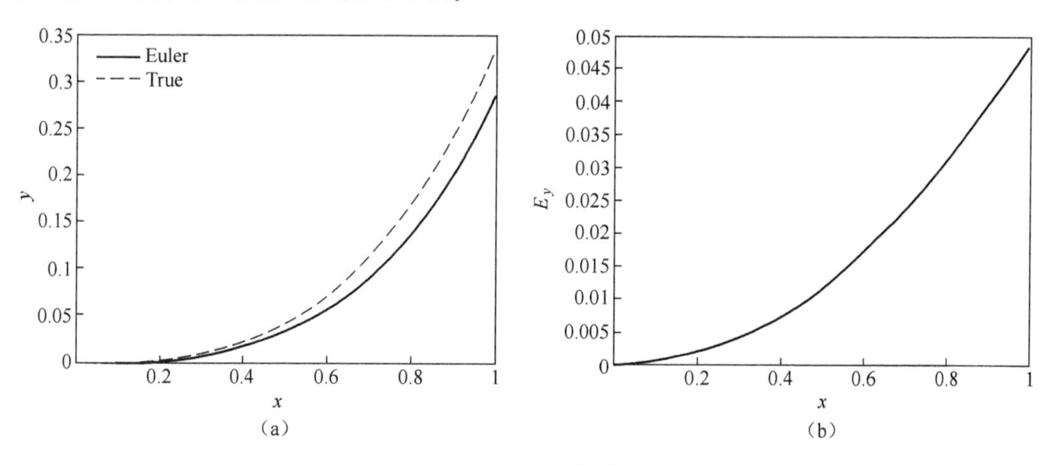

图 4-6 一阶欧拉法的计算结果

可以看出,一阶欧拉法的优点有:①可以快速获得初值函数一定精度的近似解;②原理明确,计算简单,且便于计算机的实现。但是缺点是精度较差,且随着步长的推进误差存在累积,逐渐增大。

例题 4-2: 假设地球为均质圆球,平均半径为 $r_0 = 6371\text{km}$,地心引力常数 $\mu_e = 3.986005 \times 10^{14}\text{m}^3/\text{s}^2$,忽略地球自转。某探空火箭垂直向上飞行,火箭发动机有效排气

速度 u_e = 3200m/s，质量秒耗量 $\dot{m}$ = 15kg/s。t = 148s 时，火箭高度 h = 95km，速度 v = 6700m/s，质量 m = 900kg。请利用一阶欧拉法，以 5s 为步长，计算 10s 后（即 t = 158s）火箭的高度和速度。

解答：

以地心距和速度为状态量，建立一阶常微分方程组，然后采用一阶欧拉法数值求解，步长 5s，递推两次。

初始地心距

$$r_1 = r_0 + h = 6466000\text{m}$$

初始速度

$$v_1 = 6700\text{m/s}$$

初始质量

$$m_1 = 900\text{kg}$$

定义初始状态向量

$$\boldsymbol{S}_1 = \begin{bmatrix} r_1 \\ v_1 \end{bmatrix}$$

建立一阶微分方程组

$$\dot{\boldsymbol{S}} = \begin{bmatrix} \dot{r} \\ \dot{v} \end{bmatrix} = \begin{bmatrix} v \\ \dfrac{\dot{m}u_e}{m} - \dfrac{\mu}{r^2} \end{bmatrix}$$

计算 t_1 时刻状态向量导数

$$\dot{\boldsymbol{S}}_1 = \begin{bmatrix} v_1 \\ \dfrac{\dot{m}u_e}{m_1} - \dfrac{\mu}{r_1^2} \end{bmatrix} = \begin{bmatrix} 6700 \\ 43.8 \end{bmatrix}$$

计算 t_2 时刻的状态向量

$$\boldsymbol{S}_2 = \boldsymbol{S}_1 + \dot{\boldsymbol{S}}_1 T = \begin{bmatrix} 6499500 \\ 6919 \end{bmatrix}$$

计算 t_2 时刻的质量

$$m_2 = m_1 - \dot{m}T = 825\text{kg}$$

计算 t_2 时刻状态向量导数

$$\dot{\boldsymbol{S}}_2 = \begin{bmatrix} v_2 \\ \dfrac{\dot{m}u_e}{m_2} - \dfrac{\mu}{r_2^2} \end{bmatrix} = \begin{bmatrix} 6919 \\ 48.75 \end{bmatrix}$$

计算 t_3 时刻的状态向量

$$\boldsymbol{S}_3 = \boldsymbol{S}_2 + \dot{\boldsymbol{S}}_2 T = \begin{bmatrix} 6534095 \\ 7163 \end{bmatrix}$$

$$h_3 = r_3 - r_0 = 163095\text{m}$$

10s 后（即 t = 158s）火箭的高度为 163.095km，速度为 7163m/s。

一阶欧拉法仅具有一阶精度,误差较大,那么如何提高精度呢?根据式(4.37),很直观的做法是保留更多的高阶导数项,但这意味着需要求更多的高阶导数,而已知的仅为一阶导数,高阶导数的求解极为复杂且不利于计算机实现。如何仅利用一阶导数获得更高阶的精度呢?这就是龙格-库塔法。

4.3.3 龙格-库塔法

龙格-库塔法是龙格在1895年提出的,它是一种间接泰勒展开的方法,其思想是:用函数$f(x,y)$在区间$[x_k,x_{k+1}]$中m个点函数值的线性组合逼近它的导数。其方法是:将$f(x,y)$在(x_k,y_k)作泰勒展开,代入m个点的位置和组合系数,使之与$y(x)$在x_k点的泰勒展开有尽可能多的项数保持一致。以二阶公式为例,即

$$y_{k+1} \approx y_k + hy'_k + \frac{h^2}{2!}y''_k = y_k + \mu_1 K_1 + \mu_2 K_2 \tag{4.39}$$

$$\begin{cases} K_1 = hf(x_k, y_k) \\ K_2 = hf(x_k + \alpha_1 h, y_k + \beta_1 K_1) \end{cases} \tag{4.40}$$

式(4.39)和式(4.40)中含有4个待定参数μ_1,μ_2,α_1和β_1,如果选取适当的值,可以使公式的局部截断误差为二阶(即等式(4.39)左右相等),对应的就是一组二阶龙格-库塔公式。

对于式(4.39)的左边可以写为

$$\begin{aligned} y_k + hy'_k + \frac{h^2}{2!}y''_k &= y_k + hf(x_k, y_k) + \frac{h^2}{2}\frac{\mathrm{d}f(x_k, y_k)}{\mathrm{d}x_k} \\ &= y_k + hf_k + \frac{h^2}{2}\left(\frac{\partial f_k}{\partial x_k} + \frac{\partial f_k}{\partial y_k}\frac{\partial y_k}{\partial x_k}\right) \\ &= y_k + hf_k + \frac{h^2}{2}\frac{\partial f_k}{\partial x_k} + \frac{h^2}{2}f_k\frac{\partial f_k}{\partial y_k} \end{aligned} \tag{4.41}$$

将K_2泰勒展开到一阶

$$\begin{aligned} K_2 &= hf(x_k + \alpha_1 h, y_k + \beta_1 K_1) \\ &= h\left(f(x_k, y_k) + \alpha_1 h\frac{\partial f_k}{\partial x_k} + \beta_1 K_1\frac{\partial f_k}{\partial y_k}\right) \\ &= h\left(f_k + \alpha_1 h\frac{\partial f_k}{\partial x_k} + \beta_1 hf_k\frac{\partial f_k}{\partial y_k}\right) \end{aligned} \tag{4.42}$$

将式(4.40)代入式(4.39)的右端

$$\begin{aligned} y_k + \mu_1 K_1 + \mu_2 K_2 &= y_k + \mu_1 hf_k + \mu_2 h\left(f_k + \alpha_1 h\frac{\partial f_k}{\partial x_k} + \beta_1 hf_k\frac{\partial f_k}{\partial y_k}\right) \\ &= y_k + (\mu_1 + \mu_2)hf_k + \mu_2\alpha_1 h^2\frac{\partial f_k}{\partial x_k} + \mu_2\beta_1 h^2 f_k\frac{\partial f_k}{\partial y_k} \end{aligned} \tag{4.43}$$

比较式(4.41)和式(4.43)可得

$$\begin{cases}\mu_1+\mu_2=1\\ \mu_2\alpha_1=\dfrac{1}{2}\\ \mu_2\beta_1=\dfrac{1}{2}\end{cases} \tag{4.44}$$

式(4.44)中含有3个方程4个未知数,可知有无穷多组解,任意一组解均可满足要求,例如可选一组解为

$$\begin{cases}\mu_1=\dfrac{1}{2}\\ \mu_2=\dfrac{1}{2}\\ \alpha_1=1\\ \beta_1=1\end{cases} \tag{4.45}$$

代入式(4.39)和式(4.40)可得

$$\begin{cases}y_{k+1}=y_k+\dfrac{1}{2}(K_1+K_2)\\ K_1=hf(x_k,y_k)\\ K_2=hf(x_k+h,y_k+K_1)\end{cases} \tag{4.46}$$

此即为经典的二阶龙格-库塔法递推公式。

龙格-库塔法通过计算出多个右函数值(即一阶导数)并进行组合,实现对泰勒级数高阶项的逼近。其具体实现方法是等式左右两边进行泰勒展开,求出待定系数,获得相应阶数的龙格-库塔法。龙格-库塔法右函数计算次数 m 与逼近精度 N 阶的关系如表4-1所列。

表4-1 龙格-库塔法计算次数与逼近精度的关系

m	1	2	3	4	5	6	7	8	9
N	1	2	3	4	4	5	6	6	7

可以看出,四阶龙格-库塔法以尽量少的计算次数达到尽量高阶的计算精度,因此是效费比最高的方法,在弹道和轨道计算中最常用的就是四阶龙格-库塔法。经典的四阶龙格-库塔法递推公式为

$$\begin{cases}K_1=hf(x_k,y_k)\\ K_2=hf(x_k+\dfrac{1}{2}h,y_k+\dfrac{1}{2}K_1)\\ K_3=hf(x_k+\dfrac{1}{2}h,y_k+\dfrac{1}{2}K_2)\\ K_4=hf(x_k+h,y_k+K_3)\\ y_{k+1}=y_k+\dfrac{1}{6}(K_1+2K_2+2K_3+K_4)\end{cases} \tag{4.47}$$

四阶龙格-库塔法的问题描述和计算步骤如下。

求初值问题 $\begin{cases} y' = f(x,y) \\ y(x_0) = y_0 \end{cases}$，$x_0 \leqslant x \leqslant x_f$ 在区间 $[x_0, x_f]$ 上 $n+1$ 个等距节点的近似解。

(1) 求步长：$h = \dfrac{x_f - x_0}{N}$。

(2) 计算导数：$y'_0 = f(x_0, y_0)$。

(3) 利用式(4.47)求系数。

(4) 通过组合求函数值。

(5) 自变量更新：$x_1 = x_0 + h$，$(x_1, \tilde{y}_1)$ 至步骤(2)循环。

与上节一阶欧拉法算例相同，利用四阶龙格-库塔法计算其近似解与真值进行比较如图4-7所示。

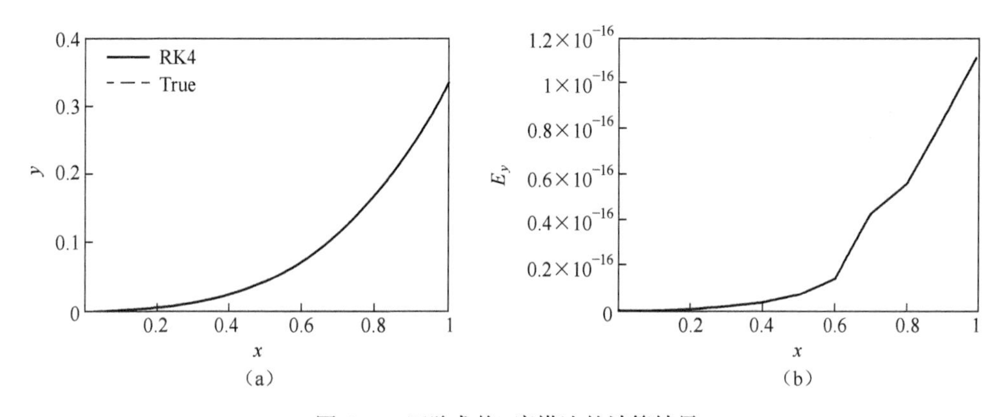

图4-7　四阶龙格-库塔法的计算结果

可以看出，四阶龙格-库塔法的相对误差约为 10^{-15}，仅为一阶欧拉法的 $1/10^{14}$，其计算精度通常满足大多数计算场合需求。

综合上述各节内容，总结通过编程进行导弹弹道数值计算的过程如下：

(1) 根据问题所属学科的规律、定律，用微分方程与初始条件进行描述，即利用牛顿力学和牛顿第二运动定律，对导弹的受力进行分析和建模，建立质心动力学方程；

(2) 运用数学中的变量替换，把高阶(>2)的方程组写成一阶微分方程组，并分解在某特定坐标系中表示，如发射坐标系等，补充完整推力曲线、气动系数等数据或表格；

(3) 根据一阶微分方程组编写能计算导数的右函数代码 Right_Function，编写 RK4 代码；

(4) 根据 Right_Function 和初始条件，利用 RK4 代码获得原函数在指定时间区间的解。

根据工程经验，为保证各个阶段弹道导弹的弹道计算精度，大气层段积分步长通常取0.02s，真空段取2s，在一些关机点、分离点和入轨点取0.1s，这样处理弹道计算的误差已经很小，基本上可以忽略。

本节思考题

1. 弹道数值计算方法的流程是什么？

2. 一阶欧拉法的原理和特点是什么?
3. p 阶精度的含义是什么?
4. 龙格-库塔法的特点是什么?为何经常使用四阶龙格-库塔法?

4.4 弹道导弹弹道计算实验

基于4.2节的导弹质心动力学方程,利用4.3节的弹道数值计算方法,如欧拉法或龙格-库塔法等,即可实现弹道导弹的弹道计算。本节通过对导弹质心动力学方程进行适当简化,实现单级弹道导弹的弹道数值计算,通过实验加深对导弹动力学方程和弹道数值积分算法的理解。

4.4.1 给定模型和参数

假设地球为均质圆球模型,考虑地球自转,大气密度模型采用指数拟合模型。模型对应的常数如表4-2所列。

表4-2 模型相关常数

编号	名　称	数　值
1	地球平均半径/m	6371110
2	地球引力常数/(m^3/s^2)	3.986005×10^{14}
3	地球自转角速度/(rad/s)	7.292115×10^{-5}
4	海平面大气密度/(kg/m^3)	1.225

导弹为单级固体弹道导弹,总体参数如表4-3所列。

表4-3 弹道导弹总体参数

编号	名　称	数　值
1	1级火箭总质量/kg	2163.29
2	1级火箭推进剂质量/kg	1952.79
3	1级火箭发动机质量/kg	171.85
4	1级火箭其他结构质量/kg	38.66
5	1级火箭工作时间/s	21.3
6	1级火箭有效比冲/(m/s)	2501.60
7	弹头总质量/kg	500.00
8	弹头直径/m	0.85

弹道计算相关参数设定如表4-4所列。

表4-4　弹道计算设定参数

编号	名　称	数值
1	发射点纬度/(°)	1
2	发射点经度/(°)	1
3	发射点高度/m	40
4	发射方位角/(°)	60
5	发射坐标系初始位置 x/m	0
6	发射坐标系初始位置 y/m	0
7	发射坐标系初始位置 z/m	0
8	发射坐标系初始速度 v_x/(m/s)	0
9	发射坐标系初始速度 v_y/(m/s)	2
10	发射坐标系初始速度 v_z/(m/s)	0

4.4.2　弹道计算方程组

弹道计算采用龙格-库塔积分,弹道计算模型的状态矢量为发射坐标系的位置和速度,即

$$\boldsymbol{X}=[x\quad y\quad z\quad \dot{x}\quad \dot{y}\quad \dot{z}]^{\mathrm{T}}$$

导数(右函数)方程为

$$\frac{\mathrm{d}}{\mathrm{d}t}\begin{pmatrix}\begin{bmatrix}x\\y\\z\end{bmatrix}\\\begin{bmatrix}\dot{x}\\\dot{y}\\\dot{z}\end{bmatrix}\end{pmatrix}=$$

$$\begin{pmatrix}\begin{bmatrix}\dot{x}\\\dot{y}\\\dot{z}\end{bmatrix}\\ \boldsymbol{C}_{\mathrm{B}}^{\mathrm{G}}\begin{bmatrix}\dfrac{P}{m}\\0\\0\end{bmatrix}+\boldsymbol{C}_{\mathrm{ECF}}^{\mathrm{G}}\begin{bmatrix}-\mu\dfrac{X}{R^3}\\-\mu\dfrac{Y}{R^3}\\-\mu\dfrac{Z}{R^3}\end{bmatrix}+\boldsymbol{C}_{\mathrm{V}}^{\mathrm{G}}\begin{bmatrix}-C_x\dfrac{S}{m}\dfrac{1}{2}\rho v^2\\C_y\dfrac{S}{m}\dfrac{1}{2}\rho v^2\\C_z\dfrac{S}{m}\dfrac{1}{2}\rho v^2\end{bmatrix}+\boldsymbol{C}_{\mathrm{ECF}}^{\mathrm{G}}\begin{bmatrix}\omega_{\mathrm{e}}^2X\\\omega_{\mathrm{e}}^2Y\\0\end{bmatrix}+\boldsymbol{C}_{\mathrm{ECF}}^{\mathrm{G}}\begin{bmatrix}2\omega_{\mathrm{e}}\dot{Y}\\-2\omega_{\mathrm{e}}\dot{X}\\0\end{bmatrix}\end{pmatrix}$$

式中:$R=\sqrt{X^2+Y^2+Z^2}$;$v=\sqrt{\dot{x}^2+\dot{y}^2+\dot{z}^2}$。

方程中的每个参量计算如下：

(1) 质量。对于单级导弹，则 t 时刻的质量可以表示为

$$m(t)=\begin{cases}m_{01}-\dot{m}_1 t & t\leqslant t_{\mathrm{Shut1}}\\ m_{02} & t>t_{\mathrm{Shut1}}\end{cases}$$

式中：$\dot{m}_1$ 为一级的秒耗量(正数)。

(2) 推力。推力表达式为

$$P(t)=\begin{cases}\dot{m}_1 V_{\mathrm{e1}} & t\leqslant t_{\mathrm{Shut1}}\\ 0 & t>t_{\mathrm{Shut1}}\end{cases}$$

式中：V_{e1} 为一级比冲。

(3) 弹体坐标系与发射坐标系间的转换矩阵为

$$\boldsymbol{C}_{\mathrm{G}}^{\mathrm{B}}=\boldsymbol{M}_x(\gamma)\cdot\boldsymbol{M}_y(\psi)\cdot\boldsymbol{M}_z(\varphi)$$

$$\begin{cases}\varphi=\varphi_{\mathrm{pr}}(t)\\ \psi=0\\ \gamma=0\end{cases}$$

$$\varphi_{\mathrm{pr}}=\begin{cases}90^\circ & 0\leqslant t\leqslant t_1\\ \alpha(t)+\theta(t) & t_1<t\leqslant t_2\\ \theta(t) & t_2<t\leqslant t_{\mathrm{Shut1}}\end{cases}$$

$$\alpha(t)=-4\alpha_m \mathrm{e}^{-a(t-t_1)}\left(1-\mathrm{e}^{-a(t-t_1)}\right)$$

式中：$t_1=3\mathrm{s}$；$t_2=20\mathrm{s}$；$a=0.28$；$\alpha_m=12.7^\circ$。

(4) 地心固连坐标系与发射坐标系间的转换矩阵为

$$\boldsymbol{C}_{\mathrm{ECF}}^{\mathrm{G}}=\boldsymbol{M}_y\left(-\left(\frac{\pi}{2}+A_0\right)\right)\cdot\boldsymbol{M}_x(B_0)\cdot\boldsymbol{M}_z\left(-\left(\frac{\pi}{2}-L_0\right)\right)$$

(5) 发射点的球直坐标转换如下：

$$\begin{cases}L=\arctan\left(\dfrac{Y}{X}\right)\\ B=\arctan\left(\dfrac{Z}{\sqrt{X^2+Y^2}}\right)\\ H=R-r_0\end{cases}\Leftrightarrow\begin{cases}X=(r_0+H)\cos B\cos L\\ Y=(r_0+H)\cos B\sin L\\ Z=(r_0+H)\sin B\end{cases}$$

(6) 地心固连坐标系位置矢量为

$$\boldsymbol{R}=\boldsymbol{C}_{\mathrm{G}}^{\mathrm{ECF}}\boldsymbol{r}+\boldsymbol{R}_0$$

(7) 速度系和发射坐标系间的转换矩阵为

$$\boldsymbol{C}_{\mathrm{G}}^{\mathrm{V}}=\boldsymbol{M}_x(\nu)\cdot\boldsymbol{M}_y(\sigma)\cdot\boldsymbol{M}_z(\theta)$$

$$\begin{cases}\theta=\arctan\dfrac{\dot{y}}{\dot{x}}\\ \sigma=-\arcsin\dfrac{\dot{z}}{\sqrt{\dot{x}^2+\dot{y}^2+\dot{z}^2}}\\ \nu=0\end{cases}$$

(8) 空气动力系数。速度坐标系的阻力系数、升力系数和侧力系数计算简化为

$$\begin{cases} C_x = 0.29 \\ C_y = 2.8 \cdot \alpha \\ C_z = -2.8 \cdot \beta \end{cases}$$

$$\alpha(t) = \begin{cases} -4\alpha_m \mathrm{e}^{-a(t-t_1)}(1-\mathrm{e}^{-a(t-t_1)}) & t_1 < t \leqslant t_2 \\ 0 & 其他 \end{cases}$$

$$\beta = 0$$

(9) 截面积为

$$S = \pi \left(\frac{\mathrm{d}}{2}\right)^2$$

(10) 大气密度为

$$\rho = \rho_0 \exp\left(-\frac{H}{7110}\right)$$

(11) 地心固连坐标系速度矢量为

$$\begin{bmatrix} \dot{X} \\ \dot{Y} \\ \dot{Z} \end{bmatrix} = \boldsymbol{C}_{\mathrm{G}}^{\mathrm{ECF}} \begin{bmatrix} \dot{x} \\ \dot{y} \\ \dot{z} \end{bmatrix}$$

4.4.3 龙格-库塔积分

采用 Matlab 自带的函数“ODE45”进行弹道积分,积分步长设置为

$$T = \begin{cases} 0.1\mathrm{s} & t \leqslant t_{\mathrm{shut1}} \\ 5\mathrm{s} & t > t_{\mathrm{shut1}} \text{ 且 } H > 30\mathrm{km} \\ 0.1\mathrm{s} & t > t_{\mathrm{shut1}} \text{ 且 } H \leqslant 30\mathrm{km} \end{cases}$$

积分终止条件设置:当高度等于0时,积分终止。

4.4.4 实验结果

通过龙格-库塔积分,计算的导弹弹道参数曲线如图4-8所示,部分弹道数据如表4-5所列。

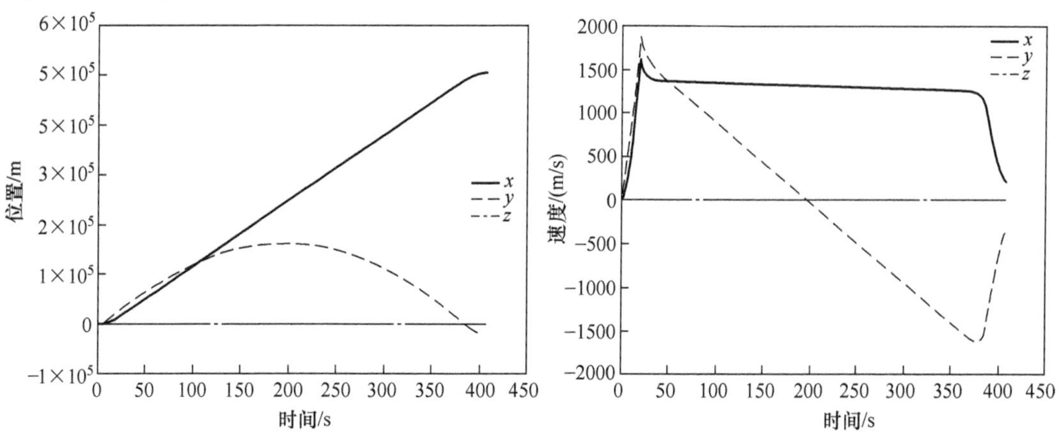

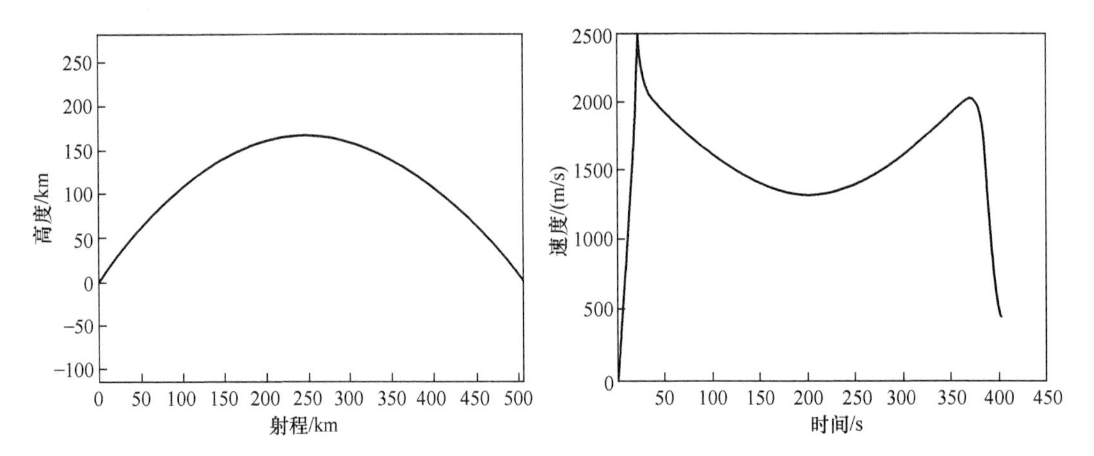

图 4-8 单级弹道导弹弹道参数曲线

表 4-5 数值方法计算的部分弹道数据

时间/s	位置 x/m	位置 y/m	位置 z/m	速度 v_x/(m/s)	速度 v_y/(m/s)	速度 v_z/(m/s)
0.10	−0.000004	0.582132	0.000001	−0.000103	9.647549	0.000009
0.20	−0.000024	1.930486	−0.000000	−0.000303	17.324387	−0.000038
0.30	−0.000068	4.047978	−0.000009	−0.000599	25.030269	−0.000142
0.40	−0.000147	6.937500	−0.000030	−0.000993	32.764939	−0.000301
0.50	−0.000270	10.601917	−0.000071	−0.001483	40.528140	−0.000517
0.60	−0.000447	15.044070	−0.000136	−0.002071	48.319603	−0.000789
0.70	−0.000687	20.266770	−0.000231	−0.002755	56.139057	−0.001119
0.80	−0.001001	26.272805	−0.000361	−0.003535	63.986222	−0.001505
0.90	−0.001397	33.064929	−0.000533	−0.004411	71.860816	−0.001949
1.00	−0.001886	40.645872	−0.000753	−0.005383	79.762547	−0.002450
1.10	−0.002477	49.018333	−0.001025	−0.006449	87.691122	−0.003008
1.20	−0.003179	58.184982	−0.001356	−0.007610	95.646242	−0.003624
1.30	−0.004002	68.148456	−0.001752	−0.008863	103.627603	−0.004298
1.40	−0.004955	78.911367	−0.002218	−0.010209	111.634898	−0.005029
1.50	−0.006047	90.476290	−0.002760	−0.011647	119.667816	−0.005819
1.60	−0.007287	102.845773	−0.003384	−0.013174	127.726043	−0.006667
1.70	−0.008685	116.022332	−0.004095	−0.014790	135.809263	−0.007572
1.80	−0.010248	130.008449	−0.004900	−0.016494	143.917157	−0.008536
1.90	−0.011987	144.806575	−0.005804	−0.018285	152.049403	−0.009559
2.00	−0.013908	160.419130	−0.006814	−0.020160	160.205679	−0.010640
…	…	…	…	…	…	…
406.50	504889.410799	−19765.482614	−2353.302698	218.031851	−403.097708	1.113049
406.60	504911.114940	−19805.662916	−2353.191708	216.060674	−400.509749	1.106756
406.70	504932.622985	−19845.585857	−2353.081345	214.109867	−397.950433	1.100516

（续）

时间/s	位置 x/m	位置 y/m	位置 z/m	速度 v_x/(m/s)	速度 v_y/(m/s)	速度 v_z/(m/s)
406.80	504953.936958	-19885.254284	-2352.971603	212.179200	-395.419440	1.094327
406.90	504975.058863	-19924.671014	-2352.862478	210.268442	-392.916456	1.088190
407.00	504995.990680	-19963.838832	-2352.753963	208.377368	-390.441168	1.082104
407.10	505016.734364	-20002.760493	-2352.646055	206.505752	-387.993265	1.076068
407.20	505037.291851	-20041.438718	-2352.538748	204.653372	-385.572439	1.070082
407.30	505057.665054	-20079.876201	-2352.432037	202.820006	-383.178383	1.064146
407.40	505077.855862	-20118.075603	-2352.325917	201.005436	-380.810794	1.058259

本章习题

1. 写出在发射坐标系中导弹主动段的质心动力学方程矢量表达式，并给出每一项的解释。

2. 如何从地心固连坐标系转换至发射坐标系？（如何转换？每次转换的欧拉角是多少？）

3. 已知 $\varphi,\psi,\gamma,\theta,\sigma,\nu,\alpha,\beta$ 有如下等式关系

$$\begin{cases}\sin\beta = \cos(\theta-\varphi)\cos\sigma\sin\psi\cos\gamma + \sin(\theta-\varphi)\cos\sigma\sin\gamma - \sin\sigma\cos\psi\cos\gamma \\ -\sin\alpha\cos\beta = \cos(\theta-\varphi)\cos\sigma\sin\psi\sin\gamma + \sin(\theta-\varphi)\cos\sigma\cos\gamma - \sin\sigma\cos\psi\sin\gamma \\ \sin\nu = \dfrac{1}{\cos\sigma}(\cos\alpha\cos\psi\sin\gamma - \sin\psi\sin\alpha)\end{cases}$$

当 $\psi,\gamma,\sigma,\nu,\alpha,\beta$ 全为小量时，给出这 8 个欧拉角的近似关系。

4. 简述一阶欧拉法和龙格-库塔法的原理。

5. 简述利用数值方法求解导弹或卫星运动轨迹的步骤。

第5章　二 体 问 题

通过第4章的学习,我们知道在4.2.3节中介绍的弹道计算方程,由于其复杂性通常无法获得解析表达式,而只能用数值方法求解,获得其某一定条件下的一个特解,即一条确定的弹道,优点是通过建立不同粒度的模型,可以获得不同精度的弹道,但缺点是不便于弹道的理论分析,无法揭示飞行器深层的运动规律。

4.2.3节是弹道计算的一般运动方程,在飞行器飞行过程中,并非所有阶段都受同样力的作用,比如导弹的自由段或卫星的轨道运行段,就没有推力和空气动力的作用,这样方程会大大简化,如果我们进一步对力的模型进行简化,是可以获得该阶段的解析解的。

5.1　二体问题运动方程

5.1.1　二体系统

为了分析飞行器在自由飞行段的基本运动规律,假设飞行器在自由飞行段是处于真空飞行状态,即不受空气动力作用,因此可不必考虑飞行器在空间的姿态,将飞行器看成质量集中于质心上的质点,认为飞行器仅受到作为均质圆球的地球的引力作用,而不考虑其他星球对飞行器所产生的影响。

首先定义 N 体系统:质量分布是球对称的 N 个天体,除受彼此间的引力作用外,不受其他外力作用,此一质点系统称为 N 体系统。而只考虑彼此间的引力作用时,求 N 个质量分布为球对称的天体的位置和速度问题,称为 N 体问题。$N=2$,就是二体问题,如果这两个天体中,一个天体的质量与另一个相比小到可以忽略不计,这就是限制性二体问题。本章所研究的系统中,仅有飞行器质点以及均质圆球地球,两者只考虑彼此间的引力作用,飞行器的质量与地球相比可以忽略不计,因此属于典型的限制性二体问题。

二体问题在轨道力学的作用非常重要,首先,它是迄今为止唯一得到严密解析解的 N 体问题;其次,二体问题的解其实与实际物理状况已经非常接近,几乎可以用来研究航天器的运动特性,相对误差只有 10^{-3} 量级;最后,所有的精确轨道理论都是以二体解为基础的。

由于二体问题是 N 体问题的一个特例,所以在讲解二体问题之前,先介绍一下 N 体问题。对于一个 N 体系统,内部仅受万有引力,而万有引力是保守力,因此 N 体系统所受的外力为0,根据动量守恒定理和质心运动守恒定理,可以获得6个积分;N 体系统所受的外力矩也为0,根据动量矩守恒定理,可以获得3个积分;引力场属于保守场,根据机械能守恒定理,可以获得1个积分。因此 N 体系统一共可以获得10个积分。这就是 N 体问题的10个经典积分。对于任意 N 体系统,有 $6N$ 个1阶微分方程,如果求解,还差 $6N-10$ 个积分。天文学、数学和力学工作者努力寻求更多的积分,但一直没有新的发现。早在 1843 年，雅可比就得出结论，如果仅差两个积分，其余都已找出，则这两个积分可以用特殊方法求出来。当 $N=2$ 时，即二体问题，正好只差两个积分，故可求出它们的全部积分。这就是二体问题特殊的地方。

假设一个二体系统如图 5-1 所示，两个质点分别是 m_1 和 m_2，质心是 C 点，m_1 和 m_2 的位置矢量分别是 $\boldsymbol{r}_1$ 和 $\boldsymbol{r}_2$，m_1 相对于 m_2 的位置矢量就是 $\boldsymbol{r}_1-\boldsymbol{r}_2$。二体问题就是要研究 m_1 相对于 m_2 的运动规律。

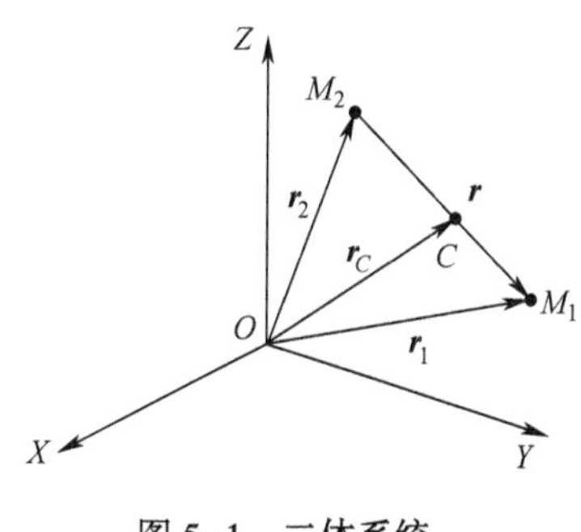

图 5-1　二体系统

5.1.2　运动方程的推导

根据两个质点对质心的质量矩为零（其实就是质心坐标 $\boldsymbol{r}_C$ 的定义式展开），即

$$m_1(\boldsymbol{r}_1-\boldsymbol{r}_C)+m_2(\boldsymbol{r}_2-\boldsymbol{r}_C)=0 \tag{5.1}$$

将 $\boldsymbol{r}=\boldsymbol{r}_1-\boldsymbol{r}_2$ 代入可得

$$\begin{cases}\boldsymbol{r}_1=\dfrac{m_2}{m_1+m_2}\boldsymbol{r}+\boldsymbol{r}_C\\ \boldsymbol{r}_2=-\dfrac{m_1}{m_1+m_2}\boldsymbol{r}+\boldsymbol{r}_C\end{cases} \tag{5.2}$$

式(5.2)对时间求两次导数，就是牛顿第二定律公式，即

$$\begin{cases}\boldsymbol{F}_1=m_1\ddot{\boldsymbol{r}}_1=m_1\ddot{\boldsymbol{r}}_C+\dfrac{m_1m_2}{m_1+m_2}\ddot{\boldsymbol{r}}\\ \boldsymbol{F}_2=m_2\ddot{\boldsymbol{r}}_2=m_2\ddot{\boldsymbol{r}}_C-\dfrac{m_2m_1}{m_1+m_2}\ddot{\boldsymbol{r}}\end{cases} \tag{5.3}$$

根据作用力与反作用力定律，可得

$$\boldsymbol{F}_1=-\boldsymbol{F}_2 \tag{5.4}$$

将式(5.3)代入式(5.4)可得

$$m_1\ddot{\boldsymbol{r}}_C=-m_2\ddot{\boldsymbol{r}}_C\Rightarrow\ddot{\boldsymbol{r}}_C=0 \tag{5.5}$$

即二体系统质心运动守恒，质心无加速度。将式(5.5)代入式(5.3)可得

$$\boldsymbol{F}_1=\frac{m_1m_2}{m_1+m_2}\ddot{\boldsymbol{r}} \tag{5.6}$$

同时，根据万有引力定律

$$\boldsymbol{F}_1 = -\frac{Gm_1m_2}{r^3}\boldsymbol{r} \tag{5.7}$$

式(5.6)和式(5.7)相等,可消去 $\boldsymbol{F}_1$

$$\ddot{\boldsymbol{r}} + \frac{G(m_1 + m_2)}{r^3}\boldsymbol{r} = 0 \tag{5.8}$$

这就是 m_1 相对于 m_2 运动的矢量方程,即二体问题的运动方程。

假如 $m_1 \ll m_2$,与 m_2 相比 m_1 几乎可以忽略不计,比如人造航天器相对于地球的运动,航天器的质量远小于地球质量,此时的二体问题称为限制性二体问题。对于限制性二体问题,假设 m_1 可以忽略,并记 $\mu = Gm_2$,可得限制性二体问题的运动方程为

$$\ddot{\boldsymbol{r}} + \frac{\mu}{r^3}\boldsymbol{r} = 0 \tag{5.9}$$

例如,地心引力常数 $\mu_e = Gm_2 = GM_e = 3.986005 \times 10^{14} \mathrm{m^3/s^2}$。后续如无特别说明,公式中 μ 即默认为 μ_e。

本节思考题

1. 二体问题是指什么?
2. N 体系统的哪些性质获得了 10 个积分?
3. 什么是限制性二体问题?
4. 二体问题运动方程的矢量表达式是什么?

5.2 运动方程的求解

限制性二体问题的运动方程其实是由 3 个二阶非线性常微分方程,或者说是 6 个一阶非线性常微分方程组成,有完全的解析解。需要说明的是,限制性二体问题运动方程求解的方法不止一种,本节介绍其中的一种——直接矢量法,即通过矢量叉点乘的操作运算,将其转化为 6 个独立的代数积分,并找出能够描述其运动特性的 6 个积分常数。

5.2.1 动量矩积分

利用位置矢量 $\boldsymbol{r}$ 叉乘二体运动方程式(5.9)两边

$$\boldsymbol{r} \times \left(\ddot{\boldsymbol{r}} + \frac{\mu}{r^3}\boldsymbol{r}\right) = 0 \tag{5.10}$$

由于矢量自叉乘为 0,上式化简可得

$$\boldsymbol{r} \times \ddot{\boldsymbol{r}} = 0 \tag{5.11}$$

根据矢量微分法则

$$\frac{\mathrm{d}}{\mathrm{d}t}(\boldsymbol{A} \times \boldsymbol{B}) = \boldsymbol{A} \times \frac{\mathrm{d}\boldsymbol{B}}{\mathrm{d}t} + \frac{\mathrm{d}\boldsymbol{A}}{\mathrm{d}t} \times \boldsymbol{B} \tag{5.12}$$

可知

$$\frac{\mathrm{d}}{\mathrm{d}t}(\boldsymbol{r}\times\dot{\boldsymbol{r}})=\boldsymbol{r}\times\frac{\mathrm{d}\dot{\boldsymbol{r}}}{\mathrm{d}t}+\frac{\mathrm{d}\boldsymbol{r}}{\mathrm{d}t}\times\dot{\boldsymbol{r}}=\boldsymbol{r}\times\ddot{\boldsymbol{r}}=0 \tag{5.13}$$

矢量 $\boldsymbol{r}\times\dot{\boldsymbol{r}}$ 对时间求导为0,说明原矢量是一个常矢量,这个常矢量称为动量矩矢量,用 $\boldsymbol{h}$ 表示,即

$$\boldsymbol{r}\times\dot{\boldsymbol{r}}=\text{const}=\boldsymbol{h} \tag{5.14}$$

两个相交的矢量即可在三维空间中唯一确定一个平面。位置和速度矢量确定的平面在飞行力学或者轨道力学中称为瞬时运动平面,这两个矢量的叉乘得到的矢量(即动量矩矢量 $\boldsymbol{h}$)就是该平面的法向矢量。法向矢量为常矢量,说明这个平面在惯性空间是固定不动的,也就是说二体运动是在惯性空间中的平面运动,比如在惯性空间看导弹的自由飞行段或卫星绕地球运转均是在一个固定的平面内。利用 STK 建立一个轨道高度 5000km 的圆轨道卫星仿真模型,三维图如图 5-2 所示,可以看出其轨道近似在一个平面内,选取 3 个不同时刻的地心惯性坐标系位置和速度矢量计算对应的动量矩矢量如表 5-1所列,可以验证其动量矩矢量是不变的。

图 5-2　卫星绕地球转动的二体轨道

表 5-1　不同时刻的位置、速度和动量矩矢量

UTCG	地心惯性坐标系位置矢量/km	地心惯性坐标系速度矢量/(km/s)	动量矩矢量/(km^2/s)
2020-10-16T04:08:00	11038.178259 1937.717647 1966.182248	-1.435969 4.062085 4.058274	-123.010270705801 -47619.3285923433 47620.520805055
2020-10-16T04:30:00	6786.632199 6449.003602 6466.372826	-4.750655 2.502498 2.490164	-123.00845874862 -47619.3335808917 47620.5247115924
2020-10-16T04:58:00	-2647.452833 7828.252917 7821.218023	-5.756335 -0.966392 -0.981237	-123.008879835313 -47619.3297239201 47620.5234931677

动量矩矢量是三维矢量,所以它包含了 3 个标量常数。这 3 个常量既可以是直角坐

标分量的 3 个分量 x、y 和 z，也可以是球坐标系的 3 个分量（矢量的模值以及确定矢量方向所需的两个角度）。

如图 5-3 所示，假设图中曲线为航天器某段运行轨道，O_E 为地心，某时刻其在轨道上的位置矢量为 $\boldsymbol{r}$，由地心指向轨道上该点位置，速度为 $\boldsymbol{v}=\dot{\boldsymbol{r}}$，方向沿轨道切线方向，正向与前进方向一致，$u$ 是位置矢量相对于某起始矢量（后续会介绍，为升交点的位置矢量）的旋转角。

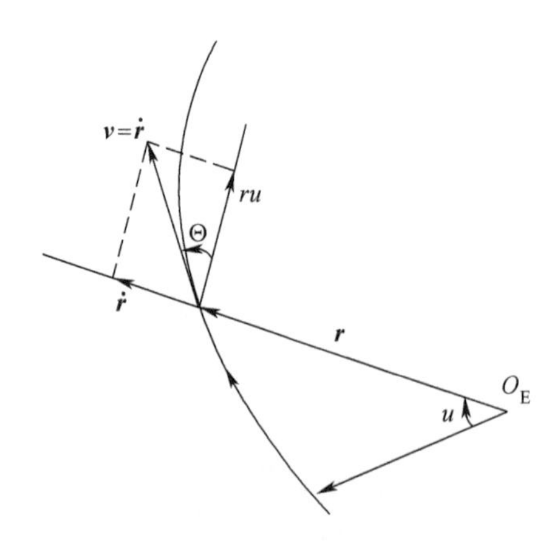

图 5-3 航天器某段运行轨道

根据理论力学知识，速度矢量可以沿与位置矢量相同的径向和与位置矢量垂直的周向分解为两个分量，称为径向分量 v_r 和周向分量 v_f，其大小为

$$\begin{cases} v_r = \dot{r} \\ v_f = r\dot{u} \end{cases} \tag{5.15}$$

将式（5.15）代入动量矩的计算式便可以计算出动量矩的模值

$$h = |\boldsymbol{h}| = |\boldsymbol{r} \times \dot{\boldsymbol{r}}| = r \cdot v_f = r^2\dot{u} \tag{5.16}$$

已知航天器位置矢量扫过的面积速率为 $r^2\dot{u}/2$ 的两倍，这说明，动量矩的大小就是航天器位置矢量扫过的面积速率的两倍，即航天器的位置矢量在单位时间内扫过的面积是常数，这其实就是开普勒第二定律。

轨道平面与动量矩矢量在地心惯性坐标系中的位置如图 5-4 所示，图中 O 为地心，也是坐标原点，动量矩矢量在坐标系中的指向可以利用两个特征角度来表示：

（1）定义动量矩矢量与坐标 OZ 轴的夹角为 i，由于动量矩矢量和坐标 OZ 轴分别也是轨道平面和赤道平面的法向量，因此该角度其实也是轨道平面和赤道平面的夹角，因此称为轨道倾角；

（2）当轨道和赤道不重合时，轨道与赤道在天球上的投影相交于两点，航天器从南向北经过的点称为升交点 N，ON 即为升交点的位置矢量，将动量矩矢量投影至 XOY 平面内，OV 为投影向量，HV 为垂直于 XOY 平面的垂线，则 HV 也与 ON 垂直，因此 ON 垂直于动量矩矢量和 HV 所确定的平面，而 OV 也在该平面内，因此升交点的位置矢量 ON 与动量矩矢量在 XOY 平面内的投影向量 OV 垂直，定义升交点赤经 Ω 为 OX 轴到 ON 的角度，则动量矩矢量在 XOY 平面的投影向量与 OX 轴的夹角为 $\Omega-\pi/2$；

最终动量矩矢量在惯性空间中的指向可由轨道倾角 i 和升交点赤经 Ω 两个角度表示。而动量矩矢量则可以由3个常数（面积速率的两倍 h、轨道倾角 i 和升交点赤经 Ω）表示，即

$$\boldsymbol{h} = h\boldsymbol{h}_0 = h\begin{bmatrix} \sin i \sin\Omega \\ -\sin i \cos\Omega \\ \cos i \end{bmatrix} \tag{5.17}$$

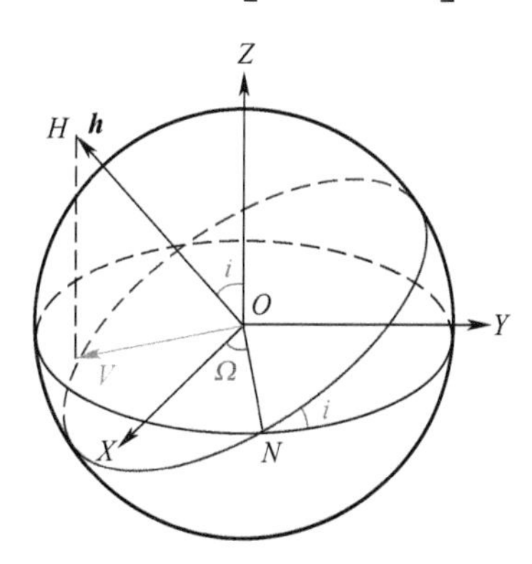

图5-4　轨道平面在地惯系中的位置

5.2.2 轨道积分

将二体运动方程两边叉乘动量矩矢量可得

$$\left(\ddot{\boldsymbol{r}} + \frac{\mu}{r^3}\boldsymbol{r}\right) \times \boldsymbol{h} = 0 \Leftrightarrow \ddot{\boldsymbol{r}} \times \boldsymbol{h} + \frac{\mu}{r^3}\boldsymbol{r} \times \boldsymbol{h} = 0 \tag{5.18}$$

右端第1项等价为微分形式

$$\ddot{\boldsymbol{r}} \times \boldsymbol{h} = \frac{\mathrm{d}}{\mathrm{d}t}(\dot{\boldsymbol{r}} \times \boldsymbol{h}) \tag{5.19}$$

将动量矩矢量定义式代入式(5.18)右端第2项

$$\frac{\mu}{r^3}\boldsymbol{r} \times \boldsymbol{h} = \frac{\mu}{r^3}(\boldsymbol{r} \times (\boldsymbol{r} \times \dot{\boldsymbol{r}})) \tag{5.20}$$

根据三重矢量叉乘法则

$$\boldsymbol{A} \times (\boldsymbol{B} \times \boldsymbol{C}) = (\boldsymbol{A} \cdot \boldsymbol{C})\boldsymbol{B} - (\boldsymbol{A} \cdot \boldsymbol{B})\boldsymbol{C} \tag{5.21}$$

式(5.20)可以整理为

$$\frac{\mu}{r^3}(\boldsymbol{r} \times (\boldsymbol{r} \times \dot{\boldsymbol{r}})) = \mu\left(\frac{\dot{r}\boldsymbol{r} - r\dot{\boldsymbol{r}}}{r^2}\right) \tag{5.22}$$

将上式改写为微分形式

$$\frac{\mu}{r^3}\boldsymbol{r} \times \boldsymbol{h} = \mu\left(\frac{\dot{r}\boldsymbol{r} - r\dot{\boldsymbol{r}}}{r^2}\right) = -\mu\frac{\mathrm{d}}{\mathrm{d}t}\left(\frac{\boldsymbol{r}}{r}\right) \tag{5.23}$$

综合式(5.28)、式(5.29)和式(5.23)可得

$$\frac{\mathrm{d}}{\mathrm{d}t}(\dot{\boldsymbol{r}} \times \boldsymbol{h}) = \mu\frac{\mathrm{d}}{\mathrm{d}t}\left(\frac{\boldsymbol{r}}{r}\right) \tag{5.24}$$

两边积分可得

$$\dot{\boldsymbol{r}} \times \boldsymbol{h} = \mu\left(\frac{\boldsymbol{r}}{r} + \boldsymbol{e}\right) \tag{5.25}$$

式中：$\boldsymbol{e}$ 为积分常矢量，称为偏心率矢量。将式(5.25)两边点乘动量矩矢量

$$(\dot{\boldsymbol{r}} \times \boldsymbol{h}) \cdot \boldsymbol{h} = \mu\left(\frac{\boldsymbol{r}}{r} + \boldsymbol{e}\right) \cdot \boldsymbol{h} \tag{5.26}$$

根据矢量混合积的轮换法则

$$(\boldsymbol{B} \times \boldsymbol{C}) \cdot \boldsymbol{A} = (\boldsymbol{A} \times \boldsymbol{B}) \cdot \boldsymbol{C} = (\boldsymbol{C} \times \boldsymbol{A}) \cdot \boldsymbol{B} \tag{5.27}$$

对于式(5.26)的左端

$$(\dot{\boldsymbol{r}} \times \boldsymbol{h}) \cdot \boldsymbol{h} = (\boldsymbol{h} \times \boldsymbol{h}) \cdot \dot{\boldsymbol{r}} = 0 \tag{5.28}$$

对于式(5.26)的右端

$$\boldsymbol{r} \cdot \boldsymbol{h} = 0 \tag{5.29}$$

将式(5.26)化简整理可得

$$\boldsymbol{e} \cdot \boldsymbol{h} = 0 \tag{5.30}$$

上式表明偏心率矢量 $\boldsymbol{e}$ 与轨道平面的法向量垂直，即偏心率矢量作为一个常矢量在轨道平面内。偏心率矢量既在轨道平面内，又是常矢量，因此可以作为航天器在轨道上位置的方位参考轴。如图 5-5 所示，定义在轨道平面内从升交点 N 位置矢量到航天器位置矢量的夹角为 u，称为纬度幅角；从偏心率矢量到航天器位置矢量的夹角为 f，称为真近点角；从升交点位置矢量到偏心率矢量的夹角为 ω，称为近拱点幅角；则三者具有关系

$$f = u - \omega \tag{5.31}$$

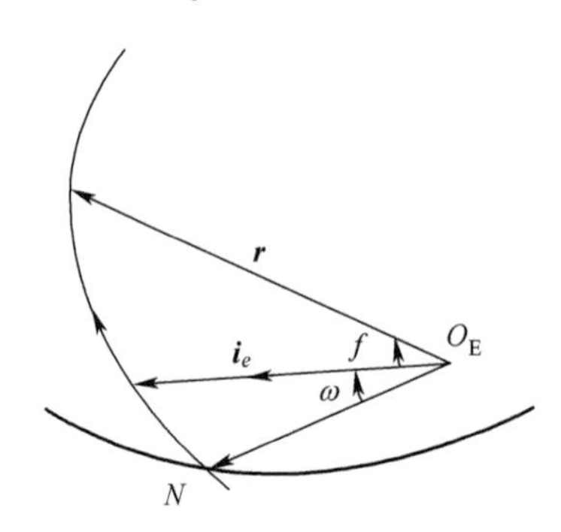

图 5-5 偏心率矢量在轨道平面内的位置

对于二体问题，这 3 个角中 ω 是常数，而 u 和 f 则随着航天器在轨道上的位置改变而变化，因此将式(5.31)对时间求导可得

$$\dot{f} = \dot{u} \tag{5.32}$$

根据角 f 的定义，其大小可由偏心率矢量和航天器位置矢量计算

$$\cos f = \frac{\boldsymbol{r} \cdot \boldsymbol{e}}{re} \tag{5.33}$$

利用式(5.25)两边都点乘位置矢量 $\boldsymbol{r}$

$$(\dot{\boldsymbol{r}} \times \boldsymbol{h}) \cdot \boldsymbol{r} = \mu\left(\frac{\boldsymbol{r}}{r} + e\right) \cdot \boldsymbol{r} \tag{5.34}$$

上式左边根据矢量混合积轮换法则(式(5.27)),可化简为

$$(\dot{\boldsymbol{r}} \times \boldsymbol{h}) \cdot \boldsymbol{r} = (\boldsymbol{r} \times \dot{\boldsymbol{r}}) \cdot \boldsymbol{h} = h^2 \tag{5.35}$$

右边可化简为

$$\mu\left(\frac{\boldsymbol{r}}{r} + \boldsymbol{e}\right) \cdot \boldsymbol{r} = \mu\left(\frac{\boldsymbol{r} \cdot \boldsymbol{r}}{r} + \boldsymbol{e} \cdot \boldsymbol{r}\right) = \mu r(1 + e\cos f) \tag{5.36}$$

将式(5.35)和式(5.36)代入式(5.34)可得

$$h^2 = \mu r(1 + e\cos f) \tag{5.37}$$

整理可得

$$r = \frac{h^2/\mu}{1 + e\cos f} \tag{5.38}$$

式中:h、μ 和 e 均为常数;r 和 f 是变量。式(5.38)为圆锥曲线的极坐标方程,这说明对于二体系统,一个质点相对于另一个质点的运动轨迹是一条圆锥曲线,而另一个质点的位置就在该圆锥曲线的一个焦点上,这就是天体力学中的开普勒第一定律。式(5.38)中常数 e 为偏心率矢量的模值,称为偏心率,它的值决定了圆锥曲线的形状。如图5-6所示,如 $e = 0$,说明是圆;$0 < e < 1$,是椭圆;$e = 1$,是抛物线;$e > 1$,是双曲线。

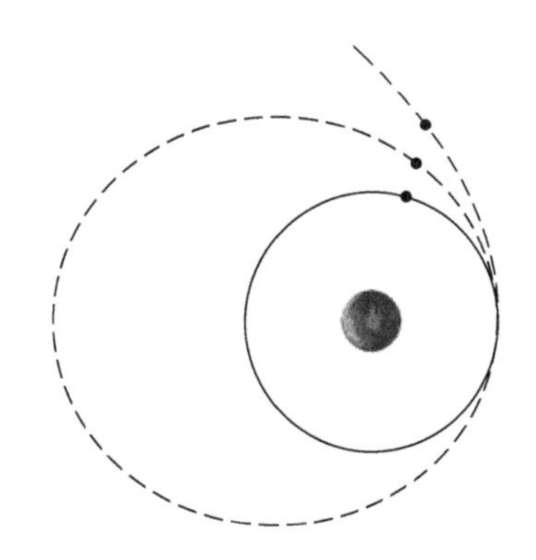

图5-6 不同偏心率取值对应的圆锥曲线

式(5.38)即为限制性二体问题中航天器的轨道方程,决定了航天器的轨道形状和飞行轨迹。以 $0 < e < 1$ 情况为例,此时航天器的轨道是个椭圆,如图5-7所示。

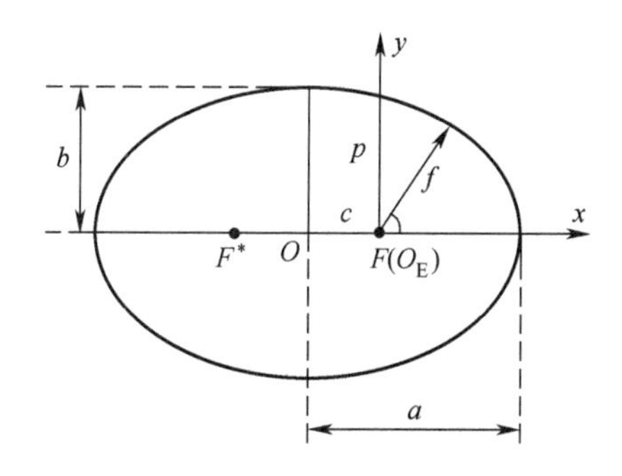

图5-7 航天器的椭圆轨道

如前定义,角 f 是从偏心率矢量到航天器的位置矢量的夹角,$f = 0$ 时,则航天器位置

矢量与偏心率矢量重合,此时式(5.38)可变为

$$r=\frac{h^2/\mu}{1+e} \tag{5.39}$$

由于 $e>0$,航天器在 $f=0$ 时其位置矢量取到极小值,即偏心率矢量在轨道平面中的指向就是该轨道的近拱点方向,因此角 f 称为真近点角。令

$$p=h^2/\mu \tag{5.40}$$

式中:p 称为半通径,几何含义为过焦点作垂直于椭圆长轴的弦被椭圆切割的线段长度的一半。因此轨道方程也可以写作

$$r=\frac{p}{1+e\cos f} \tag{5.41}$$

而根据图 5-7 可知,椭圆长轴 $2a$ 等于真近点角 $f=0°$ 和 $180°$ 时位置矢量的和

$$2a=\frac{p}{1+e}+\frac{p}{1-e} \tag{5.42}$$

因此椭圆半长轴 a 与半通径的关系为

$$a=\frac{p}{1-e^2} \tag{5.43}$$

轨道方程也可用半长轴表示

$$r=\frac{a(1-e^2)}{1+e\cos f} \tag{5.44}$$

最后再来总结一下轨道积分中的积分常矢量偏心率矢量 $\boldsymbol{e}$,理论上可以进一步分解为 3 个常数,但由于该矢量在轨道平面内,少了一个确定方向的常数,因此仅可分解为 2 个常数。即其模值的大小 e 称为偏心率,决定了轨道的形状;近拱点幅角 ω ,基于升交点对近拱点进行量度,确定了偏心率矢量在轨道平面内的指向。

5.2.3 能量积分

将速度矢量点乘二体运动方程,方程由矢量方程变为标量方程,整理可得

$$\dot{\boldsymbol{r}}\cdot\left(\ddot{\boldsymbol{r}}+\frac{\mu}{r^3}\boldsymbol{r}\right)=0\Leftrightarrow\dot{\boldsymbol{r}}\cdot\ddot{\boldsymbol{r}}+\frac{\mu}{r^3}\dot{\boldsymbol{r}}\cdot\boldsymbol{r}=\dot{\boldsymbol{r}}\cdot\ddot{\boldsymbol{r}}+\mu\frac{\dot{r}}{r^2}=0 \tag{5.45}$$

可以化为微分形式:

$$\dot{\boldsymbol{r}}\cdot\ddot{\boldsymbol{r}}+\mu\frac{\dot{r}}{r^2}=\frac{\mathrm{d}}{\mathrm{d}t}\left(\frac{\dot{\boldsymbol{r}}\cdot\dot{\boldsymbol{r}}}{2}-\frac{\mu}{r}\right)=0 \tag{5.46}$$

设 $v=\|\dot{\boldsymbol{r}}\|$ 为速度矢量的模值,则式(5.46)可写为

$$\frac{\mathrm{d}}{\mathrm{d}t}\left(\frac{v^2}{2}-\frac{\mu}{r}\right)=0 \tag{5.47}$$

积分可得

$$\frac{v^2}{2}-\frac{\mu}{r}=E \tag{5.48}$$

式中:E 为积分常数,其物理含义为单位质量的机械能。这说明由于二体系统为保守力系统,航天器在轨道运动过程中机械能是常数,即机械能守恒。

根据5.2.1节所述,速度可以分解为径向速度分量和周向速度分量,因此速度的大小 v 可表示为

$$v^2 = v_r^2 + v_f^2 = (\dot{r})^2 + (r\dot{f})^2 \tag{5.49}$$

将轨道方程式(5.41)对时间求导可得

$$\dot{r} = \frac{r^2}{p} e\sin f \cdot \dot{f} \tag{5.50}$$

而根据开普勒第二定律式(5.16)可得

$$\dot{f} = \dot{u} = \frac{h}{r^2} \tag{5.51}$$

将式(5.51)代入式(5.50)可得

$$\dot{r} = \frac{h}{p} e\sin f \tag{5.52}$$

将式(5.52)、式(5.51)和式(5.41)代入式(5.49)可得

$$v^2 = \left(\frac{h}{p}\right)^2 (1 + 2e\cos f + e^2) = \frac{\mu}{p}(1 + 2e\cos f + e^2) \tag{5.53}$$

将轨道方程式(5.41)和式(5.43)代入式(5.48),可得单位质量机械能的计算式

$$E = \frac{\frac{\mu}{p}(1 + 2e\cos f + e^2)}{2} - \frac{\mu}{\frac{p}{1 + e\cos f}} \tag{5.54}$$

该机械能的计算式中仅有真近点角 f 为变量,取值范围为 $[0,2\pi]$,由于机械能守恒,因此对于任意 f 取值,单位质量机械能 E 数值相同,不妨取 $f = \pi/2$,代入式(5.41)和式(5.53)可得

$$\begin{cases} r = p \\ v^2 = \dfrac{\mu}{p}(1 + e^2) \end{cases} \tag{5.55}$$

代入式(5.54)可计算出单位质量机械能的表达式

$$\frac{v^2}{2} - \frac{\mu}{r} = E = -\frac{\mu}{2a} \tag{5.56}$$

可以看出,单位质量机械能仅与轨道的半长轴有关,因此确实也是常数,但也说明单位质量机械能不是一个新的独立积分常数,其与半长轴是等价的。当航天器轨道为椭圆时,有 a 恒大于0,因此机械能恒小于0;轨道为双曲线时,a 恒小于0,机械能恒大于0;轨道为抛物线时,$a \to \infty$,机械能等于0。式(5.56)还可以改写为形式

$$v^2 = \mu\left(\frac{2}{r} - \frac{1}{a}\right) \tag{5.57}$$

上式称为活力公式,活力公式在导弹与航天领域应用非常广泛,它揭示了航天器在轨道上任意一点的位置、速度和轨道半长轴间的函数关系,只需知道其中任意两个量,第三个量便可以由活力公式计算出来,比如已知轨道半长轴和航天器在轨道上的某位置,便可以计算出此时航天器的速度大小。

进一步,对于轨道为圆轨道的情况,则活力公式可以简化为

$$v^2 = \frac{\mu}{r} \tag{5.58}$$

上式说明,如果航天器在圆轨道上运行,其轨道地心距和速度大小均为常数,且具有如上关系。

例题 5-1:某航天器采用大椭圆轨道,近地点高度 $H_p = 500\text{km}$,远地点高度 $H_a = 40000\text{km}$,请求出:①该轨道的半长轴 a;②航天器分别在近地点和远地点时的速度大小 v_p 和 v_a;③航天器速度为第一宇宙速度时的地心距 r_1。假设地球为均质圆球,平均半径为 $r_0 = 6371\text{km}$。

解答:

近地点地心距

$$r_p = 500 + 6371 = 6871\text{km}$$

远地点地心距

$$r_a = 40000 + 6371 = 46371\text{km}$$

轨道半长轴

$$a = \frac{1}{2}(r_a + r_p) = 26621\text{km}$$

近地点速度

$$v_p = \sqrt{\mu\left(\frac{2}{r_p} - \frac{1}{a}\right)} = 10052\text{m/s}$$

远地点速度

$$v_a = \sqrt{\mu\left(\frac{2}{r_a} - \frac{1}{a}\right)} = 1489\text{m/s}$$

由于第一宇宙速度 $v \approx 7.9\text{km/s}$,航天器该速度数值对应的地心距

$$r_1 = \frac{2\mu a}{av^2 + \mu} = 10302\ \text{km}$$

可以看出,对于大椭圆轨道,由于其整个轨道地心距变化较大,因此根据活力公式处于不同地心距时对应的速度变化也非常显著,图 5-8 给出一个轨道周期内轨道高度和速度的变化曲线。

5.2.4 时间积分

由活力公式可知,对于闭合的椭圆轨道,当航天器的轨道确定后,其在轨道上任意位置对应的速度也是确定的,因此其在轨道上运行一周所需的时间也是确定的,称为航天器的轨道运行周期。已知椭圆轨道形状,即已知椭圆的半长轴 a 和偏心率 e,则椭圆的面积为

$$S = \pi ab = \pi a \cdot a\sqrt{1 - e^2} \tag{5.59}$$

而航天器位置矢量在椭圆轨道面内扫过的面积速度为

$$\dot{\sigma} = \frac{r^2\dot{f}}{2} = \frac{h}{2} = \frac{\sqrt{\mu a(1 - e^2)}}{2} \tag{5.60}$$

椭圆面积与面积速度的比值就是轨道周期,即

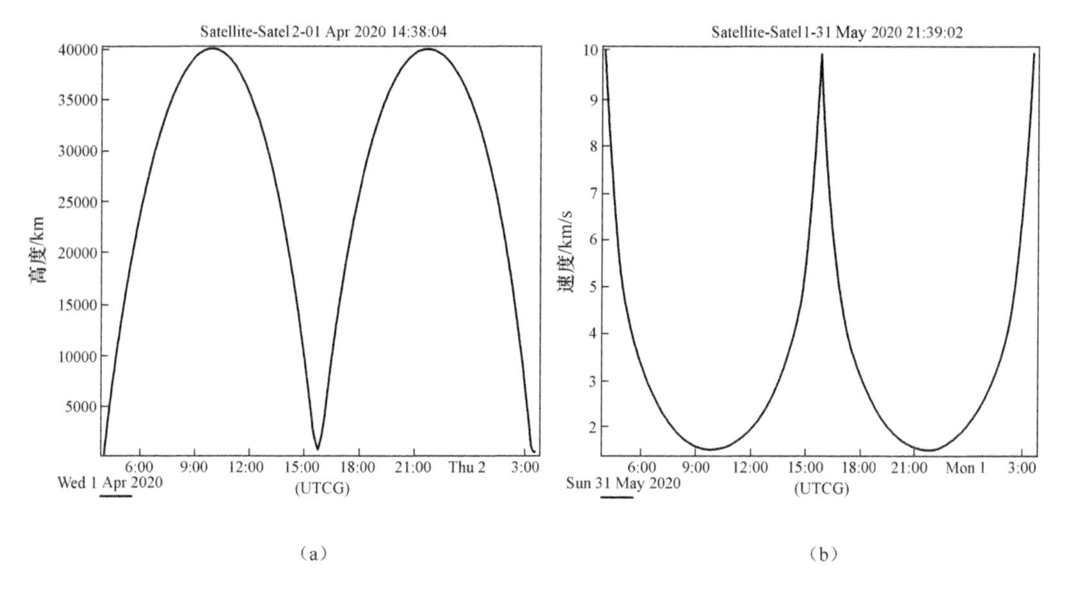

(a)　　　　(b)

图5-8　某大椭圆轨道卫星一个轨道周期内轨道高度和速度的变化曲线

$$T = \frac{S}{\dot{\sigma}} = 2\pi\sqrt{\frac{a^3}{\mu}} \tag{5.61}$$

可以看出,航天器椭圆轨道的轨道周期仅与轨道的半长轴有关,且轨道周期的平方与半长轴的三次方成正比,这其实就是开普勒第三定律。根据轨道周期,还可以推算出航天器运行的平均角速度,即

$$n = \frac{2\pi}{T} = \sqrt{\frac{\mu}{a^3}} \tag{5.62}$$

根据开普勒第二定律,可以获得真近点角 f 对时间 t 的导数,即

$$\frac{\mathrm{d}f}{\mathrm{d}t} = \dot{f} = \frac{h}{r^2} = \frac{h\,(1 + e\cos f)^2}{p^2} \tag{5.63}$$

式中：h 也可以由 p 表示,整理可得

$$\mathrm{d}t = \sqrt{\frac{p^3}{\mu}} \cdot \frac{\mathrm{d}f}{(1 + e\cos f)^2} \tag{5.64}$$

两边进行定积分

$$t - t_0 = \sqrt{\frac{p^3}{\mu}} \cdot \int_{f_0}^{f} \frac{\mathrm{d}f}{(1 + e\cos f)^2} \tag{5.65}$$

式(5.65)揭示了天体在轨道上位置 f 与飞行时间 t 的关系,但积分结果取决于偏心率 e 的取值,不同的轨道形状对应于不同的积分结果。

以 $0 < e < 1$ 为例,此时轨道的形状为椭圆,作该椭圆的外切圆作为辅助圆,如图5-9所示。

辅助圆的圆心与椭圆的中心 O 重合,半径等于椭圆的半长轴 a ,因此两者在椭圆的近拱点 P 和远拱点 A 处相切。对椭圆上的任一点 S ,过该点作与椭圆的长轴垂直的直线,分

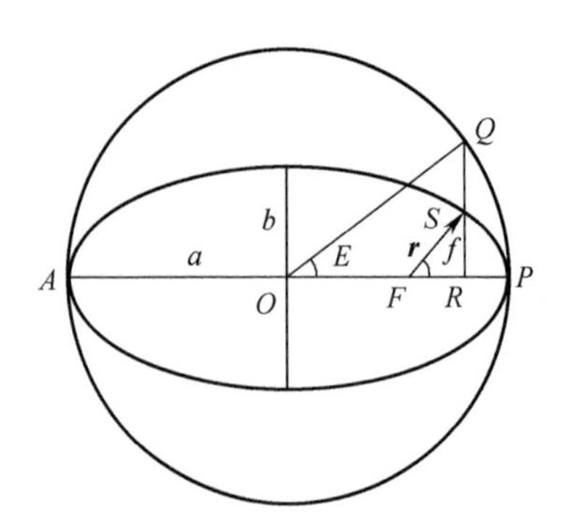

图 5-9 椭圆与辅助圆的几何关系

别与辅助圆和长轴交于 Q 点和 R 点,易知 S 与 Q 点一一对应。若某时刻航天器位于 S 点,则 $\angle SFR$ 即航天器的真近点角 f。与 f 对应的 $\angle QOR$ 称为偏近点角,并用 E 表示。

在三角形 $\triangle QOR$ 和 $\triangle SFR$ 中,对于横向有

$$FR = OR - OF \tag{5.66}$$

将各线段长度的表达式代入可得

$$r\cos f = a(\cos E - e) \tag{5.67}$$

对于纵向,根据椭圆与外切圆的性质有

$$\frac{SR}{QR} = \frac{b}{a} = \sqrt{1 - e^2} \tag{5.68}$$

同样将对应线段长度的表达式代入可得

$$r\sin f = a\sqrt{1 - e^2}\sin E \tag{5.69}$$

式(5.67)和式(5.69)求平方和再开方可得

$$r = a(1 - e\cos E) \tag{5.70}$$

式(5.70)为以偏近点角 E 为自变量的椭圆曲线方程。根据半角公式,式(5.67)和式(5.69)可以转化为

$$\begin{cases} \sin^2\dfrac{f}{2} = \dfrac{a(1 + e)}{r}\sin^2\dfrac{E}{2} \\ \cos^2\dfrac{f}{2} = \dfrac{a(1 - e)}{r}\cos^2\dfrac{E}{2} \end{cases} \tag{5.71}$$

两式相比可得

$$\tan\frac{f}{2} = \sqrt{\frac{1 + e}{1 - e}}\tan\frac{E}{2} \tag{5.72}$$

式(5.72)为真近点角和偏近点角的基本关系式。

将式(5.70)两边对时间求导可得

$$\dot{r} = ae\sin E \cdot \dot{E} \tag{5.73}$$

再由式(5.52)和式(5.73)可得

$$\dot{E} = \sqrt{\frac{\mu}{a^3(1 - e^2)}} \cdot \frac{\sin f}{\sin E} \tag{5.74}$$

将式(5.69)代入式(5.74)可得

$$(1-e\cos E)\,\mathrm{d}E=\sqrt{\frac{\mu}{a^3}}\,\mathrm{d}t \tag{5.75}$$

对式(5.75)两边进行定积分可得

$$E-e\sin E=\sqrt{\frac{\mu}{a^3}}(t-\tau) \tag{5.76}$$

即为描述椭圆运动的开普勒方程,也称时间积分,τ 为积分常数。当 $t=\tau$ 时,根据式(5.76)可算出 $E=0$,此时飞行器位于轨道的近拱点,因此 τ 即为飞行器过近拱点的时刻。式中,$\sqrt{\frac{\mu}{a^3}}$ 就是之前提到的平均角速度 n ,定义式(5.76)的右端为平近点角 M, 即

$$M=\sqrt{\frac{\mu}{a^3}}(t-\tau)=n(t-\tau) \tag{5.77}$$

则开普勒方程可以简化为

$$E-e\sin E=M \tag{5.78}$$

开普勒方程在天体力学中具有非常重要的意义,因为它将天体在椭圆轨道上的位置与过近拱点以后经历的时间联系在了一起。尽管开普勒方程形式较为简洁,但却是一个超越方程,无法得到准确的解析解,通常只能用数值方法进行求解。求解的方法很多,这里给出一个数值求解的方法和算例供参考。

根据开普勒方程式(5.78)可知

$$E=M+e\sin E \tag{5.79}$$

因此可构建如下递推式计算偏近点角

$$\begin{cases}E_0=M=\sqrt{\frac{\mu}{a^3}}(t-\tau)\\E_{k+1}=M+e\sin E_k\end{cases} \tag{5.80}$$

假设某航天器轨道半长轴 $a=7000\text{km}$,偏心率 $e=0.01$,过近拱点时刻 τ 为 UTCG 时间 2020 年 1 月 1 日 0 时 0 分 0 秒,当前时刻 t 为 UTCG 时间 2020 年 1 月 1 日 0 时 33 分 20 秒,计算此时航天器所处轨道位置对应的偏近点角。利用式(5.80)进行迭代计算,结果如图 5-10所示。可以看出仅通过 4 次迭代计算,相对误差已小于 10^{-8}量级,满足精度要求。

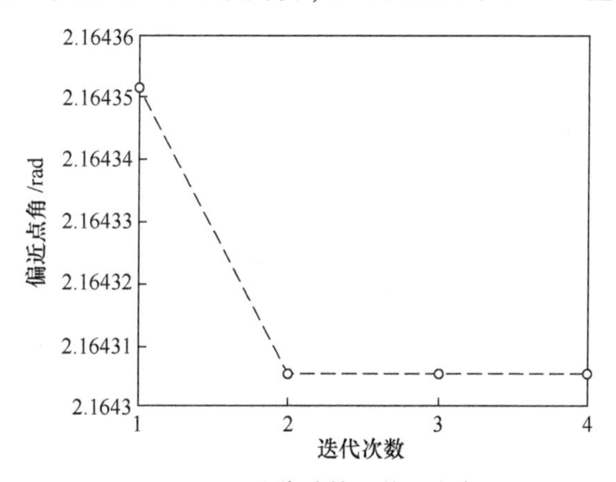

图 5-10 迭代计算的偏近点角

本节思考题

1. 二体运动位置矢量与速度矢量的叉乘为常矢量,说明什么?
2. 常矢量说明包含了几个标量常数?
3. 如何利用动量矩常矢量推导开普勒第二定律?
4. 动量矩常矢量分解为哪三个常数?物理含义是什么?
5. 偏心率常矢量与动量矩常矢量有什么关系?说明什么?
6. 偏心率常矢量包含了几个标量常数?物理含义是什么?
7. 偏心率常矢量的指向是哪里?
8. 二体运动轨迹是什么曲线?方程是什么?
9. 动量矩大小 h 与半长轴 a 具有什么关系?
10. 二体系统的机械能具有什么特性?
11. 二体系统的机械能只与什么有关?表达式是什么?
12. 活力公式是什么?具有怎样的应用?
13. 椭圆轨道的周期与什么有关?如何计算?
14. 时间积分确定了哪个标量常数?
15. 开普勒方程是什么?它的意义是什么?

5.3 轨道根数

5.3.1 经典轨道根数

通过5.2节的积分,分别可以获得以下的积分常数:

(1) 通过动量矩积分获得一个积分常矢量 $\boldsymbol{h}$,可分解为相互独立的3个积分常数——动量矩大小 h、升交点赤经 Ω 和轨道倾角 i;

(2) 通过轨道积分获得一个积分常矢量 $\boldsymbol{e}$,但由于 $\boldsymbol{e}\cdot\boldsymbol{h}=0$,只能分解获得两个相互独立的积分常数——偏心率 e 和近拱点幅角 ω;

(3) 通过能量积分获得一个积分常数——机械能 E 或轨道半长轴 a;

(4) 通过时间积分获得一个积分常数——过近拱点时刻 τ。

在这些积分常数中,由于 $h=\sqrt{\mu a(1-e^2)}$,因此相互独立的积分常数共有6个,分别为:①轨道半长轴 a;②轨道偏心率 e;③轨道倾角 i;④升交点赤经 Ω;⑤近拱点幅角 ω;⑥过近拱点时刻 τ。这6个积分常数就是经典轨道根数,轨道根数是二体运动微分方程物理意义较明确、且相互独立的积分常数。通过确定物理意义较为明确的6个经典轨道根数,飞行器所运行的轨道也即确定,其中轨道倾角 i 和升交点赤经 Ω 确定了轨道面在惯性空间中的位置,近拱点幅角 ω 确定了轨道在轨道面内的指向,半长轴 a 和偏心率 e 确定了轨道的形状和大小,过近拱点时刻 τ 将飞行器在轨道上位置与时间联系在一起,轨道根数的几何定义见图5-11。

由于这6个经典轨道根数的物理意义明确,因此通常用该根数定义某个轨道较为方

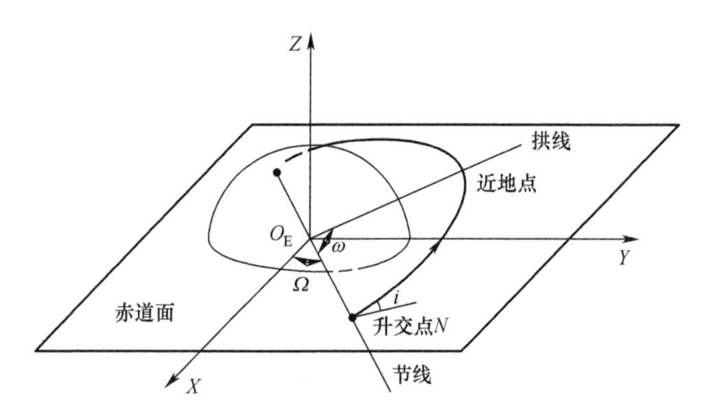

图5-11 轨道根数的几何定义

便,但对于某些特殊轨道,经典轨道根数的定义会发生奇异,共有3种情况。

第一种情况是当轨道倾角 i 等于0°或180°时,此时升交点将难以确定,对应的轨道根数升交点赤经和近拱点幅角难以取值,为消除病态可以引入近拱点赤经

$$\widetilde{\omega}=\Omega+\omega \tag{5.81}$$

轨道根数变为5个,$\sigma=(a,e,i,\widetilde{\omega},\tau)$。

第二种情况是偏心率 $e=0$ 或趋于0时,此时轨道几乎为圆形,对应的轨道根数中近拱点幅角和过近拱点时刻难以取值,为消除病态可以进行如下变换:

$$\begin{cases}\xi=e\cos\omega\\ \eta=-e\sin\omega\\ \lambda=n(t-\tau)+\omega=M+\omega\end{cases} \tag{5.82}$$

轨道根数变为 $\sigma=(a,i,\Omega,\xi,\eta,\lambda)$。

第三种情况是上两种情况同时出现,可采用如下变换:

$$\begin{cases}p=\sin i\cos\Omega\\ q=-\sin i\sin\Omega\\ h=e\cos(\Omega+\omega)\\ k=-e\sin(\Omega+\omega)\\ \lambda=M+\Omega+\omega\end{cases} \tag{5.83}$$

轨道根数变为 $\sigma=(a,p,q,h,k,\lambda)$。

5.3.2 两行轨道根数

美国空间监视网的两行轨道根数(two line elements,TLE)是目前国际上应用最广泛的空间目标编目格式,包括历元时刻、轨道根数和其他有用信息。

TLE数据由两行69字符的数据组成,可以和SGP4/SDP4轨道模型一起确定卫星的位置和速度。利用TLE数据可以读取该空间目标的历元时刻和轨道根数,TLE数据的具体定义如图5-12所示。以图中给出的TLE数据为例,该目标的历元时刻为2012年的第138.77045669天,轨道倾角为32.8672°,升交点赤经为326.8044°,偏心率为0.1478401,近拱点幅角为164.4219°,平近点角为200.7367°,平均运动角速度为11.83306243

圈/天。

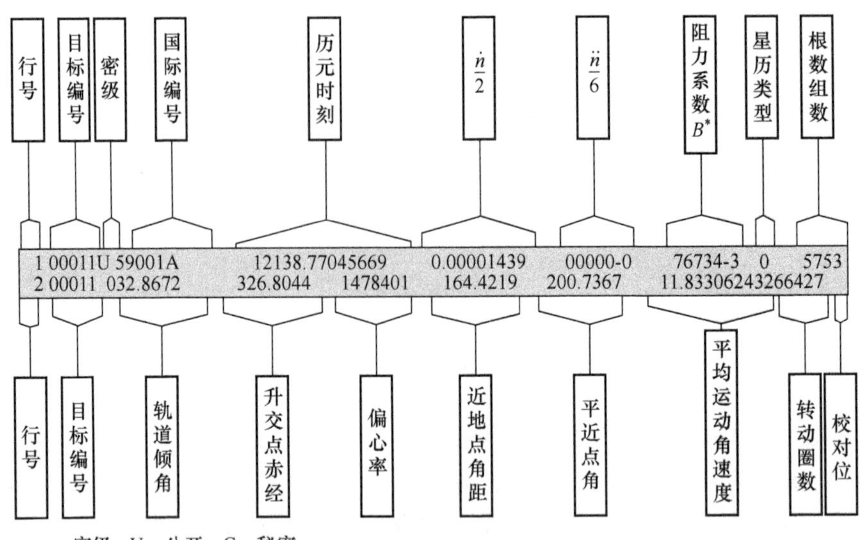

图 5-12 TLE 数据的定义

本节思考题

1. 经典轨道根数有哪些？如何定义？
2. 经典轨道根数分别确定了轨道的哪些属性？
3. 在哪些情况下经典轨道根数不再适用？

5.4 轨道根数与位置和速度矢量的关系

轨道根数虽然几何意义很明确，但有时描述天体的运动不够直接。在直角坐标系中，描述物体的运动参数还是位置和速度更为直观和方便，这就涉及到位置速度矢量和经典轨道根数间的相互转换。

5.4.1 已知位置和速度矢量求轨道根数

这里的位置和速度矢量是指地心惯性坐标系（如 J2000）中飞行器的位置矢量 $\boldsymbol{r}$ 和速度矢量 $\boldsymbol{v}$ 。计算可以分为 3 个步骤。

1）由位置和速度矢量求出动量矩矢量 $\boldsymbol{h}$ 和偏心率矢量 $\boldsymbol{e}$

动量矩矢量根据定义可由位置和速度矢量叉乘获得

$$\boldsymbol{h}=\boldsymbol{r}\times\boldsymbol{v} \tag{5.84}$$

根据式（5.25），进而可以计算偏心率矢量

$$
\boldsymbol{e}=\frac{1}{\mu}(\boldsymbol{v}\times\boldsymbol{h})-\frac{\boldsymbol{r}}{r} \tag{5.85}
$$

计算获得的第一个轨道根数偏心率即为偏心率矢量的模值 $e=|\boldsymbol{e}|$。

2）由动量矩矢量和偏心率矢量计算轨道根数（a,i,Ω,ω）

首先动量矩的大小 $h=|\boldsymbol{h}|$，则半长轴为

$$
a=\frac{h^2}{\mu(1-e^2)} \tag{5.86}
$$

根据动量矩矢量的表达式(5.17)可知，当动量矩矢量已知时，可利用其分量计算轨道倾角和升交点赤经，即

$$
\begin{cases}\cos i=\dfrac{h_Z}{h}\\ \tan\Omega=\dfrac{h_X}{-h_Y}\end{cases} \tag{5.87}
$$

为计算近拱点幅角，建立一个辅助坐标系——第二轨道坐标系 $O-x''y''z''$，定义为：原点与地心惯性坐标系原点重合，Ox'' 轴在轨道面内与偏心率矢量 $\boldsymbol{e}$ 重合，Oz'' 轴垂直于轨道面与动量矩矢量 $\boldsymbol{h}$ 重合，Oy'' 轴与另外两个轴构成右手直角坐标系。第二轨道坐标系与地心惯性坐标系的几何关系如图5-13所示。

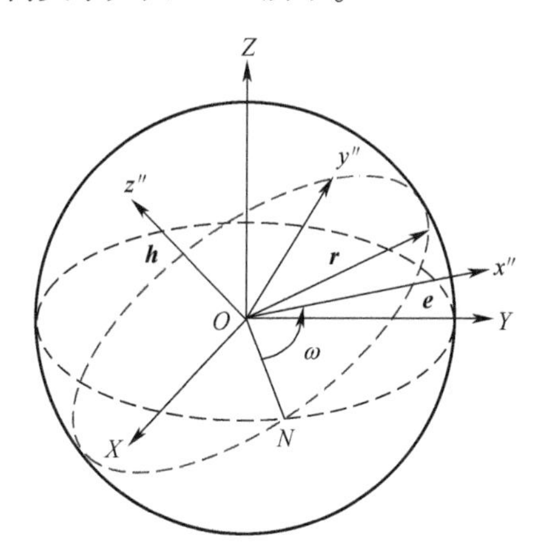

图5-13 第二轨道坐标系

第二轨道坐标系到地心惯性坐标系的坐标转换可采用欧拉角法，首先绕 Oz'' 轴旋转 $-\omega$，Ox'' 轴与过升交点的矢量 ON 重合，然后再绕新的 $Ox''^{(1)}$ 轴（即 ON）旋转 $-i$，Oz'' 轴与 OZ 轴重合，最后再绕 OZ 轴旋转 $-\Omega$，最终 Ox'' 轴与 OX 轴重合，经过如上3次定轴旋转，第二轨道坐标系与地心惯性坐标系重合，坐标转换矩阵为

$$
\begin{aligned}
\boldsymbol{C}_{O''}^{I}&=\boldsymbol{M}_3(-\Omega)\boldsymbol{M}_1(-i)\boldsymbol{M}_3(-\omega)\\
&=\begin{bmatrix}\cos\Omega\cos\omega-\sin\Omega\sin\omega\cos i & -\cos\Omega\sin\omega-\sin\Omega\cos\omega\cos i & \sin\Omega\sin i\\ \sin\Omega\cos\omega+\cos\Omega\sin\omega\cos i & -\sin\Omega\sin\omega+\cos\Omega\cos\omega\cos i & -\cos\Omega\sin i\\ \sin\omega\sin i & \cos\omega\sin i & \cos i\end{bmatrix}
\end{aligned} \tag{5.88}
$$

在第二轨道坐标系中，偏心率矢量 $\boldsymbol{e}$ 的表达式非常简单，即

$$\boldsymbol{e}_{O''}=\begin{bmatrix}e\\0\\0\end{bmatrix} \tag{5.89}$$

根据坐标转换关系，偏心率矢量 $\boldsymbol{e}$ 在地心惯性坐标系中的表达式为

$$\boldsymbol{e}_I=\boldsymbol{C}_{O''}^I\boldsymbol{e}_{O''}=e\begin{bmatrix}\cos\Omega\cos\omega-\sin\Omega\sin\omega\cos i\\ \sin\Omega\cos\omega+\cos\Omega\sin\omega\cos i\\ \sin\omega\sin i\end{bmatrix}=\begin{bmatrix}e_X\\e_Y\\e_Z\end{bmatrix} \tag{5.90}$$

当已知地心惯性坐标系中的偏心率矢量表达式时，可以利用其分量求解近拱点幅角

$$\tan\omega=\frac{e_Z}{(e_Y\sin\Omega+e_X\cos\Omega)\sin i} \tag{5.91}$$

3）计算真近点角 f 和过近拱点时刻 τ

与近拱点幅角的求解类似，为计算真近点角，定义另一个辅助坐标系——第一轨道坐标系 $O-x'y'z'$，定义为：原点与地心惯性坐标系原点重合，Ox' 轴在轨道面内与飞行器地心矢径 r 重合，Oz' 轴垂直于轨道面与动量矩矢量 $\boldsymbol{h}$ 重合，Oy' 轴与另外两个轴构成右手直角坐标系。第一轨道坐标系与地心惯性坐标系的几何关系如图 5-14 所示。

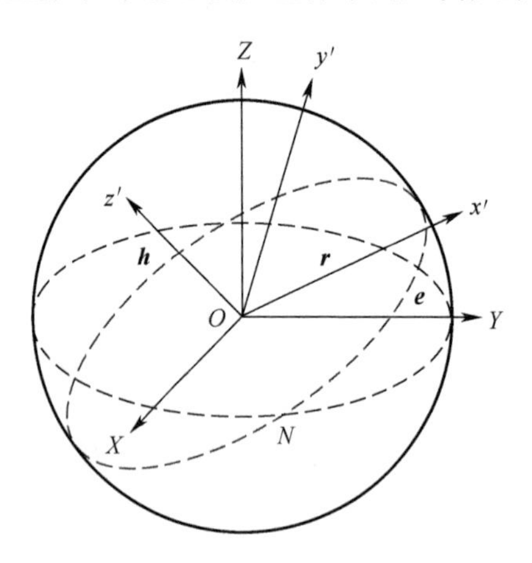

图 5-14　第一轨道坐标系

第一轨道坐标系到地心惯性坐标系的坐标转换仍采用欧拉角法，首先绕 Oz' 轴旋转 $-u$，使 Ox' 轴与过升交点的矢量 ON 重合，然后再绕新的 $Ox'^{(1)}$ 轴（即 ON）旋转 $-i$，使 Oz' 轴与 OZ 轴重合，最后再绕 OZ 轴旋转 $-\Omega$，最终 Ox' 轴与 OX 轴重合，经过如上 3 次定轴旋转，第一轨道坐标系与地心惯性坐标系重合，坐标转换矩阵为

$$\begin{aligned}\boldsymbol{C}_{O'}^I&=\boldsymbol{M}_3(-\Omega)\boldsymbol{M}_1(-i)\boldsymbol{M}_3(-u)\\&=\begin{bmatrix}\cos\Omega\cos u-\sin\Omega\sin u\cos i & -\cos\Omega\sin u-\sin\Omega\cos u\cos i & \sin\Omega\sin i\\ \sin\Omega\cos u+\cos\Omega\sin u\cos i & -\sin\Omega\sin u+\cos\Omega\cos u\cos i & -\cos\Omega\sin i\\ \sin u\sin i & \cos u\sin i & \cos i\end{bmatrix}\end{aligned} \tag{5.92}$$

在第一轨道坐标系中，地心矢径 $\boldsymbol{r}$ 的表达式非常简单

$$\boldsymbol{r}_{O'} = \begin{bmatrix} r \\ 0 \\ 0 \end{bmatrix} \tag{5.93}$$

根据坐标转换关系，地心矢径 $\boldsymbol{r}$（即位置矢量）在地心惯性坐标系中的表达式为

$$\boldsymbol{r}_I = \boldsymbol{C}_{O'}^I \boldsymbol{r}_{O'} = r\begin{bmatrix} \cos\Omega\cos u - \sin\Omega\sin u\cos i \\ \sin\Omega\cos u + \cos\Omega\sin u\cos i \\ \sin u\sin i \end{bmatrix} = \begin{bmatrix} X \\ Y \\ Z \end{bmatrix} \tag{5.94}$$

当已知地心惯性坐标系中的位置矢量表达式时，可以利用其分量求解纬度幅角

$$\tan u = \frac{Z}{(Y\sin\Omega + X\cos\Omega)\sin i} \tag{5.95}$$

进而利用式(5.31)可以计算真近点角 f，对式(5.72)进行转化，可以利用真近点角计算偏近点角

$$\tan\frac{E}{2} = \sqrt{\frac{1-e}{1+e}}\tan\frac{f}{2} \tag{5.96}$$

最后利用当前时刻 t 和偏近点角 E，根据开普勒方程式(5.76)计算过近拱点时刻 τ，即

$$\sqrt{\frac{\mu}{a^3}}(t-\tau) = E - e\sin E \tag{5.97}$$

至此6个经典轨道根数以及时间根数全部解出。

5.4.2 已知轨道根数求位置和速度矢量

利用航天器的轨道根数计算其实时的位置和速度矢量，这个过程在轨道力学中称为星历计算，某航天器的星历数据就是指其包含时间、3个位置分量和3个速度分量共7列的反映航天器状态随时间变化情况的数据。

星历计算的步骤也分3步，但与5.4.1节相反，需首先计算真近点角。

1）计算真近点角 f

首先利用过近拱点时刻 τ 和当前时刻 t 计算平近点角

$$M = \sqrt{\frac{\mu}{a^3}}(t-\tau) \tag{5.98}$$

然后利用开普勒方程式(5.78)求解偏近点角（超越方程，需采用数值解法，如式(5.80)等），最后利用式(5.72)计算真近点角 f。

2）计算第二轨道坐标系下的位置和速度矢量

由于第二轨道坐标系的 x 和 z 轴分别与常矢量偏心率矢量和动量矩矢量重合，因此第二轨道坐标系也为惯性坐标系，y 方向与轨道半通径方向相同，如图5-15所示，则飞行器的位置和速度矢量在第二轨道坐标系中仅在 x 和 y 方向有分量，z 方向无分量。

在第二轨道坐标系中位置矢量的表达式为

$$\boldsymbol{r}_{O''} = r\cos f\,\hat{\boldsymbol{i}}_e + r\sin f\,\hat{\boldsymbol{i}}_p = \begin{bmatrix} r\cos f \\ r\sin f \\ 0 \end{bmatrix} \tag{5.99}$$

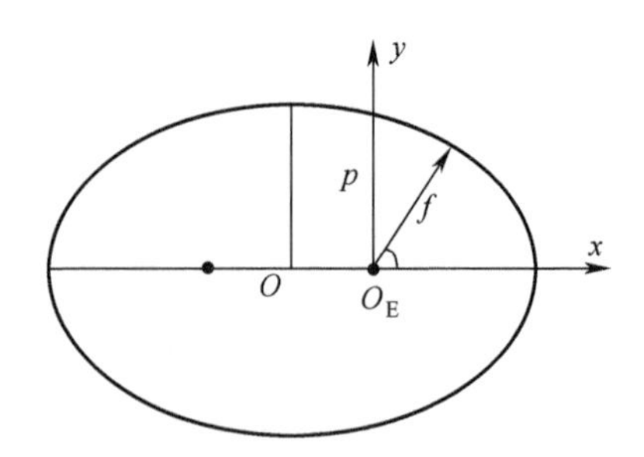

图 5-15 第二轨道坐标系的 xOy 平面

式中：r 由轨道方程式(5.38)计算；$\hat{\boldsymbol{i}}_e$ 和 $\hat{\boldsymbol{i}}_p$ 分别为第二轨道坐标系 x 轴和 y 轴的单位矢量，由于第二轨道坐标系为惯性坐标系，因此其坐标轴单位矢量为常矢量。第二轨道坐标系中的速度矢量表达式可以由位置矢量对时间求导获得，将式(5.99)对时间求导可得

$$\dot{\boldsymbol{r}}_{O''} = (\dot{r}\cos f - r\dot{f}\sin f)\,\hat{\boldsymbol{i}}_e + (\dot{r}\sin f + r\dot{f}\cos f)\,\hat{\boldsymbol{i}}_p \tag{5.100}$$

将式(5.52)和式(5.51)代入式(5.100)，化简可得

$$\dot{\boldsymbol{r}}_{O''} = -\sqrt{\frac{\mu}{p}}\sin f\,\hat{\boldsymbol{i}}_{ee} + \sqrt{\frac{\mu}{p}}(e+\cos f)\,\hat{\boldsymbol{i}}_p = \begin{bmatrix} -\sqrt{\dfrac{\mu}{p}}\sin f \\ \sqrt{\dfrac{\mu}{p}}(e+\cos f) \\ 0 \end{bmatrix} \tag{5.101}$$

3）将第二轨道坐标系下的位置和速度矢量转换至地心惯性坐标系

将第二轨道坐标系中的位置矢量转换至地心惯性坐标系中，即

$$\boldsymbol{r}_I = C_{O''}^I \boldsymbol{r}_{O''} \tag{5.102}$$

将第二轨道坐标系中的速度矢量转换至地心惯性坐标系中，即

$$\boldsymbol{v}_I = \dot{\boldsymbol{r}}_I = C_{O''}^I \dot{\boldsymbol{r}}_{O''} \tag{5.103}$$

至此利用 6 个经典轨道根数求解出地心惯性坐标系下的位置和速度矢量。

例题 5-2：已知 t 为 UTCG 时间 2020 年 1 月 1 日 0 时 33 分 20 秒时，某航天器在 J2000 地心惯性坐标系的位置和速度矢量为 $\begin{bmatrix} -2718460 \\ -6284540 \\ -3166900 \end{bmatrix}$(m)、$\begin{bmatrix} 2063.37 \\ -4471.74 \\ 5608.51 \end{bmatrix}$(m/s)，求该航天器的 6 个经典轨道根数。

解答：

(1) 由位置和速度矢量求出动量矩矢量 $\boldsymbol{h}$ 和偏心率矢量 $\boldsymbol{e}$：

动量矩矢量

$$\boldsymbol{h} = \boldsymbol{r} \times \boldsymbol{v} = \begin{bmatrix} -49408458841.4 \\ 8712023641.6 \\ 25123577620.2 \end{bmatrix} (\mathrm{m^2/s})$$

偏心率矢量

$$e=\frac{1}{\mu}(\boldsymbol{v}\times\boldsymbol{h})-\frac{\boldsymbol{r}}{r}=\begin{bmatrix}-0.0440956\\0.00777586\\-0.0894155\end{bmatrix}$$

偏心率

$$e=|\boldsymbol{e}|=0.1$$

(2) 由动量矩矢量和偏心率矢量计算轨道根数 (a,i,Ω,ω):

动量矩的大小

$$h=|\boldsymbol{h}|=56109618724.9\text{m}^2/\text{s}$$

半长轴

$$a=\frac{h^2}{\mu(1-e^2)}=7978140.4\text{m}$$

轨道倾角

$$i=\arccos\left(\frac{h_Z}{h}\right)=63.4°$$

升交点赤经

$$\Omega=\arctan\left(\frac{h_X}{-h_Y}\right)=260°$$

近拱点幅角

$$\omega=\arctan\left(\frac{e_Z}{(e_Y\sin\Omega+e_X\cos\Omega)\sin i}\right)=270°$$

(3) 计算真近点角 f 和过近拱点时刻 τ:

纬度幅角

$$u=\arctan\left(\frac{Z}{(Y\sin\Omega+X\cos\Omega)\sin i}\right)=332°$$

真近点角

$$f=u-\omega=62(°)$$

偏近点角

$$E=2\arctan\left(\sqrt{\frac{1-e}{1+e}}\tan\frac{f}{2}\right)=57.048386°$$

由于

$$t-\tau=\sqrt{\frac{a^3}{\mu}}(E-e\sin E)=1029.126°$$

该航天器过近拱点的时间为:UTCG 时间 2020 年 1 月 1 日 0 时 16 分 10.874 秒。

例题 5-3:已知某航天器 6 个经典轨道根数为:半长轴 $a=7978140.4\text{m}$,偏心率 $e=0.1$,轨道倾角 $i=63.4(°)$,升交点赤经 $\Omega=260(°)$,近拱点幅角 $\omega=270(°)$,过近拱点时刻 UTCG 时间 2020 年 1 月 1 日 0 时 16 分 10.874 秒,求其在 UTCG 时间 2020 年 1 月 1 日 0 时 33 分 20 秒时在 J2000 地心惯性坐标系的位置和速度矢量。

解答:

(1) 计算真近点角 f:

平近点角

$$M=\sqrt{\frac{\mu}{a^3}}(t-\tau)=52.24°$$

偏近点角

$$E=57.048386°$$

真近点角

$$f=2\arctan\left(\sqrt{\frac{1+e}{1-e}}\tan\frac{E}{2}\right)=62°$$

(2) 计算第二轨道坐标系下的位置和速度矢量：

半通径

$$p=a(1-e^2)=7898358.9\text{m}$$

地心距

$$r=\frac{p}{1+e\cos f}=7544184.7\text{m}$$

第二轨道坐标系中位置矢量

$$\boldsymbol{r}_{O''}=\begin{bmatrix} r\cos f \\ r\sin f \\ 0 \end{bmatrix}=\begin{bmatrix} 3541740.1 \\ 6661141.1 \\ 0 \end{bmatrix}\text{m}$$

第二轨道坐标系中速度矢量

$$\dot{\boldsymbol{r}}_{O''}=\begin{bmatrix} -\sqrt{\frac{\mu}{p}}\sin f \\ \sqrt{\frac{\mu}{p}}(e+\cos f) \\ 0 \end{bmatrix}=\begin{bmatrix} -6272.44 \\ 4045.46 \\ 0 \end{bmatrix}\text{m/s}$$

(3) 将第二轨道坐标系下的位置和速度矢量转换至地心惯性坐标系：

$$\begin{aligned} C_{O''}^{I} &= \boldsymbol{M}_3(-\Omega)\boldsymbol{M}_1(-i)\boldsymbol{M}_3(-\omega) \\ &= \begin{bmatrix} \cos\Omega\cos\omega-\sin\Omega\sin\omega\cos i & -\cos\Omega\sin\omega-\sin\Omega\cos\omega\cos i & \sin\Omega\sin i \\ \sin\Omega\cos\omega+\cos\Omega\sin\omega\cos i & -\sin\Omega\sin\omega+\cos\Omega\cos\omega\cos i & -\cos\Omega\sin i \\ \sin\omega\sin i & \cos\omega\sin i & \cos i \end{bmatrix} \\ &= \begin{bmatrix} -0.440955 & -0.173650 & -0.880570 \\ 0.0777585 & -0.984807 & 0.155268 \\ -0.894154 & -0.00000565 & 0.447758 \end{bmatrix} \end{aligned}$$

地心惯性坐标系中位置矢量

$$\boldsymbol{r}_I=C_{O''}^{I}\boldsymbol{r}_{O''}=\begin{bmatrix} -2718460 \\ -6284540 \\ -3166900 \end{bmatrix}\text{m}$$

地心惯性坐标系中速度矢量

$$\boldsymbol{v}_I=\dot{\boldsymbol{r}}_I=C_{O''}^{I}\dot{\boldsymbol{r}}_{O''}=\begin{bmatrix} 2063.37 \\ -4471.74 \\ 5608.51 \end{bmatrix}\text{m/s}$$

本节思考题

1. 由地心惯性坐标系的位置和速度矢量求6个经典轨道根数按顺序需要哪3步?
2. 由6个经典轨道根数求地心惯性坐标系的位置和速度矢量按顺序需要哪3步?

5.5　二体问题应用

5.5.1　飞行器分类与识别

由于6个经典轨道根数的几何和物理意义较为明晰,因此当获得飞行器在惯性空间的位置和速度矢量时,通常会将位置和速度矢量转换为6个经典轨道根数,对飞行器的种类和类型进行判断。

1. 卫星与导弹的区分

如果获得的是飞行器在地心固连坐标系的位置和速度矢量$\boldsymbol{r}_{\mathrm{ECF}}$和$\boldsymbol{v}_{\mathrm{ECF}}$,先将其转换为地心惯性坐标系的位置和速度矢量

$$\begin{cases}\boldsymbol{r}_{\mathrm{ECI}} = \boldsymbol{T}_{\mathrm{ECF}}^{\mathrm{ECI}}\boldsymbol{r}_{\mathrm{ECF}} \\ \boldsymbol{v}_{\mathrm{ECI}} = \boldsymbol{T}_{\mathrm{ECF}}^{\mathrm{ECI}}\boldsymbol{v}_{\mathrm{ECF}} + \boldsymbol{\omega}_{\mathrm{e,ECI}} \times \boldsymbol{r}_{\mathrm{ECI}}\end{cases} \tag{5.104}$$

式中:地心固连坐标系和地心惯性坐标系的坐标转换矩阵计算可参考2.2.3节或2.3.3节内容。

然后再将地心惯性坐标系位置和速度矢量利用5.4.1节方法转换为轨道根数,根据轨道方程式(5.44)可知,飞行器近地点矢径大小为

$$r_{\mathrm{p}} = a(1 - e) \tag{5.105}$$

通常导弹的近地点矢径显著小于地球半径,而卫星的近地点矢径显著大于地球半径,即可以通过近地点矢径与地球半径的大小关系来判断飞行器是卫星还是导弹。如果是卫星,即可以通过轨道根数具体确定卫星的轨道类型;如果是导弹,根据通过提取其他弹道参数进一步确定导弹类型。

2. 弹道导弹和滑翔导弹的区分

近些年一类助推滑翔导弹成为飞行器设计与研究的热点,该类导弹的关机点速度与传统的弹道导弹类似,但弹道形状与弹道导弹差异显著,且机动性和突防能力远大于弹道导弹。当根据近地点矢径判断出飞行器为导弹后,还可以进行弹道参数的进一步提取,区分其为传统的弹道导弹还是新型的助推滑翔导弹。

根据导弹在关机后某时刻的地心惯性坐标系位置和速度矢量,可以计算对应的地心矢径大小r和速度大小v,定义能量参数为

$$C_E = \frac{v^2}{\mu/r} \tag{5.106}$$

如果导弹为弹道导弹,则通常以近似最小能量弹道飞行,此时实际的当地速度倾角和射程应与最小能量弹道值(即最优值)较为接近,最小能量弹道对应的最佳当地速度倾角Θ_{opt}和最大射程角β_{opt}可由能量参数计算

$$\begin{cases}\tan\Theta_{\text{opt}} = \sqrt{1 - C_E} \\ \tan\dfrac{\beta_{\text{opt}}}{2} = \dfrac{C_E}{2\sqrt{1 - C_E}}\end{cases} \tag{5.107}$$

根据最小能量弹道中当地速度倾角与射程角间的关系

$$\Theta_{\text{opt}} = \frac{1}{4}(\pi - \beta_{\text{opt}}) \tag{5.108}$$

已知现有的弹道导弹最大射程角 $(\beta_{\text{opt}})_{\max}$ 约为 2.51rad(例如苏联 SS-18 型弹道导弹,射程约 16000km),因此最小能量弹道对应的最小当地速度倾角为 $(\Theta_{\text{opt}})_{\min}$ 约为 0.1576rad。而导弹实际的当地速度倾角为

$$\Theta = \frac{\pi}{2} - \arccos\left(\frac{\boldsymbol{r}_{\text{ECI}} \cdot \boldsymbol{v}_{\text{ECI}}}{rv}\right) \tag{5.109}$$

如果导弹按椭圆弹道飞行,则射程角 β 的预测值可采用下式近似计算

$$\tan\frac{\beta}{2} = \frac{C_E\sin\Theta\cos\Theta}{1 - C_E\cos^2\Theta} \tag{5.110}$$

通过将导弹实际当地速度倾角和射程角预测与最小能量弹道对应的最优当地速度倾角和最大射程角进行比较,可以判断导弹是否近似以最小能量弹道飞行,发现弹道的异常特征:

(1) 若 $\Theta \approx \Theta_{\text{opt}}$,$\beta \approx \beta_{\text{opt}}$,则说明目标可能为弹道导弹,且近似以最小能量弹道飞行,进一步根据射程角 β 的大小初步判断目标是近程、中程、远程或洲际弹道导弹;

(2) 若 $\Theta > \Theta_{\text{opt}}$,$\beta < \beta_{\text{opt}}$,则说明目标以非最小能量的高抛弹道飞行,可能为探空火箭、高弹道试验弹等;

(3) 若 $\Theta < (\Theta_{\text{opt}})_{\min}$,$\beta < \beta_{\text{opt}}$,则说明目标以非最小能量的低弹道飞行,可能为助推滑翔导弹、低弹道试验弹等。

5.5.2 弹道导弹弹道和落点预报

由于弹道导弹处于自由飞行段时也可近似为二体问题,而自由飞行段通常无论是时间还是长度均占到弹道导弹整条弹道的 90%以上,因此可以假设弹道导弹的弹道即为椭圆轨道在地球表面以上的部分(如图 5-16 所示),此时可以利用二体轨道方程进行弹道导弹的弹道和落点的快速预报。

1. 弹道预报

弹道导弹的运动状态参数通常在地心固连坐标系给出,因此首先要根据式(5.104)将其转换为地心惯性坐标系的位置和速度矢量,然后再根据 5.4.1 节方法转换为轨道根数,根据要预报至的时刻 t_f 和转换的轨道根数,利用 5.4.2 节方法转换为要预报至时刻 t_f 的地心惯性坐标系位置和速度矢量,进而再转换到要预报至时刻 t_f 的地心固连坐标系位置和速度矢量,流程如图 5-17 所示。

可以看出,弹道预报并非一种新方法,而是之前所学知识的一个综合使用,涉及到的知识有地心固连坐标系和地心惯性坐标系位置和速度矢量的转换、地心惯性坐标系位置和速度矢量和 6 个经典轨道根数的转换,该方法也适用于近地轨道卫星的轨道快速

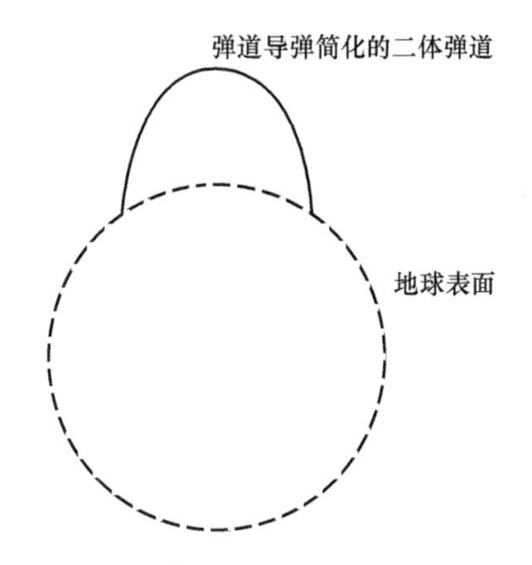

图 5-16　基于二体轨道方程的弹道导弹弹道预报

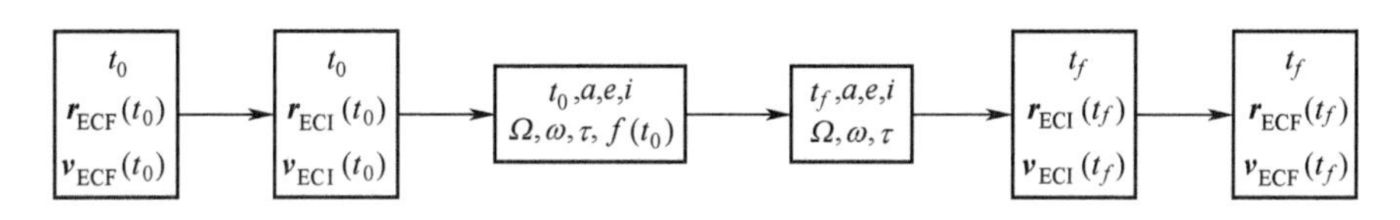

图 5-17　弹道预报流程

预报。

2. 落点预报

根据图 5-16 可以看出,轨道和地球椭球面的交点可近似认为是导弹的发射点和落点,其中真近点角较小的为发射点,真近点角较大的为落点。

利用纬度幅角 u 替换真近点角 f,弹道导弹的弹道方程(即二体轨道方程)为

$$r=\frac{a(1-e^2)}{1+e\cos(u-\omega)}\tag{5.111}$$

由于有关系 $\sin\phi=\sin i\sin u$(具体推导见 7.2.1 节),地球椭球面方程(式(2.6))可写为

$$\frac{r^2}{a_{\mathrm{e}}^2}\left[1+\left(\frac{a_{\mathrm{e}}^2}{b_{\mathrm{e}}^2}-1\right)\sin^2 i\sin^2 u\right]=1\tag{5.112}$$

发射点和落点应同时满足地球椭球面方程和弹道方程,将两个方程联立可得

$$\frac{1}{a_{\mathrm{e}}^2}\left(\frac{a(1-e^2)}{1+e\cos(u-\omega)}\right)^2\left[1+\left(\frac{a_{\mathrm{e}}^2}{b_{\mathrm{e}}^2}-1\right)\sin^2 i\sin^2 u\right]=1\tag{5.113}$$

式(5.113)中只有一个未知数——纬度幅角,通过求解该方程可以获得两个纬度幅角值,再进一步可以得到对应的两个时间 t_1 和 t_2,则较大的值即为导弹落地时刻。此时可以利用时间和轨道根数,利用 5.4.2 节的方法计算导弹落地时刻的位置和速度矢量。

本节思考题

1. 卫星和导弹主要通过什么参数进行区分?

2. 弹道导弹和滑翔导弹通过什么参数进行区分？
3. 为何可以利用椭圆曲线近似弹道导弹的弹道？
4. 弹道导弹的落点如何确定？

本章习题

1. 什么是二体问题？什么是限制性二体问题？两者运动方程的表达式分别是什么？有什么区别？
2. 利用二体运动方程推导开普勒第二定律。
3. 利用二体运动方程推导轨道方程。
4. 利用二体运动方程推导活力公式。
5. 经典轨道根数有哪些？如何定义？经典轨道根数分别确定了轨道的哪些属性？在哪些情况下经典轨道根数不再适用？
6. 已知航天器某时刻在地心惯性坐标系中的位置矢量和速度矢量分别为

$$\boldsymbol{r}=\begin{bmatrix}607.897\\786.388\\8373.386\end{bmatrix}\text{km},\boldsymbol{v}=\begin{bmatrix}4254.701\\-5691.485\\849.205\end{bmatrix}\text{m/s}$$

求出其经典轨道根数 a,e,i,Ω,ω。

第6章　轨道确定

通过对二体问题的研究,可知一个航天器的轨道可以由 6 个经典轨道根数来描述,但是,这 6 个经典轨道根数通常不能通过某种观测设备直接测量获得。在实际过程中,通常采用雷达、光电望远镜等无线电或光学等探测设备对航天器进行观测,测出来其相对于测量设备的距离、仰角、方位角及其变化率等信息。利用这些直接的观测数据,解算出航天器轨道描述的 6 个经典轨道根数或位置和速度矢量,这个过程就是航天器的轨道确定。

轨道确定进一步可分解为 3 个步骤:①获取数据和数据预处理,获取数据就是利用各种探测设备对航天器进行探测,将各种光电信号转换为实测数据,数据的预处理就是坐标和时间的统一,以及野值的剔除等;②初轨确定,或称为粗定轨,此时假设航天器运动是理想的二体运动,观测数据也是精确的(没有误差),则理论上仅需 6 个线性无关的观测数据便可以求解出 6 个经典轨道根数;③轨道改进,或称为精密定轨,实际上由于轨道摄动的影响,航天器的 6 个经典轨道根数是随时间变化的,而且观测数据也不可能没有误差,这就需要统计和估计理论,一方面采用更精确的轨道方程,另一方面,利用大量的冗余观测数据消除误差,而通常精密定轨需要一个粗略的初值,这个初值就由粗定轨给出。

本章主要讲述轨道确定的后两个步骤——初轨确定和轨道改进,假设获取的数据均已经过野值剔除等预处理。

6.1　初轨计算

初轨确定的方法有很多,一方面轨道确定的方法取决于获得什么样的观测数据,观测数据不同,建立的方法也不同;另一方面,即使观测数据相同,方程的求解也不止一种解法,比如雷达测量定轨、光学测量定轨,光学测量定轨也分拉普拉斯方法和高斯方法等。

6.1.1　雷达单站单点定轨

航天器相对雷达的斜矩、仰角和方位角是在东北天坐标系中定义的,如图 6-1 所示,东北天坐标系 o_r-xyz (east north up coordinates, ENU)坐标原点为雷达中心 o_r,o_rx 和 o_ry 是地球参考椭球的切线,分别指向东和北,o_rz 轴垂直于当地水平面向上。ρ 为雷达站心 o_r 到航天器 S 的距离;方位角 A 为雷达站心与航天器连线在 xo_ry 面上的投影与 o_ry 轴(正北方向)的夹角,顺时针为正;仰角 E 为雷达站心与航天器连线与 xo_ry 平面的夹角,在平面上方为正。

利用单脉冲雷达,可以测得航天器相对于雷达的斜矩ρ、仰角 E 和方位角 A 及其角变

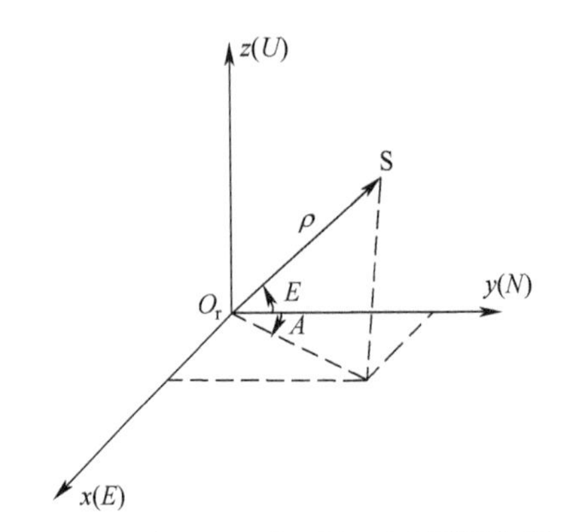

图 6-1　东北天坐标系与雷达测量数据

化速率 $\dot{E}$ 和 $\dot{A}$;同时利用多普勒雷达可以测得斜矩的变化率 $\dot{\rho}$,具体测量原理见雷达原理相关教材,本章不再赘述。利用雷达某一时刻对应的一组 6 个观测数据,便可以对航天器进行初轨确定,称为雷达单站单点定轨。

雷达单站单点定轨是最简单的一种定轨方法,因为它不涉及太多的方程求解技巧,本质上只是一个坐标转换。其实就是将测站坐标系(例如东北天坐标系)的球坐标 $(\rho, A, E, \dot{\rho}, \dot{A}, \dot{E})$,转换为地心惯性坐标系的位置和速度矢量,然后再用 5.4.1 节的方法利用位置和速度矢量计算 6 个经典轨道根数。

1. 地心惯性坐标系位置矢量的计算

假如测站坐标系采用东北天坐标系,东北天坐标系与地心惯性坐标系间的空间几何关系如图 6-2 所示。

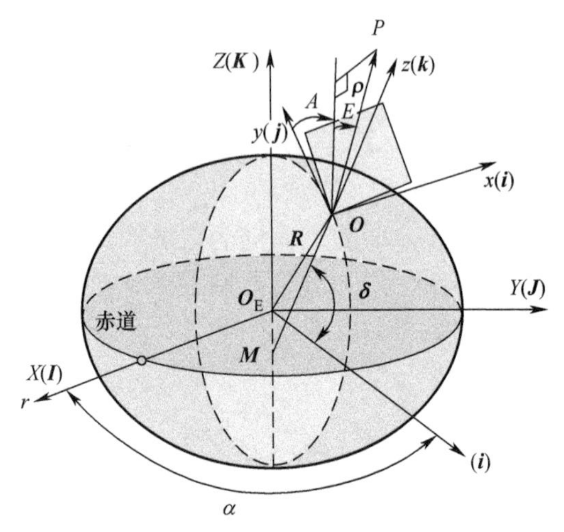

图 6-2　东北天坐标系与地心惯性坐标系

航天器在东北天坐标系中的位置矢量为 $\boldsymbol{\rho}$,地心矢径为 $\boldsymbol{r}$,雷达站心的地心矢径为 $\boldsymbol{R}$,根据矢量合成,三者的关系为

$$\boldsymbol{r} = \boldsymbol{R} + \boldsymbol{\rho} \tag{6.1}$$

轨道确定需要获得航天器地心矢径在地心惯性坐标系中的表达式 $\boldsymbol{r}_{\mathrm{I}}$ 。首先根据雷

达观测数据的定义,可获得航天器在东北天坐标系中位置矢量$\boldsymbol{\rho}_{\mathrm{L}}$的表达式

$$\boldsymbol{\rho}_{\mathrm{L}}=\begin{bmatrix}\rho\cos E\sin A\\ \rho\cos E\cos A\\ \rho\sin E\end{bmatrix} \tag{6.2}$$

根据图6-2,仍然采用欧拉角转换法,东北天坐标系到地心惯性坐标系的转换矩阵为

$$\begin{aligned}\boldsymbol{C}_{\mathrm{L}}^{\mathrm{I}}&=\boldsymbol{M}_z\left[-\left(\frac{\pi}{2}+\theta\right)\right]\cdot \boldsymbol{M}_x\left[-\left(\frac{\pi}{2}-B\right)\right]\\&=\begin{bmatrix}-\sin\theta & -\cos\theta\sin B & \cos\theta\cos B\\ \cos\theta & -\sin\theta\sin B & \sin\theta\cos B\\ 0 & \cos B & \sin B\end{bmatrix}\end{aligned} \tag{6.3}$$

式中:B为测站站心的大地纬度;θ为测站站心的恒星时,其值为格林尼治恒星时θ_{G}与测站站心大地经度λ的和

$$\theta=\theta_{\mathrm{G}}+\lambda \tag{6.4}$$

有了转换矩阵,便可以计算矢量$\boldsymbol{\rho}$在地心惯性坐标系中的表达式$\boldsymbol{\rho}_{\mathrm{I}}$

$$\boldsymbol{\rho}_{\mathrm{I}}=\boldsymbol{C}_{\mathrm{L}}^{\mathrm{I}}\boldsymbol{\rho}_{\mathrm{L}} \tag{6.5}$$

根据式(6.1),再计算出测站站心地心矢径在地心惯性坐标系中的表达式$\boldsymbol{R}_{\mathrm{I}}$,即可算出$\boldsymbol{r}_{\mathrm{I}}$。如图6-3所示,地球采用椭球模型,则过测站站心$o_{\mathrm{r}}$和地球极轴的平面切割地球椭球得到一个椭圆,该椭圆的长轴和短轴即为地球椭球的长轴和短轴。作椭圆的外切圆,外切圆分别与椭圆的近拱点和远拱点相交。过测站站心作当地水平面的垂线与x轴相交,则垂线与x轴的夹角即为测站站心的大地纬度B,作过测站站心且与x轴垂直的直线与外切圆相交,交点和地心连线与x轴的夹角为β(注意该角并非测站站心的地心纬度)。

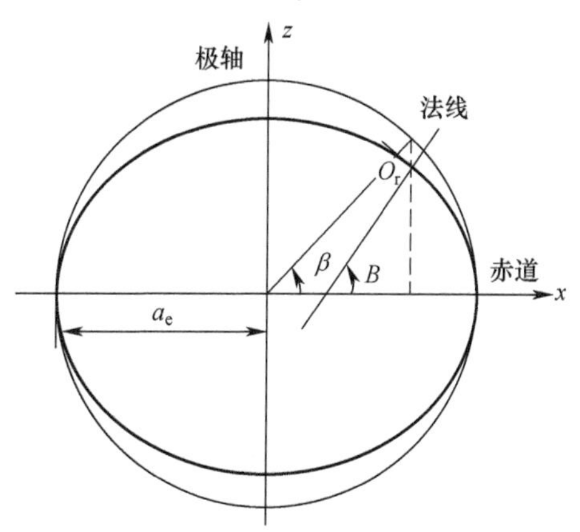

图6-3　地球椭球与辅助圆

在平面坐标系xOz中,测站站心的坐标为

$$\begin{cases}x=a_{\mathrm{e}}\cos\beta\\ z=b_{\mathrm{e}}\sin\beta=a_{\mathrm{e}}\sqrt{1-e^2}\sin\beta\end{cases} \tag{6.6}$$

式中:$e=\dfrac{\sqrt{a_{\mathrm{e}}^2-b_{\mathrm{e}}^2}}{a_{\mathrm{e}}}$为地球椭圆的偏心率。

根据几何知识，对于椭圆上任一点的法线，其斜率为 $-\dfrac{dx}{dz}$，将式(6.6)代入并求微分可得

$$\tan B = -\frac{dx}{dz} = \frac{\tan\beta}{\sqrt{1-e^2}} \tag{6.7}$$

可以转换形式为

$$\tan\beta = \sqrt{1-e^2}\tan B = \frac{\sqrt{1-e^2}\sin B}{\cos B} \tag{6.8}$$

由式(6.8)可计算出 β 的正弦和余弦

$$\begin{cases} \sin\beta = \dfrac{\sqrt{1-e^2}\sin B}{\sqrt{1-e^2\sin^2 B}} \\ \cos\beta = \dfrac{\cos B}{\sqrt{1-e^2\sin^2 B}} \end{cases} \tag{6.9}$$

将式(6.9)代入式(6.6)，可以获得用大地纬度表示的测站站心坐标

$$\begin{cases} x = \dfrac{a_e\cos B}{\sqrt{1-e^2\sin^2 B}} \\ z = \dfrac{a_e(1-e^2)\sin B}{\sqrt{1-e^2\sin^2 B}} \end{cases} \tag{6.10}$$

如果测站不在地球椭球表面，而是有一定的海拔高度 H，则坐标的增量为 $\Delta x = H\cos B$，$\Delta z = H\sin B$，此时测站站心的坐标为

$$\begin{cases} x = \left[\dfrac{a_e}{\sqrt{1-e^2\sin^2 B}} + H\right]\cos B \\ z = \left[\dfrac{a_e(1-e^2)}{\sqrt{1-e^2\sin^2 B}} + H\right]\sin B \end{cases} \tag{6.11}$$

这样测站在椭球切面上的横纵坐标便计算出来。由于测站的椭球切面通常不是坐标系的起始面，x 轴的坐标值其实是两个正交的坐标值的合成，如在地心固连坐标系中，椭球切面与 x 轴的夹角为大地经度 λ，而在地心惯性坐标系中，椭球切面与 x 轴的夹角则为当地的恒星时 θ。因此在地心惯性系中，测站站心的坐标（即测站地心矢径在地心惯性坐标系中的表达式 $\boldsymbol{R}_{\mathrm{I}}$）为

$$\boldsymbol{R}_{\mathrm{I}} = \begin{bmatrix} \left[\dfrac{a_e}{\sqrt{1-e^2\sin^2 B}} + H\right]\cos B\cos\theta \\ \left[\dfrac{a_e}{\sqrt{1-e^2\sin^2 B}} + H\right]\cos B\sin\theta \\ \left[\dfrac{a_e(1-e^2)}{\sqrt{1-e^2\sin^2 B}} + H\right]\sin B \end{bmatrix} \tag{6.12}$$

将式(6.5)和式(6.12)代入式(6.1)，则可算出航天器地心矢径在地心惯性坐标系

中的表达式 $\boldsymbol{r}_{\mathrm{I}}$。

类似地,可得测站站心在地心固连坐标系中的表达式为

$$\boldsymbol{R}_{\mathrm{ECF}}=\begin{bmatrix}\left[\dfrac{a_{\mathrm{e}}}{\sqrt{1-e^2\sin^2 B}}+H\right]\cos B\cos\lambda\\ \left[\dfrac{a_{\mathrm{e}}}{\sqrt{1-e^2\sin^2 B}}+H\right]\cos B\sin\lambda\\ \left[\dfrac{a_{\mathrm{e}}(1-e^2)}{\sqrt{1-e^2\sin^2 B}}+H\right]\sin B\end{bmatrix} \tag{6.13}$$

定义 N 为卯酉圈曲率半径

$$N=\frac{a_{\mathrm{e}}}{\sqrt{1-e^2\sin^2 B}} \tag{6.14}$$

则式(6.13)可写为

$$\boldsymbol{R}_{\mathrm{ECF}}=\begin{bmatrix}(N+H)\cos B\cos\lambda\\ (N+H)\cos B\sin\lambda\\ [N(1-e^2)+H]\sin B\end{bmatrix} \tag{6.15}$$

式(6.15)即为由地球外任一点的大地经度、纬度和高度计算其地心固连坐标系位置坐标的表达式。由地心固连坐标系位置坐标计算大地经度、纬度和高度的计算式为

$$\begin{cases}\lambda=\arctan\dfrac{Y}{X}\\ B=\arctan\left[\dfrac{Z}{\sqrt{X^2+Y^2}}\left(1-\dfrac{e^2N}{(N+H)}\right)^{-1}\right]\\ H=\dfrac{\sqrt{X^2+Y^2}}{\cos B}-N\end{cases} \tag{6.16}$$

式中:B 和 H 无法直接求解,可采用迭代法,首先计算初值

$$\begin{cases}N_0=a_{\mathrm{e}}\\ H_0=\sqrt{X^2+Y^2+Z^2}-\sqrt{a_{\mathrm{e}}b_{\mathrm{e}}}\\ B_0=\arctan\left[\dfrac{Z}{\sqrt{X^2+Y^2}}\left(1-\dfrac{e^2N_0}{(N_0+H_0)}\right)^{-1}\right]\end{cases} \tag{6.17}$$

迭代公式为

$$\begin{cases}N_i=\dfrac{a_{\mathrm{e}}}{\sqrt{1-e^2\sin^2 B_{i-1}}}\\ H_i=\dfrac{\sqrt{X^2+Y^2}}{\cos B_{i-1}}-N_i\\ B_i=\arctan\left[\dfrac{Z}{\sqrt{X^2+Y^2}}\left(1-\dfrac{e^2N_i}{(N_i+H_i)}\right)^{-1}\right]\end{cases} \tag{6.18}$$

当 $|B_i-B_{i-1}|<\varepsilon$ 时,可认为迭代收敛。

2. 地心惯性坐标系速度矢量的计算

航天器的速度矢量可将式(6.1)对时间求导获得。测站坐标系与地球固连,相对于地心惯性坐标系以 $\boldsymbol{\omega}_e=[0\quad 0\quad \omega_e]^T$ 的角速度旋转(即地球自转角速度),则根据矢量微分法则式(4.6),式(6.1)对时间求导可得

$$\boldsymbol{v}=\frac{\mathrm{d}\boldsymbol{r}}{\mathrm{d}t}=\left(\frac{\delta \boldsymbol{R}}{\delta t}+\boldsymbol{\omega}_e\times\boldsymbol{R}\right)+\left(\frac{\delta\boldsymbol{\rho}}{\delta t}+\boldsymbol{\omega}_e\times\boldsymbol{\rho}\right) \tag{6.19}$$

由于测站地心矢径在测站坐标系中为常矢量,因此有 $\frac{\delta \boldsymbol{R}}{\delta t}=0$,式(6.19)整理可得

$$\boldsymbol{v}=\boldsymbol{\omega}_e\times(\boldsymbol{R}+\boldsymbol{\rho})+\frac{\delta\boldsymbol{\rho}}{\delta t}=\boldsymbol{\omega}_e\times\boldsymbol{r}+\frac{\delta\boldsymbol{\rho}}{\delta t} \tag{6.20}$$

相对导数 $\frac{\delta\boldsymbol{\rho}}{\delta t}$ 在测站坐标系中的表达式可由式(6.2)对时间求导获得

$$\left(\frac{\delta\boldsymbol{\rho}}{\delta t}\right)_L=\begin{bmatrix}\dot{\rho}\cos E\sin A-\rho\dot{E}\sin E\sin A+\rho\dot{A}\cos E\cos A\\ \dot{\rho}\cos E\cos A-\rho\dot{E}\sin E\cos A-\rho\dot{A}\cos E\sin A\\ \dot{\rho}\sin E+\rho\dot{E}\sin E\end{bmatrix} \tag{6.21}$$

最终航天器速度矢量在地心惯性坐标系中的表达式为

$$\boldsymbol{v}_I=\boldsymbol{\omega}_e\times\boldsymbol{r}_I+\boldsymbol{C}_L^I\left(\frac{\delta\boldsymbol{\rho}}{\delta t}\right)_L \tag{6.22}$$

例题 6-1:地面某雷达站大地坐标为大地经度 $\lambda=120.169^\circ$,大地纬度 $B=30.2553^\circ$,大地高度 $H=1000\text{m}$,某时刻获得对某航天器的一组测量数据:$\rho=3584.19\text{km}$,$A=18.0443^\circ$,$E=3.25126^\circ$,$\dot{\rho}=-2.22530\text{km/s}$,$\dot{A}=-0.114202(^\circ)/\text{s}$,$\dot{E}=0.0220613(^\circ)/\text{s}$,此时的格林尼治恒星时角为 $\theta_G=360^\circ$,求该航天器在地心惯性坐标系中的位置和速度。

解答:

航天器在测站坐标系中的位置矢量

$$\boldsymbol{\rho}_L=\begin{bmatrix}\rho\cos E\sin A\\ \rho\cos E\cos A\\ \rho\sin E\end{bmatrix}=\begin{bmatrix}1108423.9\\ 3402424.6\\ 203276.41\end{bmatrix}\text{m}$$

测站恒星时

$$\theta=\theta_G+\lambda=480.159^\circ$$

测站坐标系到地心惯性坐标系的坐标转换矩阵

$$\boldsymbol{C}_L^I=\begin{bmatrix}-\sin\theta & -\cos\theta\sin B & \cos\theta\cos B\\ \cos\theta & -\sin\theta\sin B & \sin\theta\cos B\\ 0 & \cos B & \sin B\end{bmatrix}=\begin{bmatrix}-0.864547 & 0.253213 & -0.434099\\ -0.502552 & -0.435605 & 0.746786\\ 0 & 0.863789 & 0.503854\end{bmatrix}$$

航天器在测站坐标系中位置矢量转至地心惯性坐标系

$$\boldsymbol{\rho}_I=\boldsymbol{C}_L^I\boldsymbol{\rho}_L=\begin{bmatrix}-184988.6\\ -1887351.1\\ 3041398.2\end{bmatrix}\text{m}$$

雷达站心在地心惯性坐标系位置矢量

$$\boldsymbol{R}_{\mathrm{I}}=\begin{bmatrix}\left[\dfrac{a_{\mathrm{e}}}{\sqrt{1-e^{2}\sin^{2}B}}+H\right]\cos B\cos\theta\\ \left[\dfrac{a_{\mathrm{e}}}{\sqrt{1-e^{2}\sin^{2}B}}+H\right]\cos B\sin\theta\\ \left[\dfrac{a_{\mathrm{e}}(1-e^{2})}{\sqrt{1-e^{2}\sin^{2}B}}+H\right]\sin B\end{bmatrix}=\begin{bmatrix}-2771534.4\\ 4767904.8\\ 3195356.7\end{bmatrix}\mathrm{m}$$

航天器地心惯性坐标系位置矢量

$$\boldsymbol{r}_{\mathrm{I}}=\boldsymbol{R}_{\mathrm{I}}+\boldsymbol{\rho}_{\mathrm{I}}=\begin{bmatrix}-2956523.1\\ 2880553.7\\ 6236754.9\end{bmatrix}\mathrm{m}$$

航天器相对测站站心速度矢量

$$\left(\frac{\delta\boldsymbol{\rho}}{\delta t}\right)_{\mathrm{L}}=\begin{bmatrix}\dot{\rho}\cos E\sin A-\rho\dot{E}\sin E\sin A+\rho\dot{A}\cos E\cos A\\ \dot{\rho}\cos E\cos A-\rho\dot{E}\sin E\cos A-\rho\dot{A}\cos E\sin A\\ \dot{\rho}\sin E+\rho\dot{E}\sin E\end{bmatrix}=\begin{bmatrix}-7494.14\\ 22.4429\\ 1251.63\end{bmatrix}\mathrm{m/s}$$

航天器相对测站站心速度矢量转至地心惯性坐标系

$$\boldsymbol{C}_{\mathrm{L}}^{\mathrm{I}}\left(\frac{\delta\boldsymbol{\rho}}{\delta t}\right)_{\mathrm{L}}=\begin{bmatrix}5941.38\\ 4691.12\\ 650.027\end{bmatrix}\mathrm{m/s}$$

牵连速度

$$\boldsymbol{\omega}_{\mathrm{e}}\times\boldsymbol{r}_{\mathrm{I}}=\begin{bmatrix}-210.053\\ -215.593\\ 0\end{bmatrix}\mathrm{m/s}$$

航天器地心惯性坐标系速度矢量

$$\boldsymbol{v}_{\mathrm{I}}=\boldsymbol{\omega}_{\mathrm{e}}\times\boldsymbol{r}_{\mathrm{I}}+\boldsymbol{C}_{\mathrm{L}}^{\mathrm{I}}\left(\frac{\delta\boldsymbol{\rho}}{\delta t}\right)_{\mathrm{L}}=\begin{bmatrix}5731.33\\ 4475.53\\ 650.027\end{bmatrix}\mathrm{m/s}$$

6.1.2 雷达双位置矢量定轨(兰伯特定轨)

若雷达站没有配备测量多普勒频移和万向支架转动角速度的设备,一次测量就只能获得一个距离信息ρ和两个角度信息A、E。根据6.1.1节方法,可以由时刻t_i的测量值求出航天器在地心惯性坐标系中的位置矢量$\boldsymbol{r}_i$,速度矢量的求解和轨道根数的确定根据不同的数据形式可采取不同的方法。

本节根据两个时刻的位置矢量(即$(t_1,\boldsymbol{r}_1)$和$(t_2,\boldsymbol{r}_2)$)来求解t_1或t_2时刻的速度矢量以及确定轨道根数,该问题称为兰伯特问题,在天体力学和轨道力学中均具有非常重要的作用。兰伯特问题的基本三角形如图6-4所示,图中两个位置矢量$\boldsymbol{r}_1$和$\boldsymbol{r}_2$已知,因

此可以计算其长度 r_1 和 r_2，以及两个矢量的夹角 $\Delta f = \arccos\left(\dfrac{\boldsymbol{r}_1 \cdot \boldsymbol{r}_2}{r_1 r_2}\right)$。

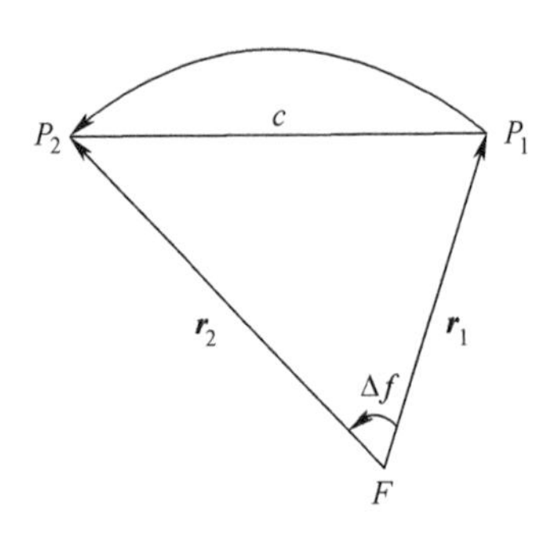

图 6-4　兰伯特问题的基本三角形

兰伯特问题不存在解析解，必须通过迭代求解。高斯给出了第一个比较完善的算法。在确定谷神星轨道的过程中，高斯提出了一种迭代方法，此方法的特点在于引入了变量 Y

$$Y = \frac{\sqrt{\mu p}\,(t_2 - t_1)}{r_1 r_2 \sin\Delta f} \tag{6.23}$$

Y 的几何意义是航天器由 P_1 点飞到 P_2 点的过程中，位置矢径 r 扫过的椭圆扇形面积与 $\boldsymbol{r}_1$、$\boldsymbol{r}_2$ 和弦 c 围成的三角形面积之比。令

$$\begin{cases} m = \dfrac{\mu\,(t_2 - t_1)^2}{\left(2\sqrt{r_1 r_2}\cos\dfrac{\Delta f}{2}\right)^3} \\ l = \dfrac{r_1 + r_2}{4\sqrt{r_1 r_2}\cos\dfrac{\Delta f}{2}} - \dfrac{1}{2} \end{cases} \tag{6.24}$$

则 Y 可以写为 m 和 l 的函数

$$Y^2 = \frac{m}{l + \sin^2\dfrac{\psi}{2}} \tag{6.25}$$

式(6.25)称为高斯第一方程，式中：$\psi = \dfrac{E_2 - E_1}{2} = \dfrac{\Delta E}{2}$。而

$$Y^3 - Y^2 = m \cdot \frac{2\psi - \sin 2\psi}{\sin^3\psi} \tag{6.26}$$

称为高斯第二方程，高斯第一方程和高斯第二方程是描述面积比 Y 与偏近点角差 ΔE 关系的两个独立方程。给定基本三角形后，先根据式(6.24)计算 m 和 l 两个参数，然后选取 Y 的一个初值（通常可取 $Y=1$），就可由第一方程解出 ΔE，即

$$\cos\frac{\Delta E}{2} = 1 - 2\left(\frac{m}{Y^2} - l\right) \tag{6.27}$$

若假定 $\Delta E < 2\pi$，则由式(6.27)可以正确地确定 ΔE 的象限。将求得的 ΔE 代入高

斯第二方程(6.26),可以得到一个精确度更高的 Y 值,然后再代入高斯第一方程求解 ΔE,如此迭代数次,当 ΔE 较小时,高斯迭代法会以较快的速度收敛,最终可获得精确度较高的偏近点角差 ΔE 。有了 ΔE,就可以计算半通径

$$p=\frac{2r_1r_2\sin^2\dfrac{\Delta f}{2}}{r_1+r_2-2\sqrt{r_1r_2}\cos\dfrac{\Delta f}{2}\cos\dfrac{\Delta E}{2}} \tag{6.28}$$

进而利用半通径可以计算 t_1 或 t_2 时刻的速度矢量

$$\begin{cases}\boldsymbol{v}_1=\dfrac{\sqrt{\mu p}}{r_1r_2\sin\Delta f}\left[(\boldsymbol{r}_2-\boldsymbol{r}_1)+\dfrac{r_2}{p}(1-\cos\Delta f)\boldsymbol{r}_1\right]\\ \boldsymbol{v}_2=\dfrac{\sqrt{\mu p}}{r_1r_2\sin\Delta f}\left[(\boldsymbol{r}_2-\boldsymbol{r}_1)-\dfrac{r_1}{p}(1-\cos\Delta f)\boldsymbol{r}_2\right]\end{cases} \tag{6.29}$$

有了 $(t_1,\boldsymbol{r}_1,\boldsymbol{v}_1)$ 或 $(t_2,\boldsymbol{r}_2,\boldsymbol{v}_2)$,即可利用 5.4.1 节的方法计算航天器的轨道根数。

6.1.3 三位置矢量定轨

如果只知道航天器的位置矢量,没有时间信息,则可以采用纯位置矢量定轨的方法确定轨道。根据 3 个不同时刻的位置矢量 $\boldsymbol{r}_1$、$\boldsymbol{r}_2$ 和 $\boldsymbol{r}_3$ 来确定轨道,该问题的纯矢量解法是由美国学者吉布斯提出的,现在一般称为吉布斯方法。

吉布斯问题可描述为:给定 3 个非零共面矢量 $\boldsymbol{r}_1$、$\boldsymbol{r}_2$ 和 $\boldsymbol{r}_3$,它们是某航天器在同一圈中 3 个相继时刻所处的位置,求轨道的半通径 p 和偏心率 e,以及近心点直角坐标系的单位矢量 $\boldsymbol{i}_e$、$\boldsymbol{i}_p$ 和 $\boldsymbol{i}_h$ 。

对于二体轨道,由于 3 个矢量共面,故有标量 c_1、c_2 和 c_3 满足下式

$$c_1\boldsymbol{r}_1+c_2\boldsymbol{r}_2+c_3\boldsymbol{r}_3=0 \tag{6.30}$$

可见 3 个矢量之间存在 3 个线性约束方程,故只有 6 个独立的变量,刚好满足定轨条件,根据式(5.85)可知

$$\boldsymbol{e}\cdot\boldsymbol{r}=p-r \tag{6.31}$$

用偏心率矢量与式(6.30)作点乘,并利用上式可得

$$c_1(p-r_1)+c_2(p-r_2)+c_3(p-r_3)=0 \tag{6.32}$$

再将位置矢量 $\boldsymbol{r}_1$、$\boldsymbol{r}_2$ 和 $\boldsymbol{r}_3$ 分别与式(6.30)叉乘可得

$$\begin{cases}c_2(\boldsymbol{r}_1\times\boldsymbol{r}_2)=c_3(\boldsymbol{r}_3\times\boldsymbol{r}_1)\\ c_1(\boldsymbol{r}_1\times\boldsymbol{r}_2)=c_3(\boldsymbol{r}_2\times\boldsymbol{r}_3)\\ c_1(\boldsymbol{r}_3\times\boldsymbol{r}_1)=c_2(\boldsymbol{r}_2\times\boldsymbol{r}_3)\end{cases} \tag{6.33}$$

以 $\boldsymbol{r}_3\times\boldsymbol{r}_1$ 乘以式(6.32),并利用上式消去 c_1、c_3,得

$$c_2(\boldsymbol{r}_2\times\boldsymbol{r}_3)(p-r_1)+c_2(\boldsymbol{r}_3\times\boldsymbol{r}_1)(p-r_2)+c_2(\boldsymbol{r}_1\times\boldsymbol{r}_2)(p-r_3)=0 \tag{6.34}$$

消去 c_2,重新整理可得

$$p(\boldsymbol{r}_1\times\boldsymbol{r}_2+\boldsymbol{r}_2\times\boldsymbol{r}_3+\boldsymbol{r}_3\times\boldsymbol{r}_1)=r_3(\boldsymbol{r}_1\times\boldsymbol{r}_2)+r_1(\boldsymbol{r}_2\times\boldsymbol{r}_3)+r_2(\boldsymbol{r}_3\times\boldsymbol{r}_1) \tag{6.35}$$

定义式(6.35)右边的矢量为 $\boldsymbol{N}$,而 p 的系数为矢量 $\boldsymbol{D}$,易知 $\boldsymbol{N}$ 与 $\boldsymbol{D}$ 都沿动量矩矢量 $\boldsymbol{h}$ 的方向,故有

$$p = \frac{N}{D} \tag{6.36}$$

对近心点直角坐标系,有 $\boldsymbol{i}_p = \boldsymbol{i}_h \times \boldsymbol{i}_e$,而 $\boldsymbol{i}_h$ 是 $\boldsymbol{N}$ 的单位矢量,故有

$$\boldsymbol{i}_p = \frac{\boldsymbol{N}}{N} \times \frac{\boldsymbol{e}}{e} = \frac{1}{Ne}(\boldsymbol{N} \times \boldsymbol{e}) \tag{6.37}$$

将 $\boldsymbol{N}$ 的表达式代入式(6.37)可得

$$Ne\boldsymbol{i}_p = r_3(\boldsymbol{r}_1 \times \boldsymbol{r}_2) \times \boldsymbol{e} + r_1(\boldsymbol{r}_2 \times \boldsymbol{r}_3) \times \boldsymbol{e} + r_2(\boldsymbol{r}_3 \times \boldsymbol{r}_1) \times \boldsymbol{e} \tag{6.38}$$

根据三重矢量积的运算法则,上式等于

$$Ne\boldsymbol{i}_p = p[(r_2 - r_3)\boldsymbol{r}_1 + (r_3 - r_1)\boldsymbol{r}_2 + (r_1 - r_2)\boldsymbol{r}_3] = p\boldsymbol{S} \tag{6.39}$$

式中:矢量 $\boldsymbol{S}$ 定义为方括号中的矢量,方向与 $\boldsymbol{i}_p$ 相同。

因为 $Ne\boldsymbol{i}_p = p\boldsymbol{S}$, $N = pD$,故有

$$e = \frac{S}{D} \tag{6.40}$$

同时

$$\boldsymbol{i}_p = \frac{\boldsymbol{S}}{S}, \boldsymbol{i}_h = \frac{\boldsymbol{N}}{N}, \boldsymbol{i}_e = \boldsymbol{i}_p \times \boldsymbol{i}_h \tag{6.41}$$

因此,为了求解吉布斯问题,必须先由已知的 3 个位置矢量 $\boldsymbol{r}_i$ 构造 $\boldsymbol{N}$、$\boldsymbol{S}$ 和 $\boldsymbol{D}$ 矢量。为保证算法有效性,求解之前先检验一下 $N \neq 0, \boldsymbol{D} \cdot \boldsymbol{N} > 0$。

航天器的速度矢量 $\boldsymbol{v}$ 可以直接用矢量表示。根据

$$\boldsymbol{v} \times \boldsymbol{h} = \mu\left(\frac{\boldsymbol{r}}{r} + \boldsymbol{e}\right) \tag{6.42}$$

将动量矩矢量分别叉乘式(6.42)左右两边,并利用三重矢量积运算法则,可得

$$h^2\boldsymbol{v} = \mu\left(\frac{\boldsymbol{h} \times \boldsymbol{r}}{r} + \boldsymbol{h} \times \boldsymbol{e}\right) \tag{6.43}$$

将式(6.41)代入上式(6.43)可得

$$\boldsymbol{v} = \sqrt{\frac{\mu}{ND}}\left(\frac{\boldsymbol{D} \times \boldsymbol{r}}{r} + \boldsymbol{S}\right) \tag{6.44}$$

吉布斯方法是一种纯几何和纯矢量分析的方法,没有应用航天器运动的动力学方程,也没有用到 3 个位置间的飞行时间。它实际上应用了如下原理:通过共面的 3 个位置矢量,可以作出一条(仅有一条)圆锥曲线,圆锥曲线的焦点位于 3 个位置矢量的原点上。

本节思考题

1. 在雷达单站单点定轨中,已知量是什么?需要求解得到的量是什么?
2. 从东北天坐标系到地心固连坐标系如何进行转换?
3. 什么是兰伯特问题?
4. 什么是吉布斯问题?
5. 吉布斯方法是基于什么原理?

6.2 最小二乘估计和卡尔曼滤波

通过初轨计算,可以获得 t_0 时刻的航天器运动状态参数(轨道根数或位置速度)。但由于实际的测量数据含有噪声、所利用的测量数据数量稀少且使用的轨道模型不够精确,导致初轨计算获得的航天器初始运动状态参数存在较大误差。需要利用后续测量数据序列(仍然含有噪声但存在大量冗余)提高航天器运动状态参数估计精度。这就是航天器精密定轨或称为轨道改进的概念。

轨道改进是对大量冗余且含有噪声的测量数据进行处理,属于参数估计或状态估计的范畴,因此需要用到统计理论和估计算法。常用的处理算法按照处理方式可以分为两种:一种是批处理模式,该方法基于最小二乘估计原理;另一种是序贯处理模式,该方法通常基于卡尔曼滤波原理。因此在讲解航天器轨道改进基本原理之前,首先对最小二乘估计和卡尔曼滤波算法原理进行简单介绍。本节并不打算从深层次去系统性讲解估计理论,而是通过利用估计方法解决一个简单的工程问题,阐述估计方法的使用方法、目的、性能和特征。

6.2.1 最小二乘估计

一个在一维空间做匀加速运动的物体(如自由落体),假设仅能对其位置进行测量,测量数据含有白噪声,如何通过测量数据获得该物体实时的位置、速度和加速度值(后续统称运动参数)? 用数学描述为:$t=0$ 时物体的位置、速度和加速度分别为 x_0、$\dot{x}_0$ 和 $\ddot{x}_0$,任意 t 时刻物体的运动参数为

$$\begin{bmatrix} x(t) \\ \dot{x}(t) \\ \ddot{x}(t) \end{bmatrix} = \begin{bmatrix} 1 & t & \dfrac{t^2}{2} \\ 0 & 1 & t \\ 0 & 0 & 1 \end{bmatrix} \begin{bmatrix} x_0 \\ \dot{x}_0 \\ \ddot{x}_0 \end{bmatrix} \tag{6.45}$$

而对任意 t_k 时刻的测量数据为

$$z_k = x_k + \nu_k = x_0 + \dot{x}_0 t_k + \frac{1}{2}\ddot{x}_0 t_k^2 + \nu_k \tag{6.46}$$

式中:ν_k 为测量噪声。从以上两式可以看出,无论是任意时刻的运动参数还是测量数据,都和初始时的运动参数数值存在联系,只要知道初始时的运动参数,后续任意时刻的运动参数都可以利用式(6.45)计算获得。该问题虽然形式简单,但情况与航天器的二体运动类似。

举一个实例:一个做自由落体运动的质点,假设初始位置 $x_0=20000\text{m}$,速度 $\dot{x}_0=-200\text{m/s}$,加速度 $\ddot{x}_0=-9.8\text{m/s}^2$(为未知待估参数)。从 20km 高度下降到 5km 高度间位置、速度和加速度如何变化? 已知可以对位置进行测量,测量间隔 $T=0.1\text{s}$,测量噪声为高斯白噪声,均值为 0,标准差为 100m。

通过未知参数的真值以及方程式(6.45),可以获得问题的标准解(即位置、速度和加速度在给定区间的变化情况)。如果测量无误差,则只需要三组测量数据构建如下方程

式即可解出未知待估参数,并代入方程(6.45)计算问题的解。

$$\begin{bmatrix} 1 & t_1 & \frac{t_1^2}{2} \\ 1 & t_2 & \frac{t_2^2}{2} \\ 1 & t_3 & \frac{t_3^2}{2} \end{bmatrix} \begin{bmatrix} x_0 \\ \dot{x}_0 \\ \ddot{x}_0 \end{bmatrix} - \begin{bmatrix} z_1 \\ z_2 \\ z_3 \end{bmatrix} = 0 \tag{6.47}$$

但由于测量数据含有噪声,仍然利用上述方法解出的待估参数数值如表6-1所列。利用的测量数据为:$t_1 = 0.1, z_1 = 19951; t_2 = 0.2, z_2 = 19845; t_3 = 0.3, z_3 = 19839$。

表6-1 待估参数计算值与真值的比较

参数名称	真 值	计 算 值
初始位置/m	20000	20156
初始速度/(m/s)	-200	-2549
初始加速度/(m/s^2)	-9.8	9934

可以看出,由于测量数据的噪声,计算的初始运动参数存在误差,且参数的阶数越高,误差越大。那么有没有办法通过更多的测量数据 ($k \gg 3$) 消除测量数据噪声的影响呢? 可以采用最小二乘估计。

首先可以对如上描述的问题建立测量方程,即

$$\begin{bmatrix} z_1 \\ z_2 \\ \vdots \\ z_k \end{bmatrix} = \begin{bmatrix} 1 & t_1 & \frac{t_1^2}{2} \\ 1 & t_2 & \frac{t_2^2}{2} \\ \vdots & \vdots & \vdots \\ 1 & t_k & \frac{t_k^2}{2} \end{bmatrix} \begin{bmatrix} x_0 \\ \dot{x}_0 \\ \ddot{x}_0 \end{bmatrix} + \begin{bmatrix} \nu_1 \\ \nu_2 \\ \vdots \\ \nu_k \end{bmatrix} \tag{6.48}$$

式中:x_0、$\dot{x}_0$ 和 $\ddot{x}_0$ 为待估参数;$z_i(i = 1 \sim k)$ 为 i 时刻的测量数据;$\nu_i, (i = 1 \sim k)$ 为 i 时刻测量数据的噪声。式(6.48)可以写成矢量形式

$$\boldsymbol{y} = \boldsymbol{h\theta} + \boldsymbol{v} \tag{6.49}$$

式中:$\boldsymbol{y}$ 为测量矢量;$\boldsymbol{h}$ 为测量矩阵;$\boldsymbol{\theta}$ 为待估参数矢量;$\boldsymbol{v}$ 为测量噪声矢量,且有 $E\{\boldsymbol{v}\} = \boldsymbol{0}$,$E\{\boldsymbol{vv}^{\mathrm{T}}\} = \boldsymbol{Q}$。

定义测量误差的二次型函数为

$$\begin{aligned} J &= [\hat{\boldsymbol{y}} - \boldsymbol{y}]^{\mathrm{T}}[\hat{\boldsymbol{y}} - \boldsymbol{y}] = [\boldsymbol{h}\hat{\boldsymbol{\theta}} - \boldsymbol{y}]^{\mathrm{T}}[\boldsymbol{h}\hat{\boldsymbol{\theta}} - \boldsymbol{y}] \\ &= \hat{\boldsymbol{\theta}}^{\mathrm{T}}(\boldsymbol{h}^{\mathrm{T}}\boldsymbol{h})\hat{\boldsymbol{\theta}} - 2\boldsymbol{y}^{\mathrm{T}}\boldsymbol{h}\hat{\boldsymbol{\theta}} + \boldsymbol{y}^{\mathrm{T}}\boldsymbol{y} \end{aligned} \tag{6.50}$$

使其取得极小值的参数估计矢量 $\hat{\boldsymbol{\theta}}$ 即为所求。根据矩阵微分法则

$$\begin{cases}\dfrac{\partial(\boldsymbol{x}^{\mathrm{T}}\boldsymbol{A}\boldsymbol{x})}{\partial \boldsymbol{x}}=\boldsymbol{A}^{\mathrm{T}}\boldsymbol{x}+\boldsymbol{A}\boldsymbol{x}\\ \dfrac{\partial \boldsymbol{y}^{\mathrm{T}}\boldsymbol{A}\boldsymbol{x}}{\partial \boldsymbol{x}}=\boldsymbol{A}^{\mathrm{T}}\boldsymbol{y}\end{cases} \tag{6.51}$$

将式(6.50)对 $\hat{\boldsymbol{\theta}}$ 求导可得

$$\frac{\partial J}{\partial \hat{\boldsymbol{\theta}}}=2(\boldsymbol{h}^{\mathrm{T}}\boldsymbol{h})\hat{\boldsymbol{\theta}}-2\boldsymbol{h}^{\mathrm{T}}\boldsymbol{y} \tag{6.52}$$

导数为0的点即为极值点:

$$2(\boldsymbol{h}^{\mathrm{T}}\boldsymbol{h})\hat{\boldsymbol{\theta}}-2\boldsymbol{h}^{\mathrm{T}}\boldsymbol{y}=0 \tag{6.53}$$

利用式(6.53)求解获得的 $\hat{\boldsymbol{\theta}}$ 即为所求,也即参数的最小二乘估计:

$$\hat{\boldsymbol{\theta}}=(\boldsymbol{h}^{\mathrm{T}}\boldsymbol{h})^{-1}\boldsymbol{h}^{\mathrm{T}}\boldsymbol{y} \tag{6.54}$$

将式(6.49)代入式(6.54)可得

$$\hat{\boldsymbol{\theta}}=(\boldsymbol{h}^{\mathrm{T}}\boldsymbol{h})^{-1}\boldsymbol{h}^{\mathrm{T}}(\boldsymbol{h}\boldsymbol{\theta}+\boldsymbol{v})=\boldsymbol{\theta}+(\boldsymbol{h}^{\mathrm{T}}\boldsymbol{h})^{-1}\boldsymbol{h}^{\mathrm{T}}\boldsymbol{v} \tag{6.55}$$

根据式(6.55)可知

$$E\{\hat{\boldsymbol{\theta}}\}=E\{\boldsymbol{\theta}+(\boldsymbol{h}^{\mathrm{T}}\boldsymbol{h})^{-1}\boldsymbol{h}^{\mathrm{T}}\boldsymbol{v}\}=\boldsymbol{\theta}+(\boldsymbol{h}^{\mathrm{T}}\boldsymbol{h})^{-1}\boldsymbol{h}^{\mathrm{T}}E\{\boldsymbol{v}\}=\boldsymbol{\theta} \tag{6.56}$$

式中:$E\{\}$ 代表求期望。期望为真值说明最小二乘估计为无偏估计,定义估计的协方差矩阵为

$$\begin{aligned}E\{[\boldsymbol{\theta}-\hat{\boldsymbol{\theta}}][\boldsymbol{\theta}-\hat{\boldsymbol{\theta}}]^{\mathrm{T}}\}&=E\{(\boldsymbol{h}^{\mathrm{T}}\boldsymbol{h})^{-1}\boldsymbol{h}^{\mathrm{T}}\boldsymbol{v}[(\boldsymbol{h}^{\mathrm{T}}\boldsymbol{h})^{-1}\boldsymbol{h}^{\mathrm{T}}\boldsymbol{v}]^{\mathrm{T}}\}\\&=E\{(\boldsymbol{h}^{\mathrm{T}}\boldsymbol{h})^{-1}\boldsymbol{h}^{\mathrm{T}}\boldsymbol{v}\boldsymbol{v}^{\mathrm{T}}h[(\boldsymbol{h}^{\mathrm{T}}\boldsymbol{h})^{-1}]^{\mathrm{T}}\}=(\boldsymbol{h}^{\mathrm{T}}\boldsymbol{h})^{-1}\boldsymbol{h}^{\mathrm{T}}E\{\boldsymbol{v}\boldsymbol{v}^{\mathrm{T}}\}\boldsymbol{h}[(\boldsymbol{h}^{\mathrm{T}}\boldsymbol{h})^{-1}]^{\mathrm{T}}\\&=(\boldsymbol{h}^{\mathrm{T}}\boldsymbol{h})^{-1}\boldsymbol{h}^{\mathrm{T}}\boldsymbol{Q}\boldsymbol{h}[(\boldsymbol{h}^{\mathrm{T}}\boldsymbol{h})^{-1}]^{\mathrm{T}}=\boldsymbol{P}\end{aligned} \tag{6.57}$$

式(6.54)~式(6.57)说明,最小二乘估计为无偏估计,其估计的精度由其估计协方差矩阵来度量。利用最小二乘估计方法计算本节算例,结果如表6-2所列。

表6-2　最小二乘估计结果与真值的比较

参数名称	真值	计算值(3组测量数据)	估计值(386组测量数据)	估计 3σ
初始位置/m	20000	20156	20032	46
初始速度/(m/s)	-200	-2549	-204	5.5
初始加速度/(m/s^2)	-9.8	9934	-9.62	0.27

从结果可以看出,利用最小二乘估计获得的物体初始运动参数,精度比3组测量数据计算值显著提高,且还可以给出估计误差信息,表征其与真值可能的偏离程度。进一步将估计参数代入运动方程,可计算出任意时刻的运动状态,位置和速度变化情况如图6-5所示。

可以看出,利用最小二乘方法估计参数,然后利用估计参数推算实时状态,可以消除测量噪声的影响,但由于估计参数(初值)存在误差,导致外推的运动参数与真值存在一定的偏离。总体来说,最小二乘估计方法解决了本节所提出的问题。

6.2.2　递推最小二乘估计

最小二乘估计是一种数据批处理方法,将所有的测量数据进行一次处理获得估计

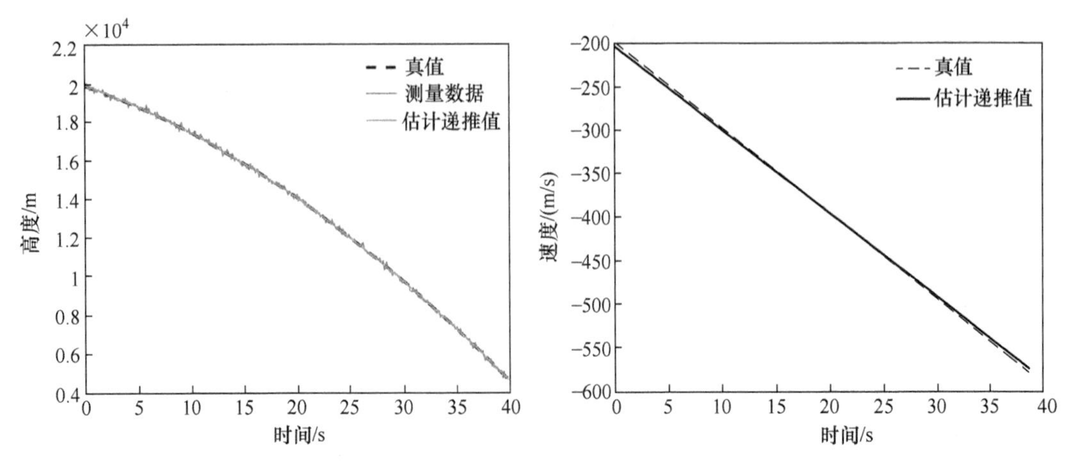

图 6-5 估计递推的位置和速度变化曲线

值,存在以下不足:①当测量数据较多时,通常测量矩阵 $\boldsymbol{h}$ 的维数过高(测量矩阵的维数等于测量数据的个数),运算量急剧增加;②每增加一组新的测量数据,就需要将以前所有的测量数据放在一起,重新进行一次参数估计和外推,存在较大的计算冗余;③最小二乘为参数估计,估计结果为系统参数,若获得实时状态需将系统参数代入状态方程进行计算。

首先针对前两个问题,当增加新的测量数据时,如何利用已有估计结果减少冗余计算? 这就是递推最小二乘估计。

根据式(6.54),当有 k 组测量数据,最小二乘估计结果为

$$\hat{\boldsymbol{\theta}}_k = (\boldsymbol{h}_k^{\mathrm{T}}\boldsymbol{h}_k)^{-1}\boldsymbol{h}_k^{\mathrm{T}}\boldsymbol{y}_k \tag{6.58}$$

引入第 $k+1$ 次的测量数据

$$Y_{k+1} = \boldsymbol{H}_{k+1}\boldsymbol{\theta} + V_{k+1} \tag{6.59}$$

那么利用传统最小二乘估计方法,获得的 $k+1$ 组测量数据的参数估计结果为

$$\hat{\boldsymbol{\theta}}_{k+1} = (\boldsymbol{h}_{k+1}^{\mathrm{T}}\boldsymbol{h}_{k+1})^{-1}\boldsymbol{h}_{k+1}^{\mathrm{T}}\boldsymbol{y}_{k+1} \tag{6.60}$$

$k+1$ 时刻的测量矩阵与 k 时刻的测量矩阵之间关系为

$$\boldsymbol{h}_{k+1}^{\mathrm{T}}\boldsymbol{h}_{k+1} = [\boldsymbol{h}_k^{\mathrm{T}} \quad \boldsymbol{H}_{k+1}^{\mathrm{T}}]\begin{bmatrix}\boldsymbol{h}_k \\ \boldsymbol{H}_{k+1}\end{bmatrix} = \boldsymbol{h}_k^{\mathrm{T}}\boldsymbol{h}_k + \boldsymbol{H}_{k+1}^{\mathrm{T}}\boldsymbol{H}_{k+1} \tag{6.61}$$

为了简化问题,假设测量数据噪声方差矩阵 $\boldsymbol{Q} = \boldsymbol{I}$,则式(6.57)简化为 $\boldsymbol{P} = (\boldsymbol{h}^{\mathrm{T}}\boldsymbol{h})^{-1}$。

对式(6.61)两边求逆,并将 $(\boldsymbol{h}^{\mathrm{T}}\boldsymbol{h})^{-1} = \boldsymbol{P}$ 代入可得

$$\boldsymbol{P}_{k+1} = (\boldsymbol{P}_k^{-1} + \boldsymbol{H}_{k+1}^{\mathrm{T}}\boldsymbol{H}_{k+1})^{-1} \tag{6.62}$$

根据矩阵反演公式

$$(\boldsymbol{A} + \boldsymbol{C}\cdot\boldsymbol{C}^{\mathrm{T}})^{-1} = \boldsymbol{A}^{-1} - \boldsymbol{A}^{-1}\boldsymbol{C}\cdot(\boldsymbol{I} + \boldsymbol{C}^{\mathrm{T}}\boldsymbol{A}^{-1}\boldsymbol{C})^{-1}\boldsymbol{C}^{\mathrm{T}}\boldsymbol{A}^{-1} \tag{6.63}$$

对于式(6.62), $\boldsymbol{P}_k^{-1} = \boldsymbol{A}, \boldsymbol{H}_{k+1}^{\mathrm{T}} = \boldsymbol{C}$,展开可得

$$\boldsymbol{P}_{k+1} = (\boldsymbol{I} - \boldsymbol{K}_{k+1}\boldsymbol{H}_{k+1})\boldsymbol{P}_k \tag{6.64}$$

式(6.64)即为参数估计误差协方差矩阵的递推式,其中 $\boldsymbol{K}_{k+1}$ 称为增益矩阵,其具体表达式为

$$\boldsymbol{K}_{k+1} = \boldsymbol{P}_k\boldsymbol{H}_{k+1}^{\mathrm{T}}(\boldsymbol{I} + \boldsymbol{H}_{k+1}\boldsymbol{P}_k\boldsymbol{H}_{k+1}^{\mathrm{T}})^{-1} \tag{6.65}$$

将式(6.60)展开,并将式(6.64)代入可得

$$\begin{aligned}\hat{\boldsymbol{\theta}}_{k+1} &= \left(\begin{bmatrix}\boldsymbol{h}_k^{\mathrm{T}} & \boldsymbol{H}_{k+1}^{\mathrm{T}}\end{bmatrix}\begin{bmatrix}\boldsymbol{h}_k \\ \boldsymbol{H}_{k+1}\end{bmatrix}\right)^{-1}\begin{bmatrix}\boldsymbol{h}_k^{\mathrm{T}} & \boldsymbol{H}_{k+1}^{\mathrm{T}}\end{bmatrix}\begin{bmatrix}\boldsymbol{y}_k \\ Y_{k+1}\end{bmatrix} \\ &= (\boldsymbol{P}_k - \boldsymbol{K}_{k+1}\boldsymbol{H}_{k+1}\boldsymbol{P}_k)(\boldsymbol{h}_k^{\mathrm{T}}\boldsymbol{y}_k + \boldsymbol{H}_{k+1}^{\mathrm{T}}Y_{k+1}) \\ &= \boldsymbol{P}_k\boldsymbol{h}_k^{\mathrm{T}}\boldsymbol{y}_k + \boldsymbol{P}_k\boldsymbol{H}_{k+1}^{\mathrm{T}}Y_{k+1} - \boldsymbol{K}_{k+1}\boldsymbol{H}_{k+1}\boldsymbol{P}_k\boldsymbol{h}_k^{\mathrm{T}}\boldsymbol{y}_k - \boldsymbol{K}_{k+1}\boldsymbol{H}_{k+1}\boldsymbol{P}_k\boldsymbol{H}_{k+1}^{\mathrm{T}}Y_{k+1} \\ &= \hat{\boldsymbol{\theta}}_k - \boldsymbol{K}_{k+1}\boldsymbol{H}_{k+1}\hat{\boldsymbol{\theta}}_k + (\boldsymbol{P}_k\boldsymbol{H}_{k+1}^{\mathrm{T}} - \boldsymbol{K}_{k+1}\boldsymbol{H}_{k+1}\boldsymbol{P}_k\boldsymbol{H}_{k+1}^{\mathrm{T}})Y_{k+1} \\ &= \hat{\boldsymbol{\theta}}_k - \boldsymbol{K}_{k+1}\boldsymbol{H}_{k+1}\hat{\boldsymbol{\theta}}_k + \boldsymbol{P}_{k+1}\boldsymbol{H}_{k+1}^{\mathrm{T}}Y_{k+1}\end{aligned} \tag{6.66}$$

由于

$$\begin{aligned}\boldsymbol{P}_{k+1}\boldsymbol{H}_{k+1}^{\mathrm{T}} &= (\boldsymbol{P}_k - \boldsymbol{K}_{k+1}\boldsymbol{H}_{k+1}\boldsymbol{P}_k)\boldsymbol{H}_{k+1}^{\mathrm{T}} \\ &= \boldsymbol{P}_k\boldsymbol{H}_{k+1}^{\mathrm{T}} - \boldsymbol{P}_k\boldsymbol{H}_{k+1}^{\mathrm{T}}(\boldsymbol{I} + \boldsymbol{H}_{k+1}\boldsymbol{P}_k\boldsymbol{H}_{k+1}^{\mathrm{T}})^{-1}\boldsymbol{H}_{k+1}\boldsymbol{P}_k\boldsymbol{H}_{k+1}^{\mathrm{T}} \\ &= \boldsymbol{P}_k\boldsymbol{H}_{k+1}^{\mathrm{T}}(\boldsymbol{I} + \boldsymbol{H}_{k+1}\boldsymbol{P}_k\boldsymbol{H}_{k+1}^{\mathrm{T}})^{-1}(\boldsymbol{I} + \boldsymbol{H}_{k+1}\boldsymbol{P}_k\boldsymbol{H}_{k+1}^{\mathrm{T}}) - \boldsymbol{P}_k\boldsymbol{H}_{k+1}^{\mathrm{T}}(\boldsymbol{I} + \boldsymbol{H}_{k+1}\boldsymbol{P}_k\boldsymbol{H}_{k+1}^{\mathrm{T}})^{-1}\boldsymbol{H}_{k+1}\boldsymbol{P}_k\boldsymbol{H}_{k+1}^{\mathrm{T}} \\ &= \boldsymbol{P}_k\boldsymbol{H}_{k+1}^{\mathrm{T}}(\boldsymbol{I} + \boldsymbol{H}_{k+1}\boldsymbol{P}_k\boldsymbol{H}_{k+1}^{\mathrm{T}})^{-1}[\boldsymbol{I} + \boldsymbol{H}_{k+1}\boldsymbol{P}_k\boldsymbol{H}_{k+1}^{\mathrm{T}} - \boldsymbol{H}_{k+1}\boldsymbol{P}_k\boldsymbol{H}_{k+1}^{\mathrm{T}}] \\ &= \boldsymbol{P}_k\boldsymbol{H}_{k+1}^{\mathrm{T}}(\boldsymbol{I} + \boldsymbol{H}_{k+1}\boldsymbol{P}_k\boldsymbol{H}_{k+1}^{\mathrm{T}})^{-1} = \boldsymbol{K}_{k+1}\end{aligned} \tag{6.67}$$

将式(6.67)代入式(6.66)并整理可得

$$\hat{\boldsymbol{\theta}}_{k+1} = \hat{\boldsymbol{\theta}}_k + \boldsymbol{K}_{k+1} \cdot (Y_{k+1} - \boldsymbol{H}_{k+1}\hat{\boldsymbol{\theta}}_k) \tag{6.68}$$

式(6.65)、式(6.68)和式(6.64)即构成递推最小二乘估计的递推公式。递推最小二乘估计方法使用的关键是首先确定 $k+1$ 时刻的测量矢量 $\boldsymbol{Y}_{k+1}$ 和测量矩阵 $\boldsymbol{H}_{k+1}$,矩阵维数等于待估参数的个数,不会随着测量数据的增多而增加,因此维数远小于传统最小二乘估计方法的测量矩阵维数,例如对于本节算例,$\boldsymbol{Y}_{k+1} = z_{k+1}, \boldsymbol{H}_{k+1} = [1, t_{k+1}, t_{k+1}^2/2]$。代入递推最小二乘估计的递推公式,计算出的初始加速度估计结果如图 6-6 所示。

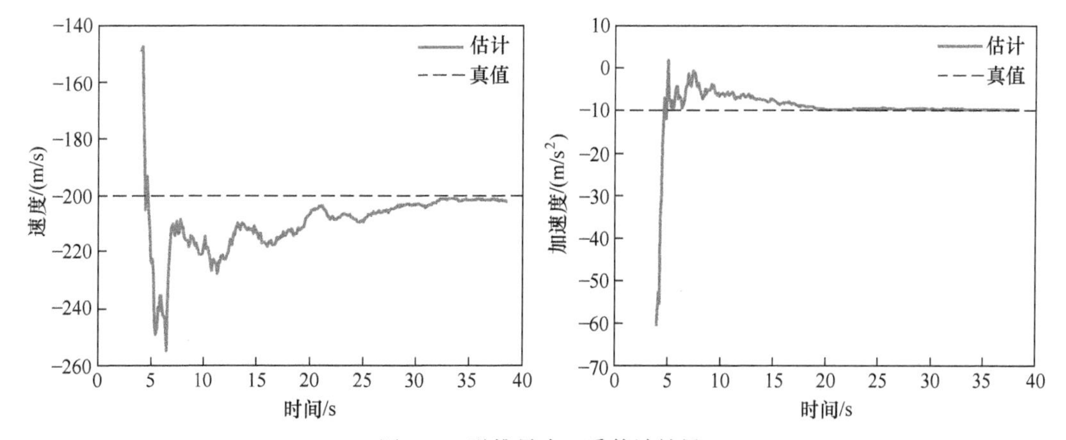

图 6-6 递推最小二乘估计结果

可以看出,随着观测数据的增多,估计值逐渐趋向于真值。

6.2.3 卡尔曼滤波

递推最小二乘估计方法降低了测量矩阵的维数，且当增加新的测量数据时，仅对已有估计结果进行修正，减少了大量冗余计算。但递推最小二乘估计仍为系统参数估计，能否当增加新的测量数据时，对当前时刻的状态进行实时估计，而非系统静态参数呢？这就是卡尔曼滤波。

最小二乘估计属于系统参数估计，而卡尔曼滤波属于动态状态估计，系统参数通常为恒定的常数，而系统状态则通常随时间发生变化，变化规律由状态方程描述。因此卡尔曼滤波与递推最小二乘估计有相似的地方，但也有所不同。仍以 6.3.1 节中自由落体物体的运动为例，在该系统中，其后续任意时刻的位置、速度和加速度均可以由初始时刻的位置、速度和加速度计算获得，因此初始时刻的位置、速度和加速度为该系统的参数，为恒定常数，而其任意时刻的位置、速度和加速度则是该系统的状态，是随时间变化的变量。系统状态变化的规律通常由状态方程描述，即 $k+1$ 时刻系统状态与 k 时刻系统状态的递推关系（离散情况），如下：

$$\boldsymbol{X}_{k+1} = \boldsymbol{F}\boldsymbol{X}_k + \boldsymbol{w}_k \tag{6.69}$$

式中：$\boldsymbol{F}$ 为状态转移矩阵。

或由一阶常微分方程（连续情况）描述，即

$$\frac{\mathrm{d}\boldsymbol{X}}{\mathrm{d}t} = \dot{\boldsymbol{X}} + \boldsymbol{w}(t) \tag{6.70}$$

式中：$\boldsymbol{w}$ 为系统噪声，由系统运动的不确定性导致，通常假设为高斯白噪声。离散方程和连续方程可以相互转化。

例如自由落体物体的运动，连续状态方程为

$$\frac{\mathrm{d}}{\mathrm{d}t}\begin{bmatrix} x \\ \dot{x} \\ \ddot{x} \end{bmatrix} = \begin{bmatrix} \dot{x} \\ \ddot{x} \\ 0 \end{bmatrix} \tag{6.71}$$

离散状态方程为

$$\begin{bmatrix} x_{k+1} \\ \dot{x}_{k+1} \\ \ddot{x}_{k+1} \end{bmatrix} = \begin{bmatrix} 1 & T & \frac{T^2}{2} \\ 0 & 1 & T \\ 0 & 0 & 1 \end{bmatrix}\begin{bmatrix} x_k \\ \dot{x}_k \\ \ddot{x}_k \end{bmatrix} \tag{6.72}$$

测量方程为

$$z_{k+1} = x_{k+1} + \nu_{k+1} \tag{6.73}$$

可以用状态矢量表示为

$$[z_{k+1}] = [1 \quad 0 \quad 0]\begin{bmatrix} x_{k+1} \\ \dot{x}_{k+1} \\ \ddot{x}_{k+1} \end{bmatrix} + [\nu_{k+1}] \tag{6.74}$$

矢量形式为

$$\boldsymbol{Z}_{k+1} = \boldsymbol{H}\boldsymbol{X}_{k+1} + \boldsymbol{v}_{k+1} \tag{6.75}$$

式(6.69)和式(6.75)构成了一个标准可观的线性系统

$$\begin{cases} \boldsymbol{X}_{k+1} = \boldsymbol{F}\boldsymbol{X}_k + \boldsymbol{w}_k \\ \boldsymbol{Z}_{k+1} = \boldsymbol{H}\boldsymbol{X}_{k+1} + \boldsymbol{v}_{k+1} \end{cases} \tag{6.76}$$

构建好一个系统模型后(建立状态方程和测量方程),便可以利用卡尔曼滤波对该系统的时变状态进行实时估计。

图6-7给出了递推最小二乘估计和卡尔曼滤波的原理示意图。递推最小二乘估计和卡尔曼滤波都为递推算法,但一个是估计系统参数(常数),一个是估计状态(变量)。

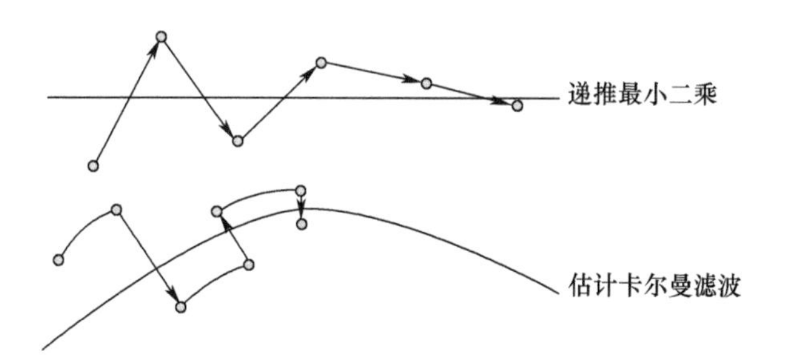

图6-7 递推最小二乘估计与卡尔曼滤波的比较

递推最小二乘估计的流程为当引入新的测量数据时,直接利用新测量数据对原有估计结果进行校正(由于待估参数为常数,无须状态预测);而卡尔曼滤波的流程为当引入新的测量数据时,首先将原有的状态估计预测至与新的测量数据同步的时刻(由于系统状态为变量,随时间变化),然后再利用新的测量数据对预测状态进行校正。因此卡尔曼滤波与递推最小二乘估计的最大区别就是多了一步状态预测,类似地,可以获得卡尔曼滤波的递推流程如下。

(1) 状态预测:利用状态转移方程,通过 k 时刻的状态估计值,预测 $k+1$ 时刻的状态

$$\hat{\boldsymbol{X}}_{k+1/k} = \boldsymbol{F}\hat{\boldsymbol{X}}_{k/k} \tag{6.77}$$

(2) 协方差预测:同样利用状态转移方程,通过 k 时刻的状态估计协方差矩阵,预测 $k+1$ 时刻的状态估计协方差矩阵,即

$$\boldsymbol{P}_{k+1/k} = \boldsymbol{F}\boldsymbol{P}_{k/k}\boldsymbol{F}^{\mathrm{T}} + \boldsymbol{Q}_k \tag{6.78}$$

式中:$\boldsymbol{Q}_k = E\{\boldsymbol{w}_k \boldsymbol{w}_k^{\mathrm{T}}\}$ 为系统过程噪声方差矩阵。

(3) 计算增益矩阵:

$$\boldsymbol{K} = \boldsymbol{P}_{k+1|k}\boldsymbol{H}^{\mathrm{T}}[\boldsymbol{H}\boldsymbol{P}_{k+1|k}\boldsymbol{H}^{\mathrm{T}} + \boldsymbol{R}_{k+1}]^{-1} \tag{6.79}$$

式中:$\boldsymbol{R}_k = E\{\boldsymbol{v}_k \boldsymbol{v}_k^{\mathrm{T}}\}$ 为测量噪声方差矩阵。

(4) 状态更新:

$$\hat{\boldsymbol{X}}_{k+1/k+1} = \hat{\boldsymbol{X}}_{k+1/k} + \boldsymbol{K}[\boldsymbol{Z}_{k+1} - \boldsymbol{H}\hat{\boldsymbol{X}}_{k+1/k}] \tag{6.80}$$

(5) 协方差更新:

$$\boldsymbol{P}_{k+1/k+1} = [\boldsymbol{I} - \boldsymbol{K}\boldsymbol{H}]\boldsymbol{P}_{k+1/k} \tag{6.81}$$

利用卡尔曼滤波便可以对自由落体物体实时变化的速度进行估计,结果如图6-8所示。

可以看出,卡尔曼滤波能够对时变的状态进行有效估计,能够跟踪状态的变化,且随

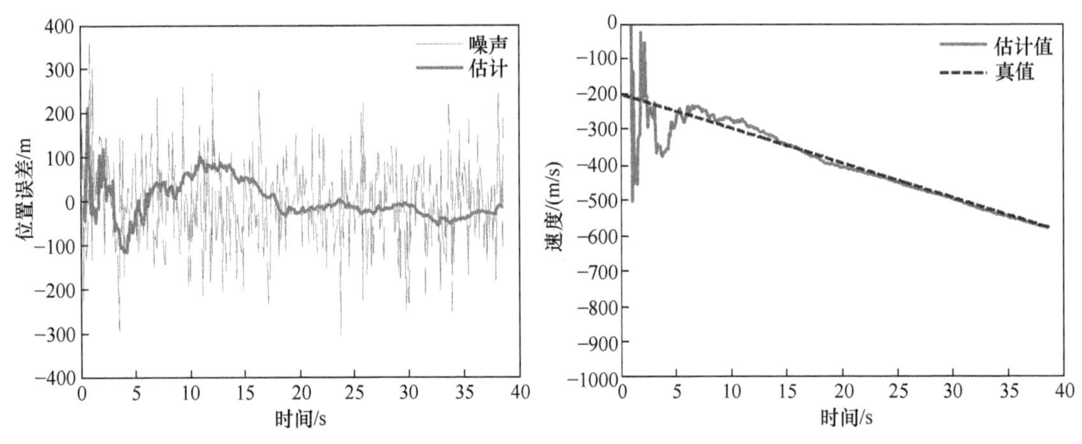

图 6-8 卡尔曼滤波处理结果

着观测数据的增多,估计精度逐渐提高并达到稳态。

卡尔曼滤波可有效消除噪声影响,直接获得较为精确的状态估计,通过递推方式降低矩阵计算维数,减小计算冗余,非常利于计算机实现,因此各种卡尔曼滤波算法被广泛应用于状态估计和参数辨识领域。本节给出的卡尔曼滤波递推公式仅针对线性离散高斯系统适用,当系统连续或具有较强的非线性或噪声特性不满足高斯分布时,则需要对标准卡尔曼滤波进行改进,具体在此不再赘述,感兴趣的同学可以查阅相关教材。

本节思考题

1. 最小二乘估计方法的原理是什么?

2. 递推最小二乘估计方法的原理是什么?与传统的最小二乘估计方法相比有什么区别?

3. 卡尔曼滤波的原理是什么?与最小二乘估计方法有什么联系和区别?

6.3 轨道改进基本原理

航天器轨道改进的问题是典型的非线性系统,运动模型是非线性连续的,而测量方程通常是非线性离散的,状态方程和观测方程都是非线性方程。可以写出非线性连续-离散系统模型的一般形式:

$$\begin{cases}\dot{\boldsymbol{X}}(t)=\boldsymbol{f}(\boldsymbol{X}(t),t)+\boldsymbol{w}(t)\\ \boldsymbol{Y}_{k+1}=\boldsymbol{h}_{k+1}(\boldsymbol{X}_{k+1})+\boldsymbol{v}_k\end{cases} \tag{6.82}$$

式中:$\boldsymbol{f}(\cdot)$ 和 $\boldsymbol{h}(\cdot)$ 都是非线性函数,无法写成常数矩阵和矢量乘积的形式。由于系统的强非线性,实际采用的方法和模型要复杂得多,这里不展开细讲,主要讲解方法的基本原理和流程。

6.3.1　基于迭代最小二乘估计的轨道改进

根据最小二乘估计原理,采用该方法的轨道改进应该是利用后续测量数据序列,提高航天器初始运动状态的估计精度,此时初始运动状态是系统参数(常数),然后将更高精度的初始运动状态代入运动方程,从而获得更为准确的实时运动状态。但是需要解决两个问题:一是需要推出测量数据与初始运动状态(即系统参数)的函数关系,而通常测量数据仅与当前运动状态有关;二是如何把非线性方程线性化。

系统建立的测量方程是测量数据和当前时刻运动状态的函数关系

$$\boldsymbol{Y}_{k+1}=\boldsymbol{h}_{k+1}(\boldsymbol{X}_{k+1})+\boldsymbol{v}_k \tag{6.83}$$

而根据运动方程

$$\dot{\boldsymbol{X}}(t)=\boldsymbol{f}(\boldsymbol{X}(t),t)+\boldsymbol{w}(t) \tag{6.84}$$

可以将初始运动状态推到当前运动状态,或者说将当前运动状态反推到初始运动状态,因此当前运动状态和初始运动状态有函数关系(即求定积分),即

$$\boldsymbol{X}_{k+1}=\boldsymbol{F}(\boldsymbol{X}_0) \tag{6.85}$$

将式(6.85)代入式(6.83)即可得到当前时刻测量数据和初始运动状态的函数关系,即

$$\boldsymbol{Y}_{k+1}=\boldsymbol{h}_{k+1}(\boldsymbol{F}(\boldsymbol{X}_0))+\boldsymbol{v}_k \tag{6.86}$$

该方程是一个复合函数。根据初轨计算,可以获得一个初始状态估计的初值 $\boldsymbol{X}_0^*$,由于为初轨计算结果,误差可能较大。代入测量方程可以计算出对应的测量数据

$$\boldsymbol{Y}_{k+1}^*=\boldsymbol{h}_{k+1}(\boldsymbol{F}(\boldsymbol{X}_0^*)) \tag{6.87}$$

可以将方程式(6.87)在 $\boldsymbol{X}_0^*$ 和 $\boldsymbol{Y}_{k+1}^*$ 处一阶泰勒展开,忽略掉二阶及更高阶项,便可以得到线性化的等式

$$\boldsymbol{Y}_{k+1}-\boldsymbol{Y}_{k+1}^*=\boldsymbol{B}(\boldsymbol{X}_0-\boldsymbol{X}_0^*)+\boldsymbol{v}_k \tag{6.88}$$

式中:$\boldsymbol{B}$ 为一阶偏导数矩阵,其具体表达式为

$$\boldsymbol{B}=\left(\frac{\partial \boldsymbol{Y}_{k+1}}{\partial \boldsymbol{X}_{k+1}}\right)\left(\frac{\partial \boldsymbol{X}_{k+1}}{\partial \boldsymbol{X}_0}\right)=\boldsymbol{B}(\boldsymbol{X}_0^*) \tag{6.89}$$

计算矩阵 $\boldsymbol{B}$ 需要用到 $\boldsymbol{X}_0^*$,因此当初始的 $\boldsymbol{X}_0^*$ 误差较大时,矩阵 $\boldsymbol{B}$ 的计算也存在较大误差。令

$$\begin{cases}\Delta \boldsymbol{Y}=\boldsymbol{Y}_{k+1}-\boldsymbol{Y}_{k+1}^*\\ \Delta \boldsymbol{X}=\boldsymbol{X}_0-\boldsymbol{X}_0^*\end{cases} \tag{6.90}$$

则测量方程可线性化

$$\Delta \boldsymbol{Y}=\boldsymbol{B}\Delta \boldsymbol{X}+\boldsymbol{v}_k \tag{6.91}$$

将线性化的测量方程代入最小二乘估计公式,可以计算出

$$\begin{cases}\widehat{\Delta \boldsymbol{X}}=(\boldsymbol{B}^{\mathrm{T}}\boldsymbol{B})^{-1}\boldsymbol{B}^{\mathrm{T}}\Delta \boldsymbol{Y}\\ \boldsymbol{P}=(\boldsymbol{B}^{\mathrm{T}}\boldsymbol{B})^{-1}\end{cases} \tag{6.92}$$

这样就可以利用计算的 $\widehat{\Delta \boldsymbol{X}}$ 对初值 $\boldsymbol{X}_0^*$ 进行修正

$$\hat{\boldsymbol{X}}_0^{n+1}=\hat{\boldsymbol{X}}_0^{n}+\widehat{\Delta \boldsymbol{X}} \tag{6.93}$$

此时可以获得一个精度更高的初始运动状态矢量 $\hat{\boldsymbol{X}}_0^{n+1}$，再代入矩阵 $\boldsymbol{B}$ 的计算中，重复这个流程，则初始运动状态矢量 $\hat{\boldsymbol{X}}_0^{n+1}$ 精度越来越高，$\widehat{\Delta \boldsymbol{X}}$ 数值越来越小，当小于某一给定允许误差 $\widehat{\Delta \boldsymbol{X}} \leqslant \xi$ 定值后，迭代终止，这就是迭代最小二乘估计算法的基本原理和流程。获得高精度的初始运动状态矢量 $\hat{\boldsymbol{X}}_0^{n+1}$ 后，通过运动方程计算高精度的实时运动状态

$$\hat{\boldsymbol{X}}_{k+1} = \boldsymbol{F}(\hat{\boldsymbol{X}}_0^{n+1}) \tag{6.94}$$

迭代最小二乘估计算法运用的关键和难点就是矩阵 $\boldsymbol{B}$ 的构造，尤其对于高精度运动模型的偏导数矩阵推导，形式非常复杂，在此不再展开介绍，有兴趣的读者可以查阅相关文献。本节给出一个较为简便的偏导数矩阵的数值计算方法，其实就是将偏导数矩阵的每个元素按照一元函数的数值求导方法计算出来，如下：

$$\left.\frac{\partial \boldsymbol{F}}{\partial \boldsymbol{X}}\right|_{X=\hat{X}_0^{n+1}} = \begin{bmatrix} \dfrac{\partial F_1}{\partial x_1} & \cdots & \dfrac{\partial F_1}{\partial x_n} \\ \vdots & & \vdots \\ \dfrac{\partial F_n}{\partial x_1} & \cdots & \dfrac{\partial F_n}{\partial x_n} \end{bmatrix}_{X=\hat{X}_0^{n+1}}$$

$$= \begin{bmatrix} \dfrac{f_1(x_1+h_1,x_2,\cdots x_n)-f_1(x_1-h_1,x_2,\cdots x_n)}{2h_1} & \cdots & \dfrac{f_1(x_1,x_2,\cdots x_n+h_n)-f_1(x_1,x_2,\cdots x_n-h_n)}{2h_n} \\ \vdots & & \vdots \\ \dfrac{f_n(x_1+h_1,x_2,\cdots x_n)-f_n(x_1-h_1,x_2,\cdots x_n)}{2h_1} & \cdots & \dfrac{f_n(x_1,x_2,\cdots x_n+h_n)-f_n(x_1,x_2,\cdots x_n-h_n)}{2h_n} \end{bmatrix}_{X=\hat{X}_0^{n+1}} \tag{6.95}$$

以利用雷达测量数据对某导弹的初始运动状态估计为例，分析迭代最小二乘估计对于轨道改进的作用。假设雷达测量斜距标准差 150m，仰角和方位角测量标准差为 0.15°，测量间隔 1s，利用最初两组数据进行初始轨道计算，150 组测量数据进行轨道改进。迭代结果如表 6-3 所列，迭代过程中估计误差的变化曲线如图 6-9 所示。

表 6-3 迭代最小二乘结果

参数名称	**初值**	迭代 1 次	迭代 2 次	迭代 3 次	迭代 4 次	迭代 5 次	**迭代 6 次**	**真值**
位置 x	**-3169156.5**	-3087518.9	-3164291.0	-3175574.7	-3176086.3	-3176088.2	**-3176088.1**	**-3176044.4**
位置 y	**-5450347.1**	-5440388.9	-5449466.0	-5453657.3	-5454015.6	-5454016.6	**-5454016.6**	**-5454007.8**
位置 z	**3119781.3**	3153860.7	3117113.2	3123312.1	3124039.5	3124041.3	**3124041.3**	**3124113.2**
速度 v_x	**-2462.14**	-3175.61	-2263.53	-2108.00	-2100.09	-2100.07	**-2100.07**	**-2101.83**
速度 v_y	**1732.57**	842.302	1016.18	1077.37	1082.21	1082.23	**1082.23**	**1082.40**
速度 v_z	**766.687**	2377.88	2900.04	2808.69	2799.38	2799.36	**2799.36**	**2796.76**

从表 6-3 中数据可以看出，通过初始轨道计算得到的结果误差较大，尤其是速度估计误差，但利用 150 组测量数据进行轨道改进后，仅通过 6 次迭代即可达到较高精度，收敛速度较快。对应的估计误差协方差矩阵如表 6-4 所列。

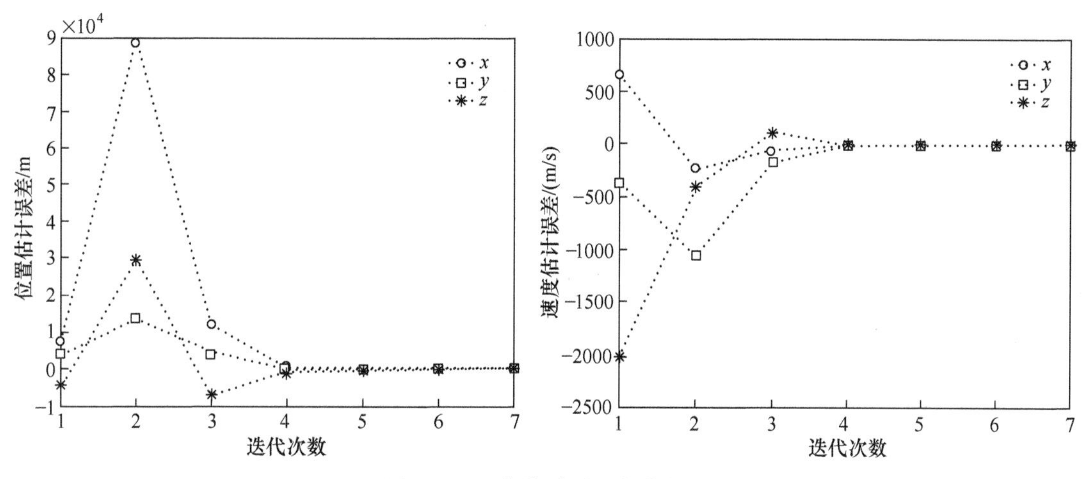

图 6-9 迭代估计误差变化曲线

表 6-4 迭代最小二乘估计误差协方差矩阵

8.137×10^5	64006	3.9535×10^5	-6836.4	-171.12	-4649
64006	75124	-1.5212×10^5	-4.5473	-392.27	753.95
3.9535×10^5	-1.5212×10^5	6.7478×10^5	-4636	947.49	-5310.4
-6836.4	-4.5473	-4636	83.76	-0.19765	56.813
-171.12	-392.27	947.49	-0.19765	3.3577	-9.0272
-4649	753.95	-5310.4	56.813	-9.0272	65.229

可以看出:①矩阵对角线元素均为正数,代表了估计参数的方差;②非对角线元素不一定恒为正数,其为估计参数的协方差,但相对于对角线具有对称性,因此描述协方差矩阵时通常可简写为上三角阵或下三角阵;③不同坐标分量的估计精度是有区别的,例如该矩阵说明 y 方向的估计精度要比其他两个方向高一个数量级。

由于估计参数为初始的位置和速度,若要获得后续任意时刻的位置和速度,还需要将估计参数代入高精度状态预报方程进行弹道计算,预报结果如图 6-10 所示。可以看出,当预报时间较短时,速度的预报误差变化较小,而位置的预报误差随着时间的增加在逐渐增大。

6.3.2 基于扩展卡尔曼滤波的轨道改进

序贯处理的卡尔曼滤波算法,是利用后续测量数据序列,序贯地逐渐提高航天器当前时刻的运动状态估计精度。但是也需要解决两个问题:一是状态方程的离散化,因为测量方程通常是离散化的,两个方程需要统一;二是要将非线性的状态方程和测量方程线性化。

首先解决状态方程离散化的问题。当测量数据的观测间隔较小时,可以将状态方程在 $\boldsymbol{X}_k$ 处泰勒展开,忽略二阶以上高阶项

$$\boldsymbol{X}_{k+1}=\boldsymbol{f}_k(\boldsymbol{X}_k)+\boldsymbol{W}_k\approx\boldsymbol{X}_k+\boldsymbol{f}(\boldsymbol{X}_k,t_k)T+\frac{1}{2}\left.\frac{\partial \boldsymbol{f}}{\partial \boldsymbol{X}}\right|_{X=X_k}\boldsymbol{f}(\boldsymbol{X}_k,t_k)T^2+\boldsymbol{W}_k \quad (6.96)$$

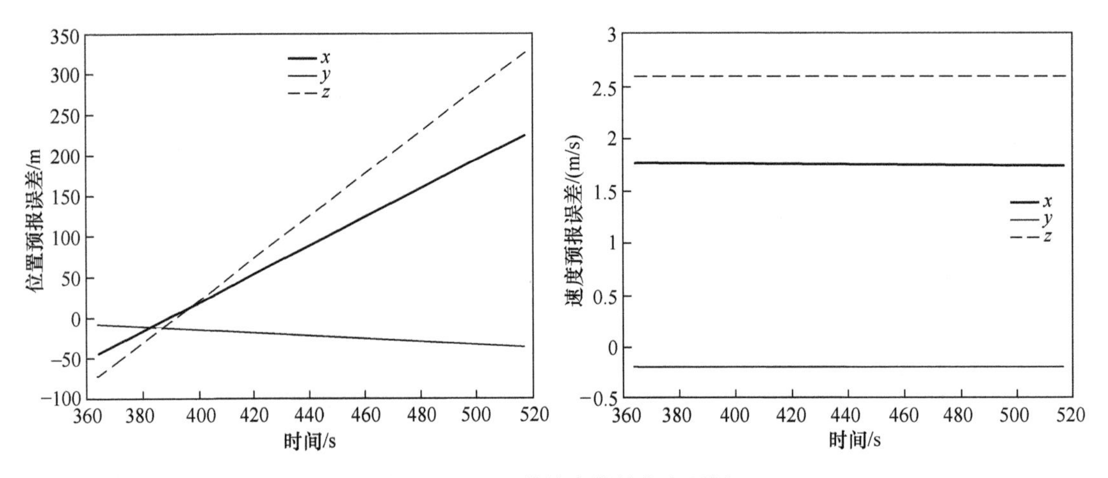

图 6-10 基于估计参数的状态预报

当测量数据间隔较小时,计算 X_{k+1} 时泰勒展开保留至二阶项通常即可达到所需精度,而计算状态转移矩阵时,通常取到一阶即可

$$\boldsymbol{\Phi} \approx \boldsymbol{I} + \frac{\partial \boldsymbol{f}}{\partial \boldsymbol{X}} T \tag{6.97}$$

观测矩阵也取测量方程对状态的偏导数矩阵

$$\boldsymbol{H} = \left.\frac{\partial \boldsymbol{h}}{\partial \boldsymbol{X}}\right|_{X = \hat{X}_{k+1/k}} \tag{6.98}$$

此时就完成了非线性系统的线性化,由于状态转移矩阵和观测矩阵均为展开至一阶,因此被称为一阶扩展卡尔曼滤波。

将非线性系统离散化和线性化后,便可以采用扩展卡尔曼滤波的递推公式进行航天器的轨道改进。步骤如下:

(1) 状态预测:

$$\hat{\boldsymbol{X}}_{k+1/k} = \boldsymbol{f}_k(\hat{\boldsymbol{X}}_{k/k}) \tag{6.99}$$

该过程可以采用式(6.96),也可以利用连续状态方程数值积分计算。

(2) 协方差预测:

$$\hat{\boldsymbol{P}}_{k+1/k} = \boldsymbol{\Phi}\hat{\boldsymbol{P}}_{k/k}\boldsymbol{\Phi}^{\mathrm{T}} + \boldsymbol{Q}_k \tag{6.100}$$

(3) 计算增益矩阵:

$$\boldsymbol{K} = \hat{\boldsymbol{P}}_{k+1|k}\boldsymbol{H}^{\mathrm{T}}[\boldsymbol{H}\hat{\boldsymbol{P}}_{k+1|k}\boldsymbol{H}^{\mathrm{T}} + \boldsymbol{R}]^{-1} \tag{6.101}$$

(4) 状态更新:

$$\hat{\boldsymbol{X}}_{k+1/k+1} = \hat{\boldsymbol{X}}_{k+1/k} + \boldsymbol{K}[\boldsymbol{Y}_{k+1} - \boldsymbol{h}_{k+1}(\hat{\boldsymbol{X}}_{k+1/k})] \tag{6.102}$$

(5) 协方差更新:

$$\hat{\boldsymbol{P}}_{k+1/k+1} = [\boldsymbol{I} - \boldsymbol{K}\boldsymbol{H}]\hat{\boldsymbol{P}}_{k+1/k} \tag{6.103}$$

从公式来看,一阶扩展卡尔曼滤波与标准卡尔曼滤波算法流程基本相同,不同的是,状态预测和测量预测都用非线性方程计算,状态转移矩阵和观测矩阵都是偏导数矩阵。

扩展卡尔曼滤波构建的关键,其实还是状态方程和测量方程构造以及相应偏导数矩阵的计算。

利用扩展卡尔曼滤波对上节的导弹弹道估计问题进行求解,可直接获得导弹实时的位置和速度估计值及其误差协方差矩阵。图 6-11 仅给出 x 方向的位置和速度估计误差曲线,其他方向类似。

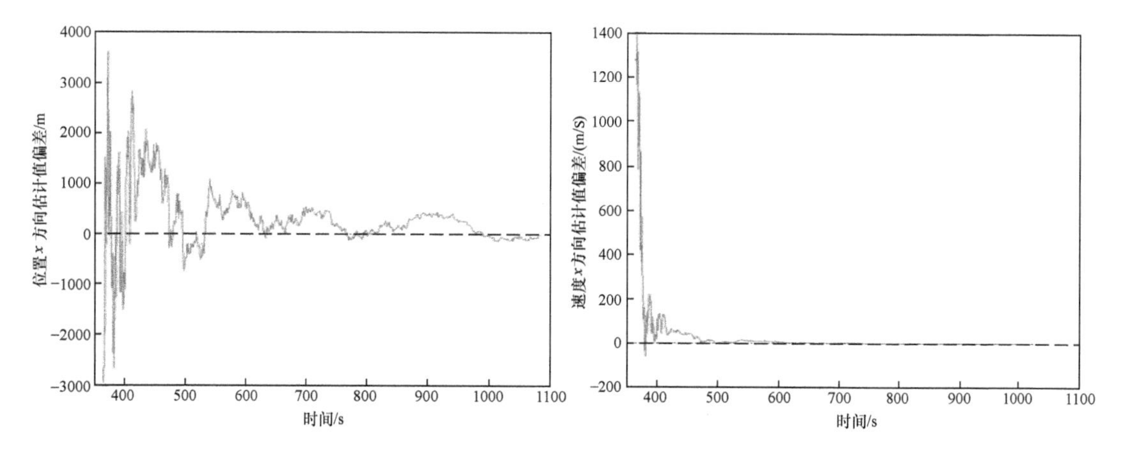

图 6-11　x 方向的位置和速度估计误差曲线

可以看出:①当测量数据较少时,卡尔曼滤波获得的运动状态估计结果误差也较大,但随着测量数据的增多,估计误差迅速减小,很快达到稳态,达到稳态时估计误差保持较低水平;②卡尔曼滤波得到的是任意时刻的状态估计,不需要再进行状态预报。

两种方法的估计误差比较如图 6-12 所示,可以发现,开始时由于卡尔曼滤波利用的测量数据较少,因此两者存在差异;当利用的测量数据逐渐增多时,两者的差异逐渐在缩小,当利用的测量数据数量相当时,两者的估计精度趋于一致。

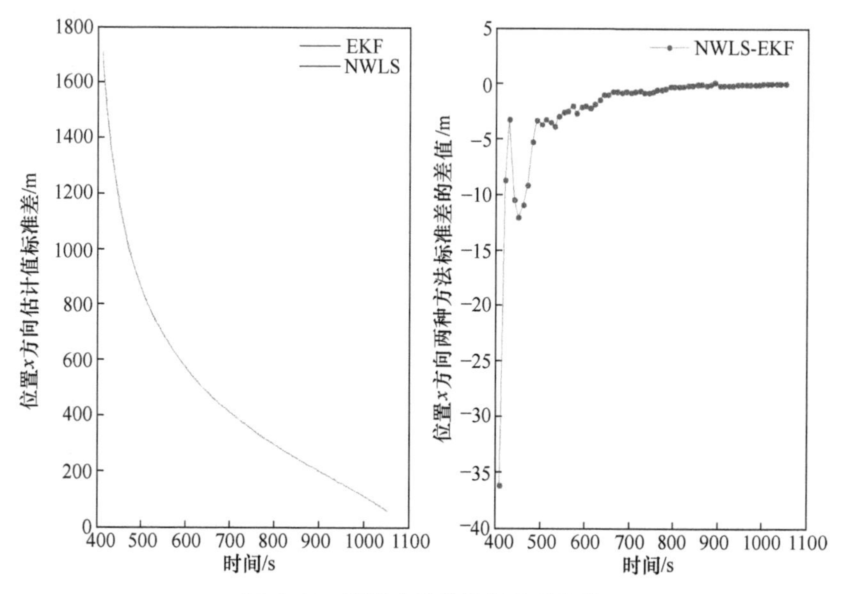

图 6-12　两种方法估计误差的比较

本节思考题

1. 请描述基于迭代最小二乘估计的轨道改进算法原理,并说明其与传统最小二乘估计方法有何区别?

2. 请描述基于扩展卡尔曼滤波的轨道改进算法原理,并说明其与标准卡尔曼滤波有何区别?

本 章 习 题

1. 地面某测量站的大地坐标为:$\lambda = 110°, B = 20°, H = 1\text{km}$;在某时刻获得一组测量数据:$\rho = 2000\text{km}, A = -40°, E = 30°$;$\dot{\rho} = 500\text{m/s}, \dot{A} = -0.003\text{rad/s}, \dot{E} = 0.004\text{rad/s}$。此时的格林尼治恒星时角为 $\theta_G = 45°$,求航天器在地心惯性坐标系中的位置与速度矢量。

2. 简述最小二乘估计、递推最小二乘估计和卡尔曼滤波的原理,比较三种方法的异同。

第7章 轨 道 摄 动

第5章通过对二体运动方程的求解,可知航天器的轨道在惯性空间是不变的,它的大小、形状、位置和方向由6个经典轨道根数决定。但实际上,在轨运行的航天器除了受万有引力之外,还受到其他作用力的影响,因此轨道根数也会随着时间发生微小的变化,航天器的运动会逐渐偏离二体轨道,这种现象称为轨道摄动。

轨道摄动的原因就是航天器受到除地球中心引力外的其他力的作用,比如地球引力的高阶项,还有大气阻力、辐射压力、其他天体引力、潮汐力等各种摄动因素。表7-1列出一个典型航天器所受主要摄动力大小量级比较的表格,通过表中数值可对摄动力的大小有一个直观的了解,表中数值都是相对于海平面的引力加速度为基准。对于近地航天器,最大的摄动项就是地球非球形的 J_2 项摄动,大约是 10^{-3} 量级(约为 0.01m/s^2),但是地球非球形摄动的一个特点就是随着轨道高度的增加,影响迅速减小,比如静止轨道36000km处,J_2 项摄动减小了2个数量级;除了 J_2 项外,其他的地球非球形摄动项更小,比 J_2 项小3个数量级以上;大气阻力随轨道高度增加衰减最快,高度从300km升至1000km时,数值减小4个数量级;太阳光压和日月引力正好相反,在静止轨道上升为考虑的主要因素,约为 10^{-6} 量级。

表7-1 典型航天器所受主要摄动力的量级

作用力	量级/g	轨道高度/km
J_2 项	10^{-3}	300
	10^{-5}	35787
J_n 项($n>2$)	$10^{-6}\sim10^{-9}$	300
田谐项	$10^{-6}\sim10^{-9}$	300
大气阻力	10^{-6}	300
	10^{-10}	1000
太阳光压	10^{-8}	300
	10^{-7}	35787
日月引力	10^{-7}	300
	10^{-5}	35787
地球形变摄动	10^{-8}	300
广义相对论效应	10^{-9}	—

对于一个典型轨道(轨道根数为 $a = 8000\text{km}$, $e = 0.1$, $i = 30°$, $\Omega = 30°$, $\omega = 150°$),当考虑摄动力影响后,轨道根数1天之内随时间变化的情况如图7-1所示。

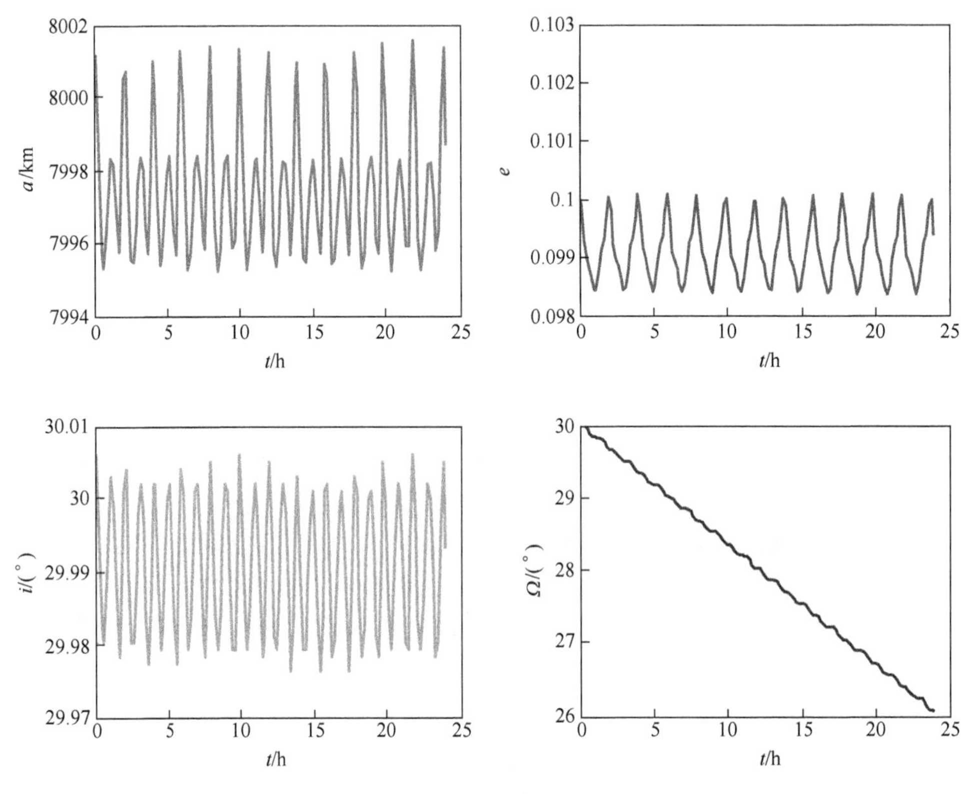

图 7-1 轨道根数受摄动的影响

可以看出,轨道根数不再是常数,而是随时间发生变化,如半长轴在 7995~8002km 间振荡,幅度约为 7km。

7.1 轨道摄动分析方法

轨道摄动的分析方法有 3 种:特殊摄动法、参数变分法和一般摄动法。特殊摄动法其实就是数值分析法,首先根据牛顿力学定律建立精确动力学方程,然后直接对动力学方程进行数值积分,给定一个初始条件,便可以获得方程的一个满足一定精度的特解,代表方法有科威尔法和恩科法等;参数变分法也是数值分析法的一种,只不过其自变量为轨道根数,建立的方程也是轨道根数的摄动方程;一般摄动法是通过变量替换和级数展开等数学方法,求摄动运动方程的近似解析解,可以获得近似的理论轨道,进行特性分析。本章主要对前两种方法进行介绍和分析。

7.1.1 特殊摄动法

特殊摄动法的分析过程为:首先分析航天器受有哪些摄动力,通常考虑地球非球形、大气阻力、日月引力、太阳光压、地球形变、地球反照辐射、广义相对论效应、微型发动机推力等摄动因素,并建立相应的力学方程

$$\ddot{\boldsymbol{r}}+\frac{\mu}{r^3}\boldsymbol{r}=\sum_{k=1}^{n}\boldsymbol{a}_{\mathrm{pk}} \tag{7.1}$$

力学方程是二阶微分方程,为便于数值积分再转化为一阶微分方程组,然后再选取数值积分方法进行积分求解,如4.3节提到的欧拉法和龙格-库塔法等。整个求解过程与导弹的弹道计算过程类似,这种方法在轨道力学中称为科威尔方法。科威尔方法的优点是方法思路和步骤较为简单,但由于航天器通常运行时间要远大于导弹,为保证精度科威尔方法的积分步长不能太大,因此整体运算量十分巨大。在计算机技术出现以前,该问题较为严重,但随着计算机技术的快速发展,该问题逐渐得到解决。

7.1.2 参数变分法

特殊摄动法虽然可以获得任意给定初始条件的满足一定精度的运动解,但是无法对航天器的摄动运动规律进行整体性分析,归纳其普适的规律。而参数变分法以轨道根数为自变量,推导出在摄动力影响下轨道根数随时间的变化规律,则一定程度可以解决该问题。参数变分法的推导过程如下。

在第一轨道坐标系中,3个坐标轴对应的方向分别记为 r、t 和 h。位置和速度矢量在第一轨道坐标系中的表达式为

$$\begin{cases}\boldsymbol{r}=r\hat{\boldsymbol{r}}\\ \boldsymbol{v}=v_r\hat{\boldsymbol{r}}+v_t\hat{\boldsymbol{t}}\end{cases} \tag{7.2}$$

将式(7.2)对时间求导

$$\begin{cases}\dfrac{\mathrm{d}\boldsymbol{r}}{\mathrm{d}t}=\dot{r}\hat{\boldsymbol{r}}+r\dot{\hat{\boldsymbol{r}}}=v_r\hat{\boldsymbol{r}}+v_t\hat{\boldsymbol{t}}\\ \dfrac{\mathrm{d}\boldsymbol{v}}{\mathrm{d}t}=\dot{v}_r\hat{\boldsymbol{r}}+v_r\dot{\hat{\boldsymbol{r}}}+\dot{v}_t\hat{\boldsymbol{t}}+v_t\dot{\hat{\boldsymbol{t}}}=-\dfrac{\mu}{r^2}\hat{\boldsymbol{r}}+\boldsymbol{a}\end{cases} \tag{7.3}$$

式中:$\boldsymbol{a}$ 为摄动加速度矢量和。假设第一轨道坐标系相对于地心惯性坐标系的旋转角速度在第一轨道坐标系中表示为

$$\boldsymbol{\omega}=\omega_r\hat{\boldsymbol{r}}+\omega_t\hat{\boldsymbol{t}}+\omega_h\hat{\boldsymbol{h}} \tag{7.4}$$

根据矢量微分法则,动坐标系单位矢量的导数计算公式为

$$\begin{cases}\dot{\hat{\boldsymbol{r}}}=\boldsymbol{\omega}\times\hat{\boldsymbol{r}}\\ \dot{\hat{\boldsymbol{t}}}=\boldsymbol{\omega}\times\hat{\boldsymbol{t}}\\ \dot{\hat{\boldsymbol{h}}}=\boldsymbol{\omega}\times\hat{\boldsymbol{h}}\end{cases} \tag{7.5}$$

将式(7.4)代入式(7.5)可得

$$\begin{cases}\dot{\hat{\boldsymbol{r}}}=-\omega_t\hat{\boldsymbol{h}}+\omega_h\hat{\boldsymbol{t}}\\ \dot{\hat{\boldsymbol{t}}}=\omega_r\hat{\boldsymbol{h}}-\omega_h\hat{\boldsymbol{r}}\\ \dot{\hat{\boldsymbol{h}}}=-\omega_r\hat{\boldsymbol{t}}+\omega_t\hat{\boldsymbol{r}}\end{cases} \tag{7.6}$$

将式(7.6)代入式(7.3),通过对比等式两边单位矢量的系数可得

$$\begin{cases}\omega_t = 0 \\ \omega_h = \dfrac{v_t}{r} \\ \omega_r = \dfrac{1}{v_t}a_h\end{cases} \tag{7.7}$$

$$\begin{cases}\dot{r} = v_r \\ \dot{v}_r = v_t\omega_h - \dfrac{\mu}{r^2} + a_r \\ \dot{v}_t = - v_r\omega_h + a_t\end{cases} \tag{7.8}$$

根据第一轨道坐标系转换至地心惯性坐标系的欧拉角法,可以写出旋转角速度 $\boldsymbol{\omega}$ 的具体表达式

$$\boldsymbol{\omega} = \dot{\Omega}\hat{\boldsymbol{k}} + \dot{i}\hat{\boldsymbol{n}} + \dot{u}\hat{\boldsymbol{h}} \tag{7.9}$$

式中:$\hat{\boldsymbol{k}}$、$\hat{\boldsymbol{n}}$ 和 $\hat{\boldsymbol{h}}$ 分别为三次旋转轴的单位矢量。其中 $\hat{\boldsymbol{k}}$ 和 $\hat{\boldsymbol{n}}$ 为中间旋转轴的单位矢量,可将其投影至第一轨道坐标系中

$$\begin{cases}\hat{\boldsymbol{k}} = \sin u \sin i\ \hat{\boldsymbol{r}} + \cos u \sin i\ \hat{\boldsymbol{t}} + \cos i\ \hat{\boldsymbol{h}} \\ \hat{\boldsymbol{n}} = \cos u\ \hat{\boldsymbol{r}} - \sin u\ \hat{\boldsymbol{t}}\end{cases} \tag{7.10}$$

将式(7.10)代入式(7.9),整理可得旋转角速度的最终表达式为

$$\omega = (\dot{\Omega}\sin u \sin i + \dot{i}\cos u)\hat{\boldsymbol{r}} + (\dot{\Omega}\cos u \sin i - \dot{i}\sin u)\hat{\boldsymbol{t}} + (\dot{\Omega}\cos i + \dot{u})\hat{\boldsymbol{h}} \tag{7.11}$$

对比式(7.11)和式(7.7)可得

$$\begin{cases}\dot{\Omega}\sin u \sin i + \dot{i}\cos u = \dfrac{a_h}{v_t} \\ \dot{\Omega}\cos u \sin i - \dot{i}\sin u = 0 \\ \dot{\Omega}\cos i + \dot{u} = \dfrac{v_t}{r}\end{cases} \tag{7.12}$$

通过消元法求解式(7.12),可得

$$\begin{cases}\dot{i} = \dfrac{a_h}{v_t}\cos u \\ \dot{\Omega} = \dfrac{a_h}{v_t}\dfrac{\sin u}{\sin i} \\ \dot{u} = \dfrac{v_t}{r} - \dot{\Omega}\cos i\end{cases} \tag{7.13}$$

式中的 v_t 就是式(5.15)中的 v_f,将式(5.15)和式(5.60)代入式(7.13)得

$$\begin{cases}\dot{i} = \dfrac{r\cos u}{na^2\sqrt{1 - e^2}}a_h \\ \dot{\Omega} = \dfrac{r\sin u}{na^2\sqrt{1 - e^2}\sin i}a_h\end{cases} \tag{7.14}$$

至此获得了轨道倾角和升交点赤经在摄动力影响下随时间变化的规律，同时从式(7.14)可以看出，改变轨道平面的位置仅与摄动加速度垂直轨道面的分量有关。

将式(7.7)代入式(7.8)可得

$$\begin{cases}\dot{r}=v_r\\ \dot{v}_r=\dfrac{v_t^2}{r}-\dfrac{\mu}{r^2}+a_r\\ \dot{v}_t=-\dfrac{v_r v_t}{r}+a_t\end{cases}\tag{7.15}$$

已知

$$\begin{cases}v_t=r\dot{f}=\dfrac{h}{r}=\dfrac{h}{p}(1+e\cos f)\\ v_r=\dot{r}=\dfrac{r^2}{p}e\sin f\cdot\dot{f}=\dfrac{h}{p}e\sin f\end{cases}\tag{7.16}$$

将式(7.16)代入式(7.15)可得

$$\begin{cases}\dot{r}=\sqrt{\dfrac{\mu}{p}}e\sin f\\ \dot{v}_r=\dfrac{\mu}{r^2}e\cos f+a_r\\ \dot{v}_t=-\dfrac{\mu}{r^2}e\sin f+a_t\end{cases}\tag{7.17}$$

将式(5.38)和式(7.16)对时间求导，与之前不同的是，此时公式中的轨道根数不是常数，而是随时间变化的量，因此可得

$$\begin{cases}\dot{r}=\dfrac{r^2}{p}\left(e\sin f\cdot\dot{f}+\dfrac{1}{r}\dot{p}-\cos f\cdot\dot{e}\right)\\ \dot{v}_r=\sqrt{\dfrac{\mu}{p}}\left(e\cos f\cdot\dot{f}-\dfrac{e\sin f}{2p}\dot{p}+\sin f\cdot\dot{e}\right)\\ \dot{v}_t=\sqrt{\dfrac{\mu}{p}}\left(-e\sin f\cdot\dot{f}-\dfrac{(1+e\cos f)}{2p}\dot{p}+\cos f\cdot\dot{e}\right)\end{cases}\tag{7.18}$$

比较式(7.17)和式(7.18)可得

$$\sqrt{\frac{\mu}{p}}e\sin f=\frac{r^2}{p}\left(e\sin f\cdot\dot{f}+\frac{1}{r}\dot{p}-\cos f\cdot\dot{e}\right)\tag{7.19}$$

$$\frac{\mu}{r^2}e\cos f+a_r=\sqrt{\frac{\mu}{p}}\left(e\cos f\cdot\dot{f}-\frac{e\sin f}{2p}\dot{p}+\sin f\cdot\dot{e}\right)\tag{7.20}$$

$$-\frac{\mu}{r^2}e\sin f+a_t=\sqrt{\frac{\mu}{p}}\left(-e\sin f\cdot\dot{f}-\frac{1}{2r}\dot{p}+\cos f\cdot\dot{e}\right)\tag{7.21}$$

式(7.19) $\times \sqrt{\frac{\mu}{p}}$ + 式(7.21),可得

$$\dot{p} = 2r\sqrt{\frac{p}{\mu}}a_t \tag{7.22}$$

式(7.20) $\times \sin f$ − 式(7.19) $\times \cos f$,可得

$$\dot{e} = \frac{\sqrt{1-e^2}}{na}[\sin f \cdot a_r + (\cos f + \cos E)a_t] \tag{7.23}$$

式(7.20) $\times \cos f$ + 式(7.19) $\times \sin f$, 可得

$$\dot{f} = \frac{v_t}{r} + \frac{r}{he}[\cos f(1 + e\cos f)a_r - \sin f(2 + e\cos f)a_t] \tag{7.24}$$

将式(5.43)两边对时间求导(考虑摄动后 a、p、e 不再是常数,均为变量)

$$\dot{a} = \frac{\dot{p}}{1-e^2} + \frac{2ae\dot{e}}{1-e^2} \tag{7.25}$$

将式(7.22)和式(7.23)代入式(7.25)可得

$$\dot{a} = \frac{2}{n\sqrt{1-e^2}}[e\sin f \cdot a_r + (1 + e\cos f)a_t] \tag{7.26}$$

将式(5.31)两边对时间求导(考虑摄动后 ω 也不再是常数,而是变量)

$$\dot{\omega} = \dot{u} - \dot{f} \tag{7.27}$$

将式(7.13)和式(7.24)代入式(7.27)可得

$$\dot{\omega} = \frac{\sqrt{1-e^2}}{nae}\left[-\cos f \cdot a_r + \left(1 + \frac{r}{p}\right)\sin f \cdot a_t\right] - \dot{\Omega}\cos i \tag{7.28}$$

将式(5.78)两边对时间求导(考虑摄动后 e 不再是常数,均为变量)

$$\dot{M} = \frac{r}{a}\dot{E} - \frac{r\sin f}{\sqrt{ap}}\dot{e} \tag{7.29}$$

类似地,将式(5.67)两边对时间求导可得

$$\dot{E} = -\frac{r}{p}\frac{\sin f}{\sqrt{1-e^2}}\dot{e} + \frac{1}{\sqrt{1-e^2}}\frac{r}{a}\dot{f} \tag{7.30}$$

将式(7.30)、式(7.23)和式(7.24)代入式(7.29)可得

$$\dot{M} = n - \frac{1-e^2}{nae}\left[\left(2e\frac{r}{p} - \cos f\right)a_r + \left(1 + \frac{r}{p}\right)\sin f \cdot a_t\right] \tag{7.31}$$

至此便推出六轨道根数的时间导数与摄动力加速度的关系方程,即

$$\begin{cases}\dot{a}=\dfrac{2}{n\sqrt{1-e^2}}[e\sin f\cdot a_r+(1+e\cos f)a_t]\\ \dot{e}=\dfrac{\sqrt{1-e^2}}{na}[\sin f\cdot a_r+(\cos f+\cos E)a_t]\\ \dot{i}=\dfrac{r\cos u}{na^2\sqrt{1-e^2}}a_h\\ \dot{\Omega}=\dfrac{r\sin u}{na^2\sqrt{1-e^2}\sin i}a_h\\ \dot{\omega}=\dfrac{\sqrt{1-e^2}}{nae}\left[-\cos f\cdot a_r+\left(1+\dfrac{r}{p}\right)\sin f\cdot a_t\right]-\cos i\dot{\Omega}\\ \dot{M}=n-\dfrac{1-e^2}{nae}\left[\left(2e\dfrac{r}{p}-\cos f\right)a_r+\left(1+\dfrac{r}{p}\right)\sin f\cdot a_t\right]\end{cases}\tag{7.32}$$

该方程为高斯在研究小行星智神星受木星的摄动运动时首先得到的，因此称为高斯型摄动运动方程。由方程可以看出，轨道面空间方位的变化仅与垂直于瞬时轨道面的摄动力分量有关，轨道的形状和尺寸仅与轨道面内的摄动力两个分量有关，而轨道拱线的指向则与3个摄动力分量均有关。

假如摄动力是保守力，比如地球非球形摄动、日月引力等，即存在一个位函数R和摄动力f等效，当位函数R的表达式较摄动力更易获得时，通过某种变换可以得到用位函数表示的摄动运动方程，即

$$\begin{cases}\dot{a}=\dfrac{2}{na}\dfrac{\partial R}{\partial M}\\ \dot{e}=\dfrac{1-e^2}{na^2e}\dfrac{\partial R}{\partial M}-\dfrac{\sqrt{1-e^2}}{na^2e}\dfrac{\partial R}{\partial \omega}\\ \dot{i}=\dfrac{1}{na^2\sqrt{1-e^2}\sin i}\left(\cos i\dfrac{\partial R}{\partial \omega}-\dfrac{\partial R}{\partial \Omega}\right)\\ \dot{\Omega}=\dfrac{1}{na^2\sqrt{1-e^2}\sin i}\dfrac{\partial R}{\partial i}\\ \dot{\omega}=\dfrac{\sqrt{1-e^2}}{na^2e}\dfrac{\partial R}{\partial e}-\cos i\dfrac{\mathrm{d}\Omega}{\mathrm{d}t}\\ \dot{M}=n-\dfrac{1-e^2}{na^2e}\dfrac{\partial R}{\partial e}-\dfrac{2}{na}\dfrac{\partial R}{\partial a}\end{cases}\tag{7.33}$$

该方程是拉格朗日在讨论行星运动时首先得到的，因此称为拉格朗日行星运动方程。

比较两种类型的摄动运动方程可知，当摄动力为保守力，且摄动力以位函数的形式给出时，宜采用拉格朗日型摄动运动方程；而当摄动力存在大气阻力、太阳光压和火箭推力等非保守摄动力时，宜采用高斯型摄动运动方程。

建立航天器的参数变分方程后，就可以通过数值积分的方法求解。由于轨道要素的变化要比运动状态量（位置和速度）慢得多，因此可以采用较大的积分步长，但由于摄动运动方程组较为复杂，每计算一步的耗时也更长，因此两种方法积分效率的优劣与受摄

轨道类型有很大关系。

本节思考题

1. 什么是摄动？为什么会产生轨道摄动？
2. 航天器所受主要摄动力的量级如何(与地球引力相比)？
3. 什么是特殊摄动法和一般摄动法？各有什么优缺点？
4. 科威尔法的思想是什么？有什么优缺点？
5. 当存在摄动力时，轨道根数还是不随时间变化的常数吗？
6. 方程右端直接以摄动力加速度分量建立的摄动方程，叫什么型摄动方程？
7. 方程右端以势函数建立的摄动方程，叫什么型摄动方程？
8. 从摄动方程组的哪两个方程可以看出轨道面方向的改变仅与摄动加速度法向分量有关？

7.2 主要摄动项及对轨道影响

7.2.1 地球非球形摄动

地球引力场是影响近地航天器轨道运动最重要的因素，但地球复杂的形状和不均匀的质量分布使其引力场的描述较为困难。第3章介绍了地球引力场的级数逼近解，由解可知，系数 J_2 远大于其他球谐系数，因此很多情况下仅考虑 J_2 项已经能够满足精度要求。J_2 项反映了由于地球自转造成的椭球扁率，因此又称为扁率项，考虑 J_2 项实际是考虑了地球引力场的一阶效应。

根据式(3.37)可得 J_2 项摄动力的位函数为

$$R = -\frac{\mu J_2 a_e^2}{r^3}P_2(\sin\phi) = -\frac{\mu J_2 a_e^2}{2r^3}(3\sin^2\phi - 1) \tag{7.34}$$

式中：ϕ 为地心纬度，需将其用轨道根数的函数表示。如图7-2所示，O 为地心，S 为航天器投射到天球表面的实时位置，N 为升交点，过 S 作经度圈与天赤道相交于 P，则该经度圈与天赤道垂直于 P，SPN 构成天球表面的球面直角三角形，在球面直角三角形 SPN 中，斜边 SN 的长度为纬度幅角 u，直角边 SP 的长度为地心纬度 ϕ，对应的顶角 $\angle SNP$ 为轨道倾角 i，根据球面三角形的正弦定理

$$\frac{\sin a}{\sin A} = \frac{\sin b}{\sin B} = \frac{\sin c}{\sin C} \tag{7.35}$$

可知

$$\frac{\sin\phi}{\sin i} = \frac{\sin u}{\sin\dfrac{\pi}{2}} \tag{7.36}$$

则地心纬度 ϕ 可由轨道根数表示为

$$\sin\phi = \sin i\sin(f + \omega) \tag{7.37}$$

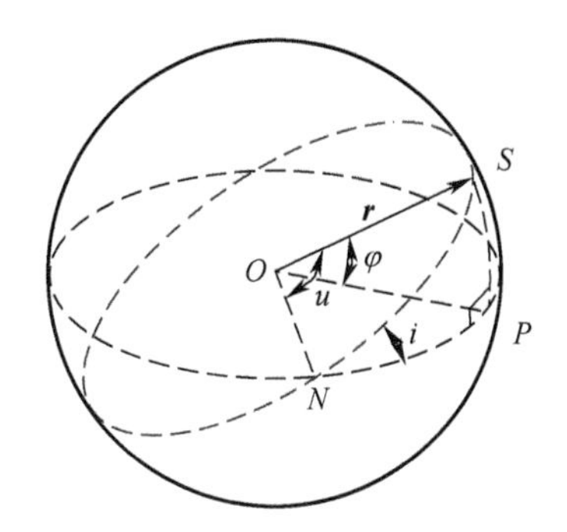

图 7-2　地心纬度和轨道根数的关系

将式(7.37)代入式(7.34)可得

$$R = \frac{J_2 \mu a_e^2}{2a^3}\left(\frac{a}{r}\right)^3 \left[\left(1 - \frac{3}{2}\sin^2 i\right) + \frac{3}{2}\sin^2 i \cos 2(f + \omega)\right] \tag{7.38}$$

式(7.38)中,各项的大小量级和特性是不一样的,因此其对轨道摄动的影响程度也是不同的。分析本章开始给出的摄动图例,可知有些项可引起轨道根数稳定的偏离,这些项称为长期项;有些项可引起轨道根数以正弦或余弦函数变化,这些项称为周期项,而周期大于轨道周期的称为长周期项,周期小于轨道周期的称为短周期项,各摄动项影响轨道根数变化的不同特性示意如图 7-3 所示。

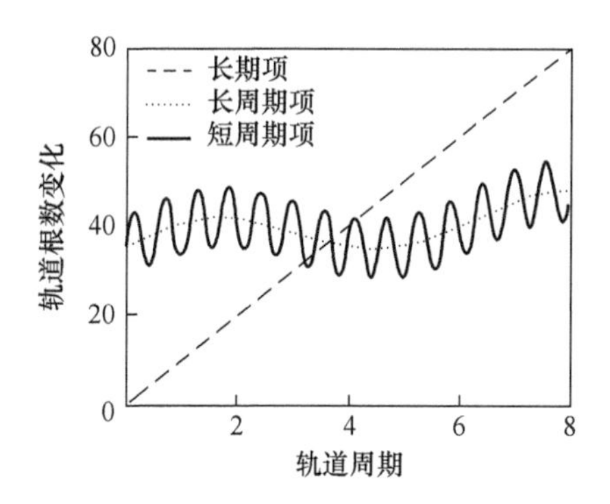

图 7-3　各摄动项影响轨道根数变化的不同特性

如式(7.39)所示,通常摄动力表达式中含有 a, e, i 的为长期项,含有 Ω, ω 的为长周期项,含有 f 的为短周期项。

$$\dot{\sigma} = f_1(a, e, i) + f_2(\Omega, \omega) + f_3(f) \tag{7.39}$$

通常分析摄动因素对轨道的影响时,重点考虑的是对轨道运动的长期影响,即长期项和长周期项对轨道运动的影响,而忽略短周期项对轨道的影响。

如何将短周期项从摄动力表达式中分离删除呢？方法如式(7.40),是将表达式对一个轨道周期做定积分并除以轨道周期,算出一个平均值,原值和平均值的差就是短周期项。

$$R_S = R - \overline{R}, \quad \overline{R} = \frac{1}{T}\int_0^{\mathrm{T}} R \mathrm{d}t \tag{7.40}$$

用这种方法可以获得剔除短周期项的 J_2 项摄动位函数如式(7.41)所示,通过对该式进行研究,便可以获得地球引力 J_2 项摄动对轨道运动的长期影响。

$$R_C = \frac{J_2\mu a_e^2}{2a^3}\left(1 - \frac{3}{2}\sin^2 i\right)(1 - e^2)^{-3/2} \tag{7.41}$$

将式(7.41)代入拉格朗日型摄动运动方程(7.33),可得

$$\begin{cases} \dot{a} = 0 \\ \dot{e} = 0 \\ \dot{i} = 0 \\ \dot{\Omega} = -\dfrac{3J_2 a_e^2}{2p^2} n\cos i \\ \dot{\omega} = \dfrac{3J_2 a_e^2}{2p^2} n(2 - 5\sin^2 i) \end{cases} \tag{7.42}$$

根据式(7.42)可知,地球引力 J_2 项摄动对轨道的形状、大小和倾角没影响,主要影响升交点赤经和近拱点角距。

通过算例比较分析地球引力 J_2 项摄动对升交点赤经和近拱点角距的影响特点。如图 7-4 所示,实线是高度为 100km 的圆轨道升交点赤经变化率随轨道倾角变化曲线,当轨道倾角小于 90°时,变化率为负值,说明升交点在逐渐西退;轨道倾角大于 90°时,变化率为正值,说明升交点在逐渐东进;当轨道倾角刚好等于 90 °时,升交点赤经的变化率为 0。轨道倾角越接近 0 或 180°(轨道面越接近赤道面),变化率的数值越大,对于该高度的圆轨道,升交点赤经的变化率可达近 10°/天。而对于半长轴 8428km、偏心率 0.23 的椭圆轨道(虚线),基本规律和 100km 高度圆轨道是一样的;不同的是,变化率的幅值减小,说明 J_2 项摄动的影响随着轨道高度的增加而减弱。总之轨道高度越低、轨道倾角越小,轨道受地球引力 J_2 项摄动的影响也就越显著,因为此时离地球赤道隆起部分也越近。

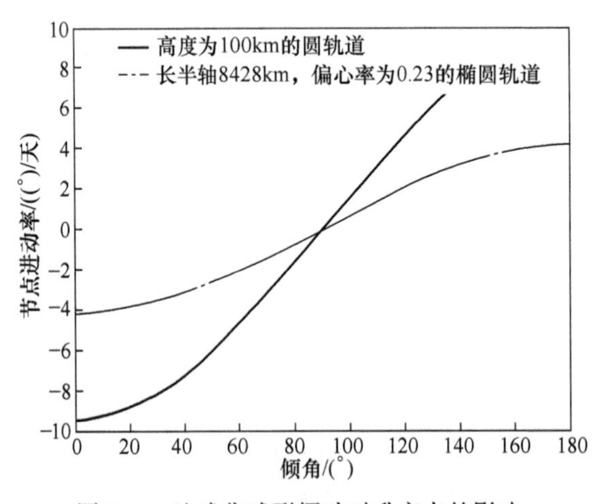

图 7-4 地球非球形摄动对升交点的影响

同样如图 7-5 所示,实线和虚线分别为高度 100km 近圆轨道和半长轴 8428km、偏心率 0.23 的椭圆轨道的近拱点幅角变化率随轨道倾角变化曲线。可以看出,无论什么类

型的轨道，当轨道倾角小于约 63.4°或大于 116.6°时，变化率为正，即拱线运动方向与卫星运动方向相同，而当轨道倾角大于约 63.4°且小于 116.6°时，变化率为负，即拱线运动方向与卫星运动方向相反；轨道面离赤道面越近，变化率幅值越大，最大可达近 20(°)/天，而轨道高度越高，变化率幅值越小。近拱点幅角变化率存在一个特殊的临界点，即当轨道倾角为约 63.4°或 116.6°时，近拱点幅角变化率为 0，此时即使考虑地球引力 J_2 项摄动的影响，拱线也近似不动。

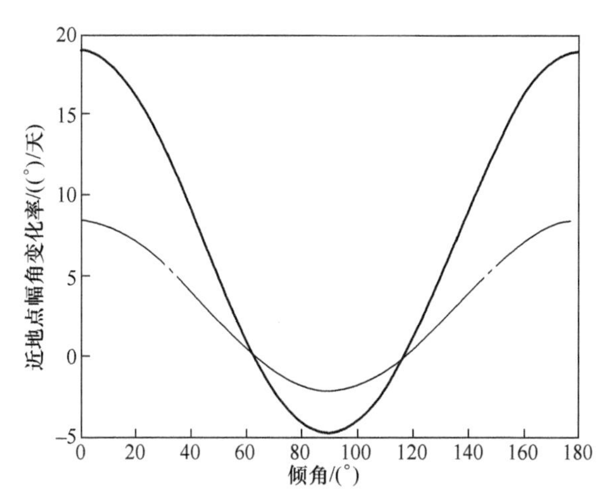

图 7-5　地球非球形摄动对近拱(地)点的影响

7.2.2　大气阻力摄动

航天器在距离地球表面 200~1000km 的高度范围内飞行时，虽然大气已极为稀薄，但由于航天器飞行速度大、持续运行时间长，产生的累积效应仍不可忽视。大气主要对航天器产生阻力作用，它使轨道的机械能不断损耗，从而导致轨道高度逐渐降低，成为决定低轨航天器寿命的关键因素。

与火箭在大气层中飞行类似，航天器受到的空气动力包括阻力、升力和侧力，但对于航天器通常仅考虑阻力作用。理论分析和工程实践都表明，这种忽略不会带来太大的影响。与连续流中空气动力计算的表达形式一致，航天器所受阻力加速度的计算公式为

$$\boldsymbol{a}_{\mathrm{D}} = -\frac{1}{2}\frac{C_{\mathrm{D}}S}{m}\rho v \boldsymbol{v} \tag{7.43}$$

式中：C_{D} 为阻力系数；S 为参考面积；m 为质量；ρ 为大气密度；$\boldsymbol{v}$ 为航天器相对大气的速度。常将 $\frac{S}{m}$ 称为面质比，$B=\frac{m}{C_{\mathrm{D}}S}$ 称为弹道系数。

虽然阻力加速度的计算公式形式非常简单，但在实际应用中却存在以下两个难题：

(1) 高层大气的密度 ρ 不仅与高度有关，还与太阳活动、地磁场扰动、季节、纬度等因素有关，大气密度与各因素间的关系尚不完全清楚，因此大气密度难以准确计算。

(2) 自由分子流(包括中性大气和带电粒子)与航天器间的作用机理尚不清楚，因此阻力系数 C_{D} 难以准确计算。实际上，C_{D} 还与航天器的外形、表面材料、飞行过程中的姿态、大气成分等因素有关，这更增加了 C_{D} 的计算难度。

分析表明，C_D 的范围在1.5~3.0，轨道摄动分析中常取 $C_D=2.2$。在精密定轨中，常将 C_D 或弹道系数 B 作为待估参数。除此之外，高层大气也并非随地球一起旋转，而是存在相对运动，这导致旋转角速度的计算误差可达40%，由此会造成5%左右的阻力计算误差。上述各种因素都导致准确计算大气阻力非常困难，大气问题已成为低轨航天器精密定轨和精密星历计算的最大障碍。因此，若对定轨精度有要求，应尽量避开大气问题，选用高于500km的轨道，或采用面质比小的航天器，以减小大气摄动的影响。

在获得大气动阻力的计算表达式后，代入高斯型摄动运动方程求解，可对大气阻力摄动做一些定性分析。

为简化问题，假设大气是静止的，即航天器相对于地球中心的飞行速度 $\boldsymbol{v}_a$ 等于航天器相对于大气的速度 $\boldsymbol{v}$。将速度 $\boldsymbol{v}$ 沿地心矢径方向和周向分解，可得

$$\boldsymbol{v}=v_r\boldsymbol{i}_r+v_f\boldsymbol{i}_f=\frac{h}{p}[e\sin f\,\boldsymbol{i}_r+(1+e\cos f)\boldsymbol{i}_f] \tag{7.44}$$

将式(7.44)代入式(7.43)可得

$$\begin{cases}a_r=-\dfrac{1}{2}\dfrac{C_DS}{m}\rho vv_r\\ a_f=-\dfrac{1}{2}\dfrac{C_DS}{m}\rho vv_f\\ a_h=0\end{cases} \tag{7.45}$$

将式(7.45)代入方程(7.32)，并将 v 用轨道根数表示，可得大气阻力摄动运动方程如下：

$$\begin{cases}\dfrac{\mathrm{d}a}{\mathrm{d}t}=-\left(\dfrac{C_DS}{m}\right)\rho\dfrac{na^2}{(1-e^2)^{3/2}}(1+e^2+2e\cos f)^{3/2}\\ \dfrac{\mathrm{d}e}{\mathrm{d}t}=-\left(\dfrac{C_DS}{m}\right)\rho\dfrac{na}{(1-e^2)^{1/2}}(\cos f+e)(1+e^2+2e\cos f)^{1/2}\\ \dfrac{\mathrm{d}i}{\mathrm{d}t}=0\\ \dfrac{\mathrm{d}\Omega}{\mathrm{d}t}=0\\ \dfrac{\mathrm{d}\omega}{\mathrm{d}t}=-\left(\dfrac{C_DS}{m}\right)\rho\dfrac{na}{e(1-e^2)^{1/2}}\sin f(1+e^2+2e\cos f)^{1/2}\\ \dfrac{\mathrm{d}M}{\mathrm{d}t}=n+\left(\dfrac{C_DS}{m}\right)\rho\dfrac{na}{e(1-e^2)}\left(\dfrac{r}{a}\right)\sin f(1+e^2+e\cos f)(1+e^2+2e\cos f)^{1/2}\end{cases} \tag{7.46}$$

由式(7.46)可以看出，静止大气的阻力对轨道要素 i 和 Ω 没有影响，即大气阻力不引起轨道平面空间方位的变化。最后两式中，右端函数都含有 $\sin f$ 的因子，因此轨道要素 ω 与 M 都是时间的周期函数，但由于系数 $\left(\dfrac{C_DS}{m}\right)\rho$ 是一个很小的量（200km高度处约为 10^{-8} 量级），所以 ω 与 M 仅有微幅振荡，在一阶近似计算中可以忽略不计。在求解方程(7.46)的前两式时，可以将右端函数的 a 和 e 看作常量，这样就可以很容易看出存在一

个长期项,表明 a 和 e 都将随着时间的增长而逐渐减小,所以航天器轨道在大气阻力作用下不断缩小圆化。

根据开普勒方程,可将方程的自变量 t 变换为 E ,对方程(7.46)前两式有

$$\begin{cases}\dfrac{\mathrm{d}a}{\mathrm{d}E}=-\left(\dfrac{C_{\mathrm{D}}S}{m}\right)\rho a^2\sqrt{\dfrac{(1+e\cos E)^3}{1-e\cos E}}\\[2ex]\dfrac{\mathrm{d}e}{\mathrm{d}E}=-\left(\dfrac{C_{\mathrm{D}}S}{m}\right)\rho a\sqrt{\dfrac{1+e\cos E}{1-e\cos E}}(1-e^2)\cos E\end{cases}\tag{7.47}$$

令 Δa 和 Δe 为航天器沿轨道运行一周后 a 和 e 的摄动量,对上式积分可得

$$\begin{cases}\Delta a=-\left(\dfrac{C_{\mathrm{D}}S}{m}\right)a^2\displaystyle\int_0^{2\pi}\rho\sqrt{\dfrac{(1+e\cos E)^3}{1-e\cos E}}\mathrm{d}E\\[2ex]\Delta e=-\left(\dfrac{C_{\mathrm{D}}S}{m}\right)a\displaystyle\int_0^{2\pi}\rho\sqrt{\dfrac{1+e\cos E}{1-e\cos E}}(1-e^2)\cos E\mathrm{d}E\end{cases}\tag{7.48}$$

由于密度 ρ 的变化很复杂,故很难求得式(7.48)的解析解,只能用数值积分来完成。

假设一航天器轨道半长轴为7000km,偏心率为0.05,面质比为0.1,则通过数值积分可获得半长轴和偏心率在大气阻力摄动影响下随时间的变化规律,如图7-6所示。可以看出,对于该类型航天器,经过约20天后,半长轴由7000km减小到约6820km,减少了180km,偏心率由0.05减小为约0.027,减少了0.023。说明在大气阻力摄动的影响下,轨道高度在不断地降低,轨道的形状越来越接近圆形。

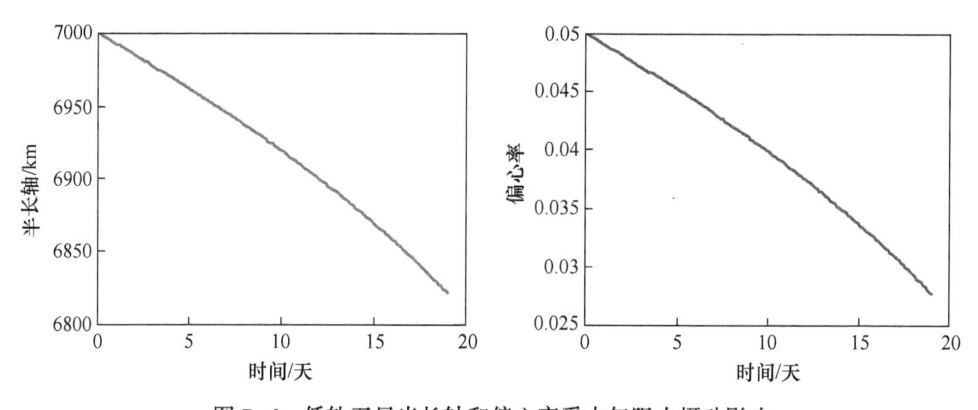

图7-6 低轨卫星半长轴和偏心率受大气阻力摄动影响

而假设另一航天器,轨道高度更低,近地点高度为250km,远地点高度为300km,面质比为0.02,计算其近地点高度和远地点高度在大气阻力摄动影响下随时间的变化规律,如图7-7所示。可以看出,近地点高度和远地点高度随时间增加均不断减小,说明轨道高度不断降低,两者的差别越来越小,说明轨道逐渐圆化,当轨道高度低于200km后,随着大气密度迅速增大,航天器将迅速陨落,说明该航天器的寿命预计约5天。大气对航天器的陨落影响是一个逐渐增大的正反馈效应。

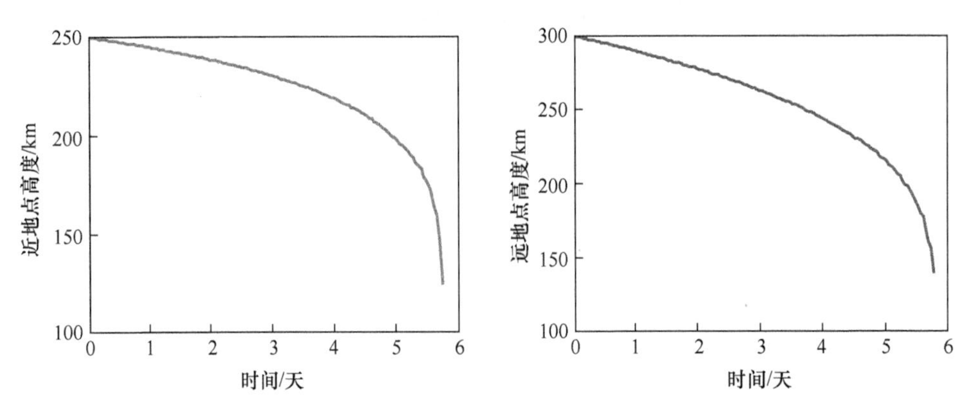

图 7-7　超低轨卫星近地点高度和远地点高度受大气摄动影响

本节思考题

1. 轨道摄动项分为哪三类,哪些项对于航天器长期在轨运行更加重要?
2. 地球引力 J_2 项摄动对哪些轨道根数产生影响?
3. 考虑地球引力 J_2 摄动,升交点赤经变化有何特点?
4. 考虑地球引力 J_2 摄动,近地点幅角变化有何特点?
5. 大气阻力摄动只在哪些方向有分量?
6. 分析大气阻力摄动应采用什么类型的摄动方程,为什么?
7. 大气阻力摄动会给轨道带来哪些影响?
8. 什么轨道高度的航天器大气阻力摄动影响更显著?

本 章 习 题

1. 什么是摄动?为什么会产生轨道摄动?航天器所受主要摄动力有哪些?与地球引力相比大小、量级如何?

2. 地球引力 J_2 项摄动对哪些轨道根数产生影响?对应产生两种特殊的轨道,分别是哪两种轨道?具有什么特征和应用?

3. 在分析大气阻力摄动时,采用了什么形式的摄动运动方程?将大气阻力加速度分解至轨道坐标系中的表达式是什么?从表达式可以推测大气阻力摄动不会影响哪些轨道根数?为什么?

第8章　轨 道 应 用

在研究航天器轨道摄动特性的基础上,可以设计在工程上很有实用价值的运行轨道,本章对常用的航天器轨道及其应用进行介绍。另外,航天器完成给定任务必然要与地面发生联系,比如侦察或通信卫星通常要求能够以一定规律覆盖地球表面特定区域,因此在分析讨论航天器的轨道特性与应用时,首先需要研究航天器(卫星)与地球的几何关系。

8.1　卫星对地几何

卫星和地球的特定位置之间存在交互,这就需要厘清卫星和地面观察点的空间几何关系。星地空间几何中有两个重要概念:星下点轨迹和卫星对地覆盖。

8.1.1　星下点轨迹

卫星星下点是指卫星的地心矢径与地球表面的交点,用地心经纬度 (λ,ϕ) 表示。当地球表面采用椭球面模型时,星下点的定义有两种,一种是地心与卫星的连线和球面的交点,一种是球面上法线刚好通过卫星的那一点,如图8-1所示,本章中采用前者定义。

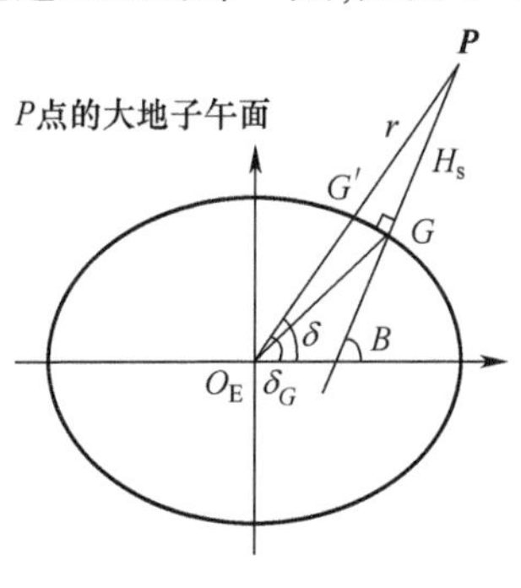

图8-1　卫星星下点

卫星在轨道上变化,对应的星下点也会相应移动。星下点在地球表面的移动轨迹就构成了星下点轨迹的球面曲线。将球面曲线投影到平面地图上,就获得了平面地图的星下点轨迹。图8-2给出了不同种类卫星在平面地图上的星下点轨迹。

1. 无旋地球的星下点轨迹

假设地球不自转,则描述地球上星下点的位置参数可用赤经 α 和赤纬 δ,赤纬和星下点纬度相同,赤经与星下点经度差一常数。如图8-3所示,在球面三角形 SPN 中,赤经差 $\alpha-\Omega$ 即为直角边 NP 的长度。

根据球面三角形边的余弦定理,某边的余弦和该边所对的角的余弦及其他两边之间

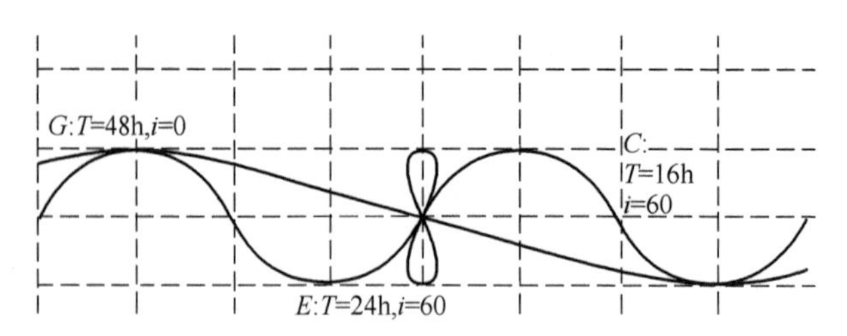

图 8-2 平面地图上的星下点轨迹

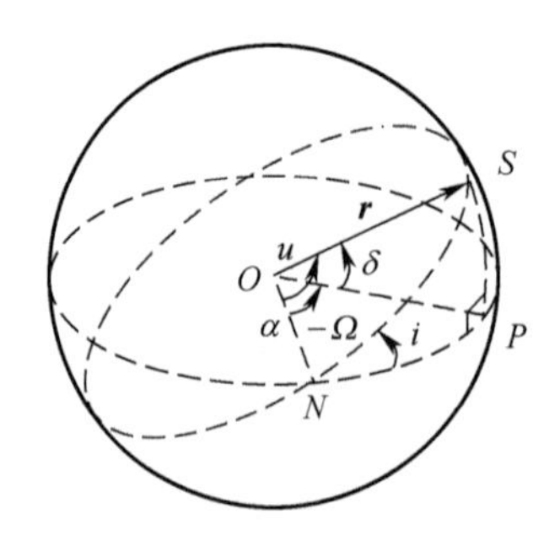

图 8-3 球面三角形 SPN

的关系为

$$\begin{cases}\cos a = \cos b\cos c + \sin b\sin c\cos A \\ \cos b = \cos a\cos c + \sin a\sin c\cos B \\ \cos c = \cos b\cos a + \sin b\sin a\cos C\end{cases} \tag{8.1}$$

则对于球面直角三角形 SPN，其直角边以及对应的直角关系为

$$\cos u = \cos\delta\cos(\alpha - \Omega) + \sin\delta\sin(\alpha - \Omega)\cos\left(\frac{\pi}{2}\right) \tag{8.2}$$

化简可得

$$\cos u = \cos\delta\cos(\alpha - \Omega) \tag{8.3}$$

再根据球面三角形边的五元素公式，即三个边和两个角共 5 个元素之间的关系，表示边的正弦与角的余弦乘积与其他元素的关系为

$$\sin c\cos A = \cos a\sin b - \sin a\cos b\cos C \tag{8.4}$$

对于球面直角三角形 SPN，当式(8.4)中 $\angle C$ 为直角时，公式可化简为

$$\sin u\cos i = \cos\delta\sin(\alpha - \Omega) \tag{8.5}$$

式(8.5)与式(8.3)相比可得

$$\tan(\alpha - \Omega) = \tan u\cos i \tag{8.6}$$

因此，以纬度幅角 u 为自变量，可以得到星下点轨迹参数的计算方程

$$\begin{cases}\alpha = \arctan(\cos i \cdot \tan u) + \Omega \\ \delta = \arcsin(\sin i \cdot \sin u)\end{cases} \tag{8.7}$$

根据式(8.7)，已知某卫星的轨道根数便可以计算其星下点轨迹，假设某卫星的升交点赤经为 0°，轨道倾角为 40°，计算其星下点轨迹如图 8-4 所示。

可以看出，无旋地球的星下点轨迹只跟升交点赤经和轨道倾角有关，而与轨道具体

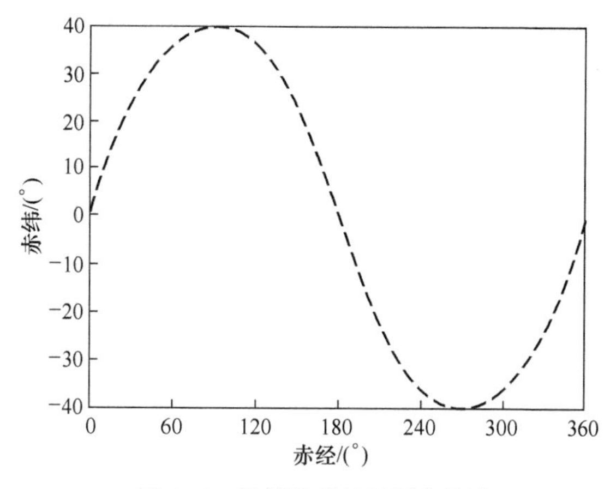

图 8-4　无旋地球的星下点轨迹

形状无关;星下点纬度极值数值与轨道倾角相同;对于轨道倾角小于 90°的顺行轨道,在升弧段卫星是沿东北方向移动。

2. 旋转地球的星下点轨迹

当考虑地球自转时,描述星下点位置参数应采用与地球固连的地心经纬度。记 $t = 0$ 时格林尼治恒星时为 S_0,星下点轨迹方程为

$$\begin{cases}\lambda = \arctan(\cos i \cdot \tan u) + \Omega - \omega_e t - S_0 \\ \phi = \arcsin(\sin i \cdot \sin u)\end{cases} \tag{8.8}$$

比较式(8.7)和式(8.8)可知,此时地心经纬度与赤经赤纬的关系为

$$\begin{cases}\lambda = \alpha - \omega_e t - S_0 \\ \phi = \delta\end{cases} \tag{8.9}$$

由于星下点经度中多了一个与地球自转角速度有关的时间线性项,这就意味着后一圈的星下点轨迹与前一圈不再重合,而是逐圈西移,图 8-5 绘出了无旋地球和旋转地球星下点轨迹的区别。

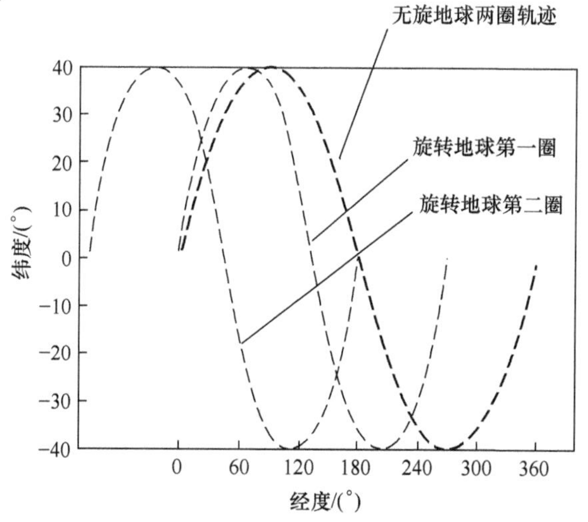

图 8-5　无旋地球和旋转地球星下点轨迹的区别

考虑地球自转时，星下点轨迹与卫星6个经典轨道根数均有关系。其中，$\Omega - S_0$影响升交点的位置，τ影响卫星在轨迹上的起算点时间，即Ω和τ只影响星下点轨迹相对于地球的位置，而不影响轨迹的形状。星下点的形状与a,e,i,ω有关。利用卫星工具软件包STK，可以分析不同轨道根数对星下点轨迹的影响。

1）半长轴对星下点轨迹的影响

分析半长轴对星下点轨迹的影响时，用轨道周期T代替会更直观。以某圆轨道为例，轨道倾角设为45°，轨道周期分别设置为6000s、18000s和43082s，对应的两天内的星下点轨迹如图8-6所示。

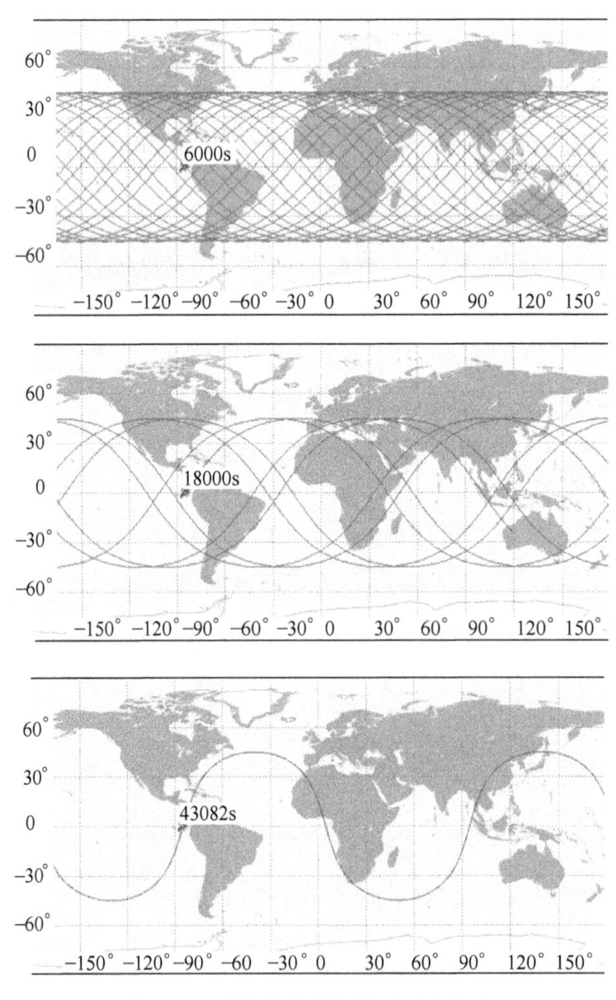

图8-6 不同轨道周期的星下点轨迹

通过比较可以看出：①轨道周期越大，相同的时间内，星下点轨迹越稀疏；②特别地当轨道周期与地球自转周期互质时，经过一个回归周期后星下点轨迹重复上次的轨迹（例如第三幅图T=43082s，地球自转周期为$2T$=86164s，因此当航天器经过两个轨道周期后，星下点轨迹与第一个轨道周期重合）。

2）偏心率对星下点轨迹的影响

以轨道周期为43082s、轨道倾角为45°、近拱点幅角为0°的轨道为例，分别绘出偏心率为0、0.2和0.4的星下点轨迹，如图8-7所示。

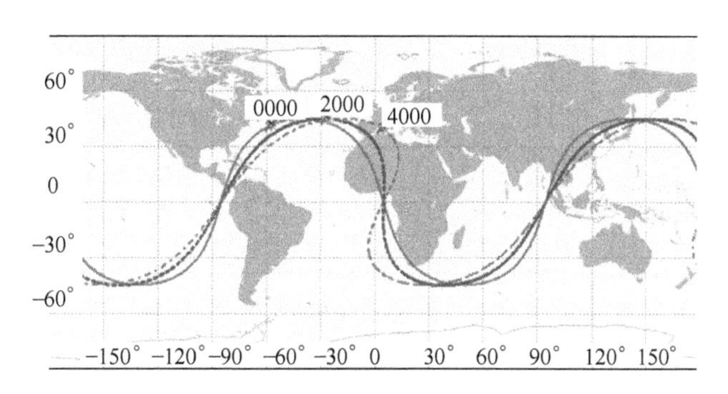

图8-7 不同偏心率的星下点轨迹

可以看出：①偏心率为0，即是圆轨道，对于圆轨道的星下点轨迹，一个轨道周期内轨迹均匀变化，具有较强的对称性；②当轨道偏心率不为0时（即椭圆轨道），一个轨道周期内星下点轨迹变化不再均匀，存在一定扭曲，且偏心率越大，扭曲程度越大。

3）轨道倾角对星下点轨迹的影响

以轨道周期为43082s的圆轨道为例，分别绘出轨道倾角为25°、50°和75°的星下点轨迹如图8-8所示。

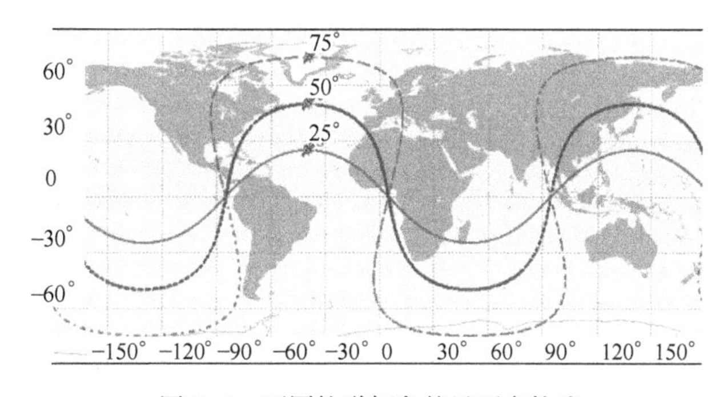

图8-8 不同轨道倾角的星下点轨迹

可以看出，轨道倾角首先决定了星下点轨迹的纬度范围，其次也会影响星下点轨迹的形状。

4）近拱点幅角对星下点轨迹的影响

以轨道周期为43082s、偏心率为0.6、轨道倾角为45°的椭圆轨道为例，分别绘出近拱点幅角为0°、45°和90°的星下点轨迹，如图8-9所示。

可以看出，近拱点幅角显著影响星下点轨迹的扭曲程度，仅当近拱点在赤道或90°或270°时，星下点轨迹具有一定的对称性，而其他取值时，一个轨道周期内的星下点轨迹不再具有对称性。

通过分析可以看出，考虑地球旋转后，星下点轨迹的形状非常复杂，一般难以直接看出，需要根据式（8.8）求解后在地图上逐点绘出。

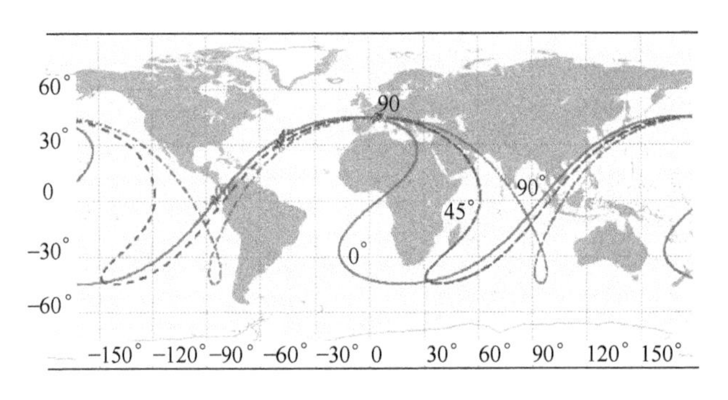

图 8-9 不同近拱点幅角的星下点轨迹

3. 考虑摄动的旋转地球星下点轨迹

进一步,如果考虑地球引力 J_2 项摄动,升交点西移的角速度除地球自转外,还有轨道面进动的角速度,此时星下点轨迹的计算方程为

$$\begin{cases}\lambda = \arctan(\cos i \cdot \tan u) + \Omega - \omega_e t - S_0 + \dot{\Omega} t \\ \phi = \arcsin(\sin i \cdot \sin u)\end{cases} \tag{8.10}$$

考虑摄动和不考虑摄动条件下星下点轨迹的区别为,两者星下点轨迹西移的速度不同。考虑摄动和地球自转的星下点轨迹逐圈西移,每圈所移动的角称为横移角,它是地球自转、升交点进动和卫星轨道运动的合成

$$\Delta\lambda = T(\dot{\Omega} - \omega_e) \tag{8.11}$$

对于近地轨道航天器来说,由于在轨运行时间长,地球引力 J_2 项摄动的影响是不可忽略的,因此通常在研究航天器的星下点轨迹时,一般是要考虑地球自转和地球引力 J_2 项摄动因素,当对于精确度要求不高的任务初始分析时,也可以忽略摄动因素,仅考虑地球自转。

以某近地圆轨道为例,假设轨道半径为 6878km(轨道高度约 500km),轨道倾角为 45°,如果不考虑摄动,则其轨道周期为 5676.98s,横移角为

$$\Delta\lambda_N = -T\omega_e = -23.72° \tag{8.12}$$

如果考虑摄动,则

$$\dot{\Omega} = -\frac{3J_2 a_e^2}{2r^2}\sqrt{\frac{\mu}{r^3}}\cos i \approx -6.262 \times 10^{-5}(°)/\mathrm{s} \tag{8.13}$$

代入式(8.11),可得考虑摄动的横移角为

$$\Delta\lambda_R = T(\dot{\Omega} - \omega_e) = -24.07° \tag{8.14}$$

可以看出:①由于地球自转,横移角通常为负值;②对于轨道倾角小于 90°的顺行轨道,计算出的升交点赤经变化率为负值,因此考虑摄动后其横移角的绝对值要大于不考虑摄动情况,如上述例子两者大约存在 1.5%的偏差。由于偏差会逐圈累积,如图 8-10 所示,因此对于长期在轨运行的航天器,偏差会越来越大,长期影响不可忽略。

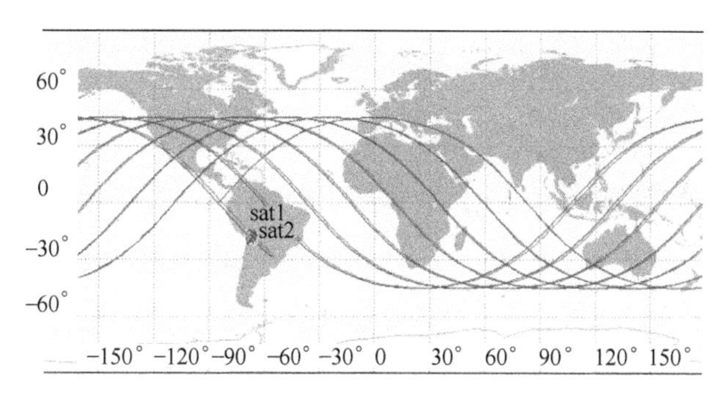

图 8-10　考虑 J_2 摄动后横移角的变化

8.1.2　卫星对地覆盖

1. 理想覆盖区

卫星与地面建立链路通常以电磁波为载体，根据电磁波沿直线传输的特性，卫星对地覆盖的范围应是以星下点轨迹为中心的带状区域。作卫星与地面的切线，切线以上区域为卫星的理想覆盖区，如图 8-11 所示。

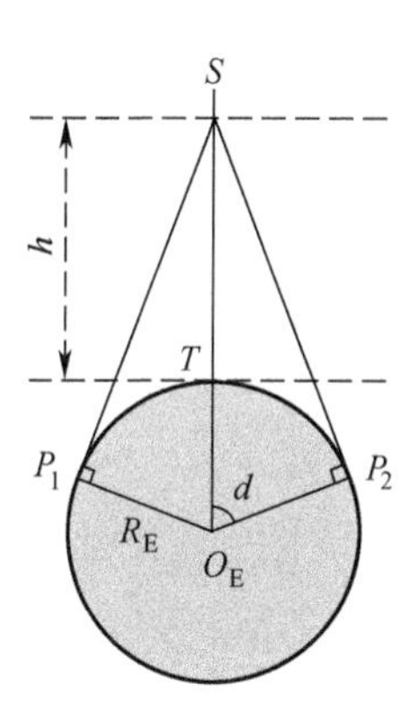

图 8-11　卫星理想对地覆盖区域

覆盖区对应地心角的一半称为覆盖角 d，即

$$d = \arccos\left(\frac{R_E}{R_E + h}\right) \tag{8.15}$$

利用覆盖角可以计算覆盖区占全球面积的百分比 P，即

$$P = \sin^2\frac{d}{2} \times 100\% \tag{8.16}$$

根据覆盖角的计算公式可知，卫星离地面越高，覆盖区越大，例如轨道高度设为 200km，覆盖角约为 14.16°，覆盖区仅占全球面积的 1.52%；而当轨道高度设为 35786km，覆盖角约为 81.3°，覆盖区可达全球面积的 42.44%，说明在赤道上等间隔放置三颗该轨道高度的卫星，就可以覆盖除南北极附近外地球表面的全部区域。轨道高度增加对有效载荷的要求也增加，因此在实际应用中，选择轨道高度要综合考虑覆盖区和有效载荷的影响。

2. 考虑约束的覆盖区

为了使收集和传输信息达到良好的效果，通常要求卫星视线与地平线间的夹角大于某给定角度,即最小观测仰角 β;另外,由于有效载荷发射功率的制约和地面分辨率的要求,有效载荷发射电磁波的波束角也是有限制的,即波束半张角 α。两个角度的定义如图 8-12 所示。

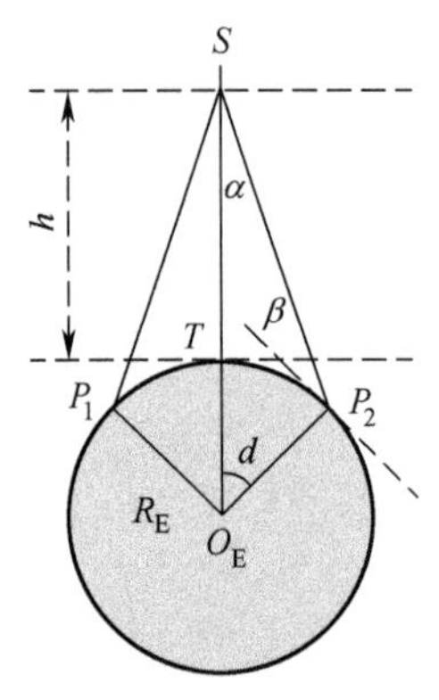

图 8-12 考虑约束的卫星对地覆盖区域

因此,实际应用中卫星的覆盖区要小于理想覆盖区。以波束半张角约束为例,如图 8-12所示,此时覆盖角的计算与 α 有关,三角形 O_EP_2S 不再是直角三角形,在该三角形中根据正弦定理可知

$$\frac{\sin(\pi - d - \alpha)}{\sin\alpha} = \frac{R_E + h}{R_E} \tag{8.17}$$

当已知波束半张角约束数值时,即可解算出考虑约束条件下的覆盖角

$$d = \arcsin\left(\frac{R_E + h}{R_E}\sin\alpha\right) - \alpha \tag{8.18}$$

利用式(8.18)重新计算轨道高度为 35786km 的卫星覆盖区,当波束半张角约束为 3°时,覆盖角为 17.26°,覆盖区域骤减为仅占全球面积的 2.25%,大概缩小为原来的 1/20。

以光学侦察卫星或通信卫星为例,其对地覆盖区域较为简单,通常是以星下点为圆心、一定宽度为半径的圆形区域,如图 8-13 所示,圆锥形的半顶角称为视场角(即波束半张角约束)。随着星下点移动,形成的带状区域称为覆盖带。

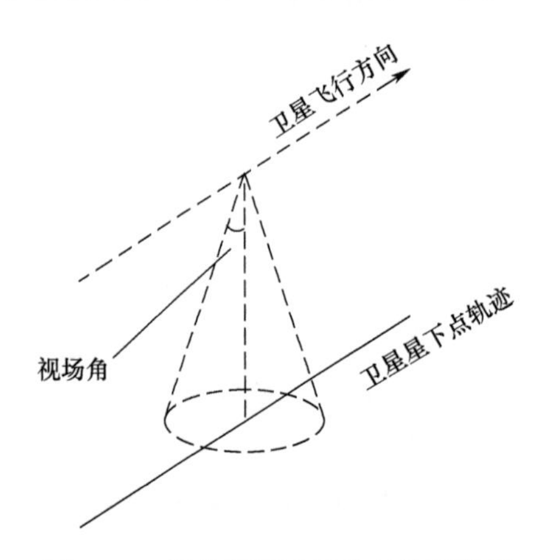

图 8-13 光学侦察卫星的对地覆盖带

本节思考题

1. 什么是星下点和星下点轨迹？通常用什么参数表示？
2. 由于地球自转，导致星下点轨迹有何规律？
3. 轨道根数对星下点轨迹分别有何影响？
4. 考虑 J_2 项摄动后，星下点轨迹逐圈西移的速率如何变化？
5. 什么是回归轨道？如何构建回归轨道？
6. 什么是理想覆盖区？实际覆盖通常会有什么约束？

8.2　常用卫星轨道

掌握了卫星轨道和对地几何的基础知识，就可以对常用卫星轨道的分类和具体应用进行分析。

8.2.1　航天器轨道分类

按照国家标准文件《航天器轨道分类及常用参数符号》GB/T 29079—2012，依据不同标准，空间轨道具有不同的分类。

1. 按偏心率分类

如果按照轨道的偏心率分，可以分为 4 类：

(1) 圆轨道，偏心率等于 0；

(2) 椭圆轨道，偏心率大于 0 小于 1；

(3) 抛物线轨道，偏心率等于 1；

(4) 双曲线轨道，偏心率大于 1。

不同偏心率轨道形状如图 8-14 所示。

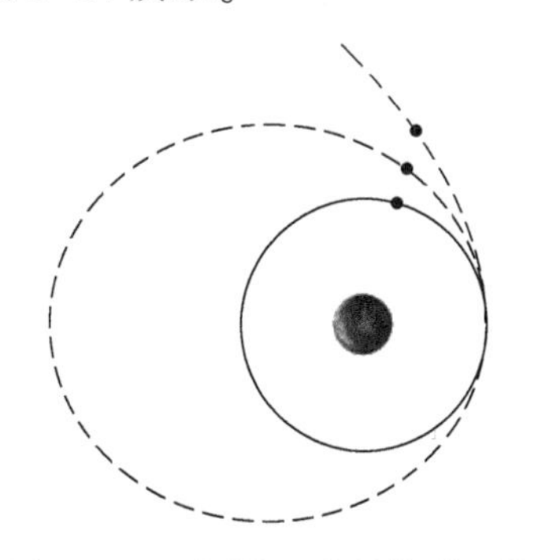

图 8-14　不同偏心率的轨道形状

2. 按轨道倾角分类

如果按照轨道倾角分，则可以分为 3 类：

(1) 顺行轨道，即轨道倾角小于 90°；

(2) 逆行轨道，即轨道倾角大于 90°；

（3）极地轨道，即轨道倾角等于90°，有时也会把90°附近的轨道统称为极地轨道。

这里所谓的顺行和逆行，是相对于地球自转运动来说的。地球自西向东自转，当卫星轨道倾角小于90°时，则卫星的运行方向也是自西向东，与地球自转方向相同，因此称为顺行轨道，反之则称为逆行轨道。

3. 按轨道高度分类

如果按照轨道高度分，也可以分为3类：

（1）轨道高度低于2000km的称为低轨道；

（2）轨道高度高于30000km的称为高轨道；

（3）轨道高度介于低轨和高轨之间的称为中轨道。

需要说明的是对于椭圆轨道，只要远地点高度大于30000km，即认为是高轨道。

4. 按轨道面进动方向分类

由于摄动的影响，卫星的轨道面会发生进动，也就是升交点赤经会发生变化，如果按照轨道面的进动方向分，可分为两类：

（1）东进轨道，也就是升交点自西向东进动，对应的轨道倾角应该大于90°小于180°，同时又是逆行轨道；

（2）西退轨道，也就是升交点自东向西进动，对应的轨道倾角小于90°，同时也是顺行轨道。

东进西退轨道和顺行逆行轨道是不同的，前者指升交点赤经沿赤道圈上的变化，后者指卫星轨道运行方向与地球自转方向的异同。根据式(7.42)，顺行轨道的轨道面在西退，逆行轨道的轨道面在东进。

5. 按运行阶段分类

对于一些高轨道，一般不是采用直接入轨，而是先进入低轨道，然后通过转移进入目标高轨道。所以按照航天器的不同运行阶段，轨道可以分为以下几类：

（1）初始轨道：与运载火箭分离后的轨道，这个阶段很短，不会超过一个周期；

（2）停泊轨道：为转移到另一条轨道暂时停留的轨道；

（3）转移轨道：从一条轨道转移到另一条轨道所经过的轨道；

（4）目标轨道：执行某特定任务的运行轨道，比如地球静止轨道；

（5）弃置轨道：完成任务或故障进入的最终轨道。

如图8-15所示，蓝色部分为运载火箭的飞行轨道，称为发射轨道，红色部分即为初始轨道，黄色部分为停泊轨道，绿色部分为转移轨道，粉色部分为目标轨道。

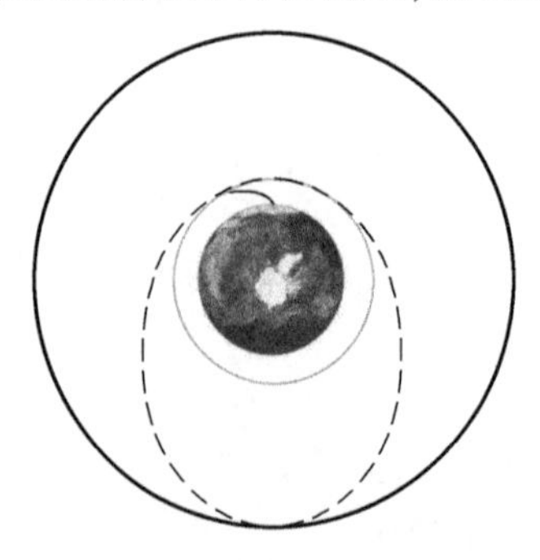

图8-15 航天器的不同运行阶段

8.2.2　特定功能的重要轨道

有一些轨道具有比较固定的轨道参数和轨道特征，具有特定的功能，因此拥有固定的称谓。

1. 地球静止轨道

在第2章中提到，地球自转周期为23h56min 4s(86164s)，如果一颗卫星的轨道周期和地球自转周期相同，称为地球同步轨道。如果该地球同步轨道同时也是轨道倾角为0°的圆轨道，此时就可以保证该轨道的卫星与地面相对静止，星下点轨迹为一个点，称为地球静止轨道，轨道示意图如图8-16所示。

将地球自转周期 T = 23时56分4秒和地球赤道半径 a_e = 6378km代入下式

$$T = 2\pi\sqrt{\frac{(a_e + H)^3}{\mu}} \tag{8.19}$$

可以算出，地球静止轨道高度约为35786km，即地球静止轨道就是轨道高度约为35786km、轨道倾角为0°的圆轨道。

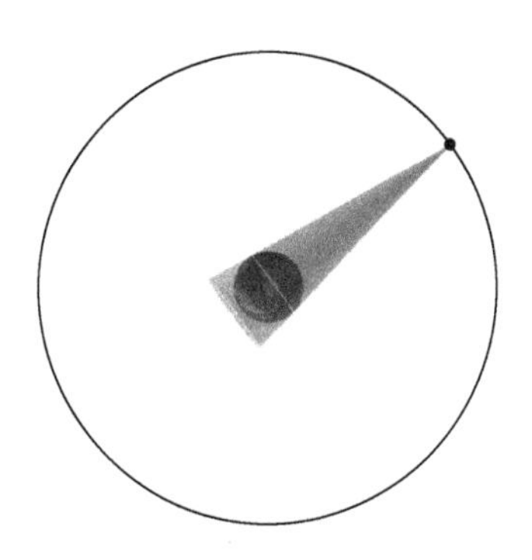

图8-16　地球静止轨道

地球静止轨道卫星轨道高度高，对地覆盖区域大，且相对于地面观测者方位角、倾角不变，适于通信和对地观测；但由于距离远，对载荷的性能要求更高。如美国的国防通信卫星系统和导弹预警天基红外系统均采用了地球静止轨道，美军的天基红外系统高轨部分由5颗地球静止轨道卫星组成，可以形成全球覆盖。

而对于一般的地球同步轨道，其轨道半长轴为42164km，当其偏心率不为0和轨道倾角不为0时，其星下点轨迹不再是一个点，而是会在一个区域内做周期往复性运动。如图8-17所示，当轨道倾角为60°时，星下点轨迹则在南北纬60°范围内做“8”字形周期运动；当偏心率设置为0.2时，星下点轨迹在赤道面内做“一”字形周期运动；当同时设置轨道倾角60°、偏心率0.2时，星下点轨迹则在南北纬60°范围内做斜“8”字形周期运动。

与地球静止轨道相比，地球同步轨道的这些特性导致其存在一些劣势和优势，虽然地球同步轨道卫星相对于地面观测者方位角和倾角等不再保持不变，而是会发生变化，给信号传输带来一定困难，但变化幅度不大，还进一步增大了卫星的覆盖范围。

2. 冻结轨道

在7.2节中，分析地球非球形摄动时，提到 J_2 项摄动会使近地点幅角随时间发生

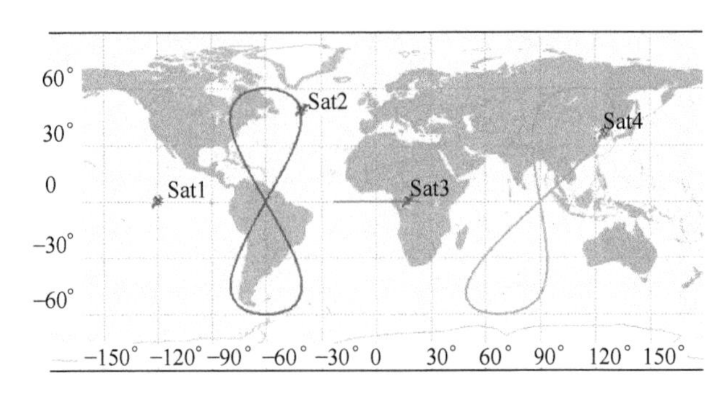

图 8-17 不同类型地球同步轨道的星下点轨迹

变化

$$\dot{\omega}=-\frac{3nJ_2a_e^2}{a^2(1-e^2)^2}\left(\frac{5}{2}\sin^2 i-1\right) \tag{8.20}$$

根据式(8.20)可以看出,存在一个轨道倾角,使得其变化率为0,即

$$\frac{5}{2}\sin^2 i-1=0\Rightarrow i=63.4°\text{或}116.6° \tag{8.21}$$

满足这个轨道倾角的轨道就叫临界倾角轨道,它的特征就是近地点幅角即使在 J_2 项摄动影响下也是不变的。如果进一步定义近地点幅角的数值为90°或270°,即近地点在轨道的最上方或最下方,就是冻结轨道。

采用冻结轨道典型的例子就是苏联的Molniya卫星。由于苏联的国土大部分都在北半球高纬度地区,普通卫星过境时间较短,而静止轨道卫星对高纬度地区覆盖特性较差,因此苏联设计了一个大椭圆轨道:近地点500km,远地点40000km,轨道周期约12h,近地点设在南半球,轨道倾角设为63.4°,将远地点定点在北半球高纬度地区上空,这样,就可以确保卫星在12h的轨道周期内,近11h都在北半球的高纬度地区,且由于冻结轨道的特性,即使在摄动影响下,远地点也能在较长时间内定点在北半球高纬度地区上空。

冻结轨道的这种特性,刚好可以解决地球静止轨道卫星对高纬度地区覆盖特性较差的问题,因此两者可以互补。例如美国新一代的导弹预警卫星系统——天基红外系统高轨部分,即采用地球静止轨道卫星+两颗冻结轨道卫星的构型(如图8-18所示),其两颗冻结轨道卫星的轨道根数如表8-1所示,两颗卫星升交点赤经差180°,过近地点的时刻刚好差半个轨道周期,这样确保一颗卫星在远地点时,另一颗卫星刚好在近地点,通过两颗卫星接力可确保星座对北半球极地地区形成实时覆盖。

表 8-1 两颗大椭圆轨道卫星的轨道根数

名称	半长轴/m	偏心率	轨道倾角/(°)	升交点赤经/(°)	近地点角距/(°)	过近地点的时间/s
HEO1	26610224.1	0.7425	63.435	0	270	0
HEO2	26610224.1	0.7425	63.435	180	270	21600

3. 太阳同步轨道

如图8-19所示,由于地球绕太阳公转,所以太阳光入射角每天会发生变化。

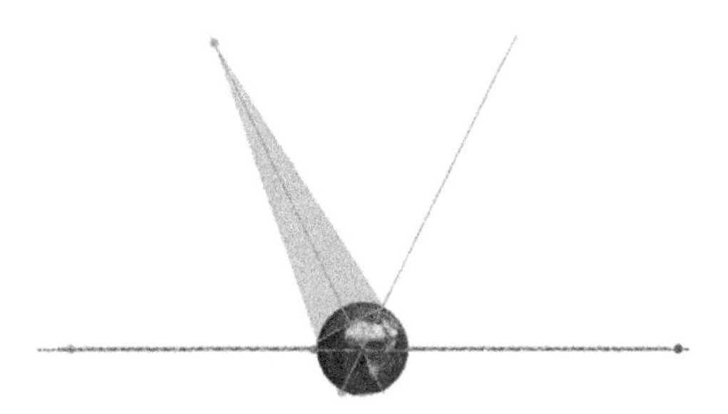

图 8-18　天基红外系统高轨部分的星座构型

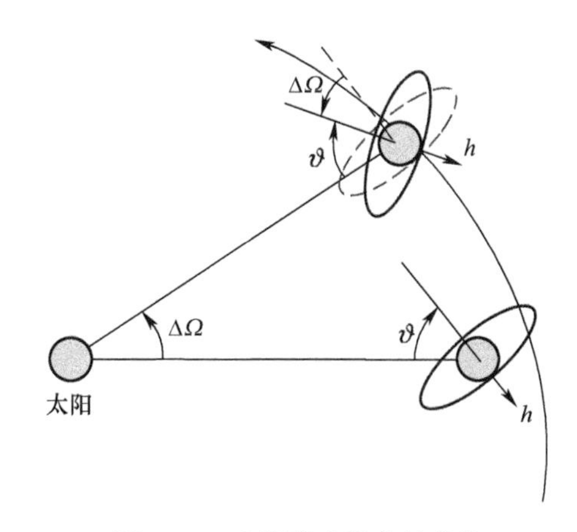

图 8-19　太阳光入射角的变化

地球公转平均角速度等于平太阳周年视运动角速度，平太阳在一个回归年(365.2422 平太阳日)内在赤道上运行一周，其角速度为

$$\omega_s = 360/365.2422 = 0.9856(°)/\mathrm{d} \tag{8.22}$$

即太阳入射光线与轨道平面的夹角每天变动约 0.98°，如此一来一些重要的卫星参数如卫星太阳照射角、地影时间等都会发生变化，给卫星能源以及对地摄影测量带来不便。

而根据 7.3 节的地球非球形摄动分析，可知 J_2 项摄动会使升交点赤经随时间发生变化，即

$$\dot{\Omega} = -\frac{3nJ_2a_e^2}{2a^2(1-e^2)^2}\cos i \tag{8.23}$$

如果设计一个卫星的轨道参数使其轨道面每天也东进约 0.98°，可以自动使得轨道面和太阳入射关系的夹角较长时间内保持不变，这就是太阳同步轨道。即轨道平面绕地球自转轴进动的方向与地球公转方向相同，且进动角速度等于地球公转平均角速度(平太阳周年视运动的角速度)的轨道称为太阳同步轨道。

太阳同步轨道的特性对遥感非常重要，比如测量目标影长，要求目标与太阳夹角保持相同，确保未来几天或几周的太阳光照特征不变。

光学侦察卫星通常都采用太阳同步轨道，如法国的对地观测卫星太阳神、斯波特，以及美国的锁眼系列等。表 8-2 给出了几种光学侦察卫星的轨道参数，通过太阳同步轨道中轨道高度和轨道倾角的对应关系，已知轨道高度可以计算出对应的太阳同步轨道倾角

数值,与实际给出的轨道倾角数值进行比较,可以验证这些光学侦察卫星采用的确实是太阳同步轨道。

表 8-2 太阳同步轨道卫星的轨道参数

卫星名称	轨道高度/km	轨道倾角/(°)	太阳同步轨道倾角计算值/(°)
斯波特	832	98.7	98.74
太阳神	680	98.1	98.11
锁眼-9	220	96.4	96.4

结合表中数据和公式可以看出:①通常光学侦察卫星轨道高度小于 1000km,对应的轨道倾角均在 90°附近并大于 90°,说明太阳同步轨道均为逆行的准极地轨道;(2)轨道高度越低,轨道倾角越接近 90°。

4. 回归轨道

对地观测除了光照性要求外,对于地面静止的观测区域,通常希望卫星隔一段时间就经过该区域,也就是说卫星的星下点轨迹周期性重叠,这种轨道就是回归轨道。

在 8.1.1 节中,定义了横移角的概念,如果通过合理选择轨道参数,使得横移角能够被 2π 整除,即存在一个正整数 R, 满足

$$\frac{2\pi}{T(\dot{\Omega}-\omega_e)}=R\in\mathbf{N} \tag{8.24}$$

那么经过一天之后,星下点轨迹就和第一圈重叠并重复第一天的轨迹,这种星下点轨迹周期性重叠的轨道称为回归轨道,回归周期是一天,一天内卫星运行的圈数为 R 。

如果考虑摄动,则根据式(7.42),横移角与半长轴、偏心率和轨道倾角均有一定关系,当轨道为圆轨道时,则横移角由轨道半径和轨道倾角共同决定。例如已知某圆轨道卫星轨道半径 $r=16727.6\text{km}$,横移角为 $-\dfrac{\pi}{2}$,则可知

$$\dot{\Omega}=\frac{\Delta\lambda}{2\pi}\sqrt{\frac{\mu}{r^3}}+\omega_e=-3.4424\times10^{-8}\text{rad/s} \tag{8.25}$$

有了升交点赤经变化率,则可以计算对应的轨道倾角为

$$i=\arccos\left(-\frac{2r^2\dot{\Omega}}{3J_2a_e^2}\sqrt{\frac{r^3}{\mu}}\right)=60° \tag{8.26}$$

为简化问题,假设不考虑摄动因素,简单分析一下所有的回归轨道中,一天内卫星运行圈数最多为多少圈。对于稳定在轨运行的航天器,轨道高度存在一个最小值 $H_{\min}$(根据第 7 章大气阻力摄动分析结果,可取值 200km),则轨道周期存在一个最小值

$$T_{\min}=2\pi\sqrt{\frac{(r_0+H_{\min})^3}{\mu}} \tag{8.27}$$

不考虑轨道摄动(或轨道倾角在 90°附近取值),横移角也存在一个最小值

$$\Delta\lambda_{\min}=T_{\min}\omega_e \tag{8.28}$$

则一天内航天器运行的圈数存在一个最大值

$$R_{\max} = \frac{2\pi}{\Delta\lambda_{\min}} = \frac{1}{\omega_e}\sqrt{\frac{\mu}{(r_0 + H_{\min})^3}} \tag{8.29}$$

经计算,对于回归轨道,一天内卫星运行的最大圈数为 16 圈,对应的最小横移角为 22.5°,最小轨道周期为 5385.26°,轨道高度约为 269.3km(实际上该轨道高度的寿命也比较短)。最小横移角 22.5°,即相邻两个周期的星下点轨迹在赤道上的距离差约为 2500km,这通常远大于低轨光学侦察卫星的覆盖带宽,为了确保卫星以较小的覆盖带宽重复扫描整个地球球面,可以设置参数

$$RT(\omega_e - \dot{\Omega}) = R \cdot \Delta\lambda = N \cdot 2\pi \tag{8.30}$$

式中:R 和 N 为两个互质的自然数,且 $N > 1$。这样横移角可以大大缩小,卫星就可以以较小的覆盖带宽在一个回归周期(N 天)内完成一次对地覆盖,这也是一种回归轨道,叫准回归轨道,也就是回归周期大于 1 天。例如设 $N = 2, R = 25$,则轨道周期约为 6893.1s,轨道高度约为 1450.2km,虽然高度显著抬升,但其 10 天星下点轨迹如图 8-20 所示,横移角约为 14.4°,相邻两个周期的星下点轨迹在赤道上的距离差约为 1600km,确实可以解决回归轨道最小横移角和侦察载荷的最大幅宽限制问题。当然它是以侦察的时效性为代价,回归周期为两天,即两天之后才能重访以前经过的地区。

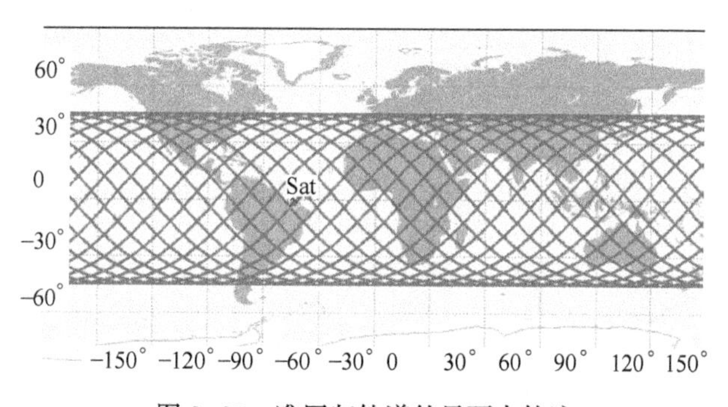

图 8-20 准回归轨道的星下点轨迹

由于受侦察载荷性能的限制,现有的对地观测卫星通常既是太阳同步轨道卫星也是准回归轨道卫星。以法国的斯波特为例,根据其轨道参数可以算出其回归周期约为 6 天,在一个回归周期内运行 85 圈,覆盖带宽约 470km。

卫星在回归或准回归轨道上运行,经过一个回归周期后会重访以前经过的地区。对这类轨道,通过比对遥感信息很容易发现地面目标的变化;与地面测控台站的几何关系也重复出现,容易制定测控方案。

5. 卫星星座

对于全球导航、通信或监测内容,通常要求地球上任一地区任一时刻被系统中某一颗(或若干颗)卫星覆盖,显然单个卫星无法完成该项任务,需要采用多卫星组网的方式。组网卫星群也称卫星星座。研究表明,相同轨道倾角、轨道高度的圆轨道组网是一种比较实用和优化的配置方案,称为 Walker-δ 星座。

Walker-δ 卫星星座各条轨道的升交点等间隔分布,每条轨道上的卫星均匀分布(相位差为常数),轨道形状为圆,轨道倾角和轨道高度均相同。通常由($T/P/F$)3 个参数描述 Walker 星座,T 为卫星总数,P 为轨道面个数,$S = T/P$ 为每个轨道面的卫星个数,每个

轨道面内卫星的相位差为 $\frac{360^\circ}{S}$，相邻轨道面卫星的相位差为 $F \times \frac{360^\circ}{T}$，因此 F 的取值范围为 $[0,1,\cdots,P-1]$。例如，某 Walker-δ 卫星星座采用 12 颗卫星，分布在 3 个轨道面内，则每个轨道面内均匀分布 4 颗卫星，F 的取值为 0、1、2，对应的相邻轨道卫星的相位差分别为 0°、30°、60°，因此其构型有 12/3/0、12/3/1、12/3/2 等 3 种，每种构型相邻轨道面卫星间的相位关系比较如图 8-21 所示。

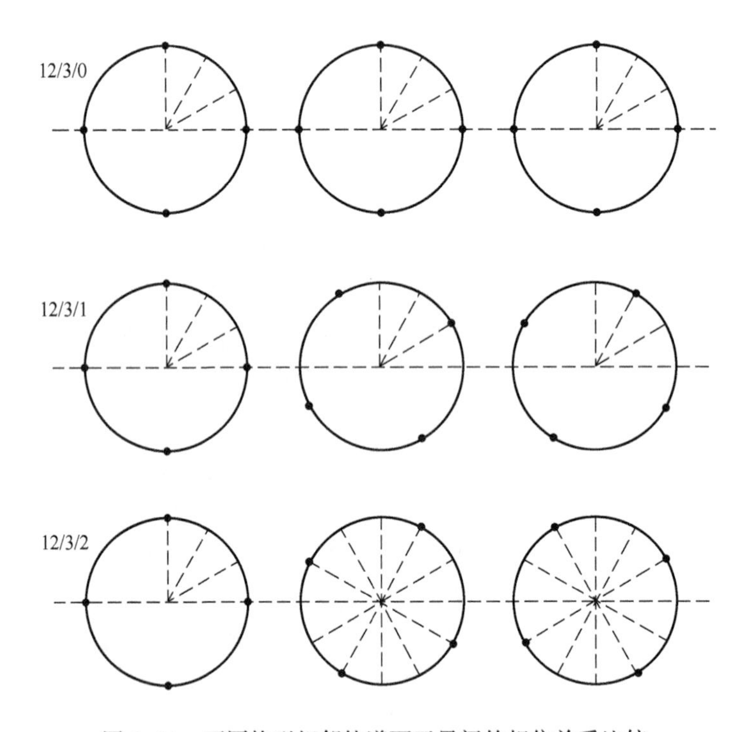

图 8-21 不同构型相邻轨道面卫星间的相位关系比较

进一步定义轨道高度为 1600km，轨道倾角为 102.49336°，则可以设计 12/3/1 构型星座，每个卫星的轨道根数如表 8-3 所列，每个轨道面内的卫星相位差为 90°，相邻轨道面内卫星间的相位差为 30°。

表 8-3 12/3/1 构型星座每个卫星的轨道根数

编号	a/m	e	i/(°)	Ω/(°)	ω/(°)	M/(°)
01	7971110.0	0.00	102.49336	0.00	0.00	0.00
02	7971110.0	0.00	102.49336	0.00	90.00	0.00
03	7971110.0	0.00	102.49336	0.00	-180.00	0.00
04	7971110.0	0.00	102.49336	0.00	-90.00	0.00
05	7971110.0	0.00	102.49336	120.00	30.00	0.00
06	7971110.0	0.00	102.49336	120.00	120.00	0.00
07	7971110.0	0.00	102.49336	120.00	-150.00	0.00
08	7971110.0	0.00	102.49336	120.00	-60.00	0.00

续表

编号	a/m	e	i/(°)	Ω/(°)	ω/(°)	M/(°)
09	7971110.0	0.00	102.49336	240.00	60.00	0.00
10	7971110.0	0.00	102.49336	240.00	150.00	0.00
11	7971110.0	0.00	102.49336	240.00	-120.00	0.00
12	7971110.0	0.00	102.49336	240.00	-30.00	0.00

构建的星座三维视图如图8-22所示。

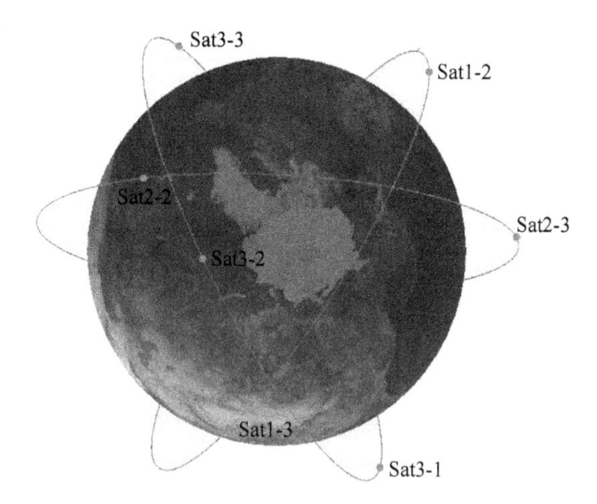

图8-22　卫星星座三维视图

全球定位系统(GPS)即为典型的Walker-δ星座,共24颗星分布在6个轨道面内,每个轨道面4颗星,卫星轨道周期为12h,轨道倾角为55°,轨道呈圆形。该星座可以保证任何一个地方在任何时刻可以见到4颗以上的卫星。

本节思考题

1. Molniya轨道在轨道高度分类属于什么轨道?
2. 顺行/逆行轨道与东进/西退轨道有什么对应关系?
3. 地球静止轨道有什么特征? 有什么应用?
4. 冻结轨道有什么特征? 有什么应用?
5. 太阳同步轨道有什么特征? 有什么应用?
6. 准回归轨道有什么特征? 有什么应用?
7. 卫星Walker星座有什么特征。有什么应用?

本章习题

1. 某圆轨道卫星轨道半径 $r = 16727.6\text{km}$,横移角为 $-\dfrac{\pi}{2}$。考虑地球引力 J_2 项摄

动,已知升交点赤经变化率 $\dot{\Omega}=-\dfrac{3J_2a_e^2}{2p^2}n\cos i$,其中 $J_2=1.08263\times10^{-3}$, $a_e=6378\text{km}$, $\mu=3.986005\times10^{14}$, $\omega_e=7.292115\times10^{-5}\text{rad/s}$ 。请问:

(1) 该卫星属于什么特殊功能轨道,回归周期多少,一个回归周期内运行几圈?

(2) 轨道倾角多少度?

第 9 章　轨 道 机 动

在天体力学中研究天体运动时,只研究天体和其他天体的相互作用下的运动规律,因自然天体一般都具有较大的质量,所以人们很难改变其运动轨道。航天动力学研究的航天飞行器的轨道运动,则不仅要研究航天器作为一个自然天体的轨道运动,还要按照飞行要求,在飞行器上安装发动机,研究它在预先设计的轨道上的运动规律。轨道调整、保持、变轨、转移、拦截以及轨道交会等轨道机动问题的研究,已形成了一个全新的研究领域,许多学者称之为航天动力学,因此轨道机动与控制是航天动力学区别于天体力学的主要特征。

9.1　轨道机动概述

9.1.1　轨道机动的概念

轨道机动是指航天器在控制系统的作用下,从已有的自由飞行轨道出发,最终到达另一条自由飞行轨道的操作过程,该过程示意如图 9-1 所示。

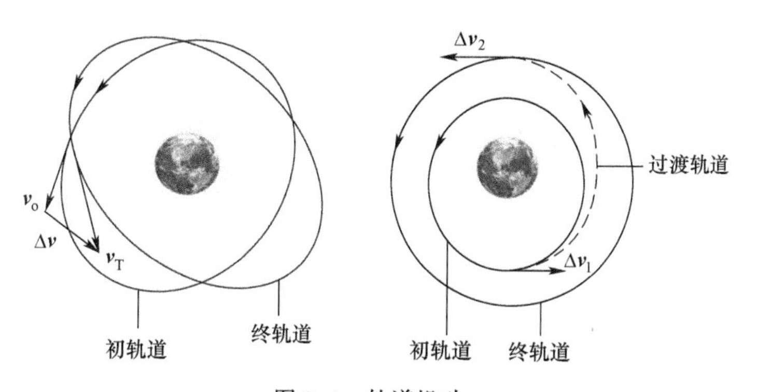

图 9-1　轨道机动

轨道机动与控制是航天器完成任务的前提条件,也是未来先进航天器的发展趋势;但轨道机动与控制的代价是昂贵的,过程是复杂的。例如完成一颗侦察卫星的机动变轨,调度到一个新的位置,通常需要 7 天时间(包括多次变轨、机动、测轨及观测数据处理、轨道运行稳定等过程)。在海湾战争期间,美军花费一个半月时间,才完成整个天基信息保障系统(侦察、导航定位、预警、通信、气象卫星系统)的指挥调动和作战准备。

由于航天器所处空间环境大气密度极为稀薄,因此轨道机动主要还是利用喷气式的反作用力装置,仍属于变质量物体的力学问题,齐奥尔科夫斯基公式也适用于分析轨道机动问题。假如燃料的排气速度为 V_e ,卫星总质量为 m_0,燃料质量为 m_f ,则产生的速度

增量和燃料质量与航天器总质量的比值之间的关系为

$$\Delta v = -V_e \ln\left(1 - \frac{m_f}{m_0}\right) \tag{9.1}$$

设某型燃料排气速度为 3000m/s，绘出所能够产生速度增量和燃料质量占比间的对应关系如图 9-2 所示。

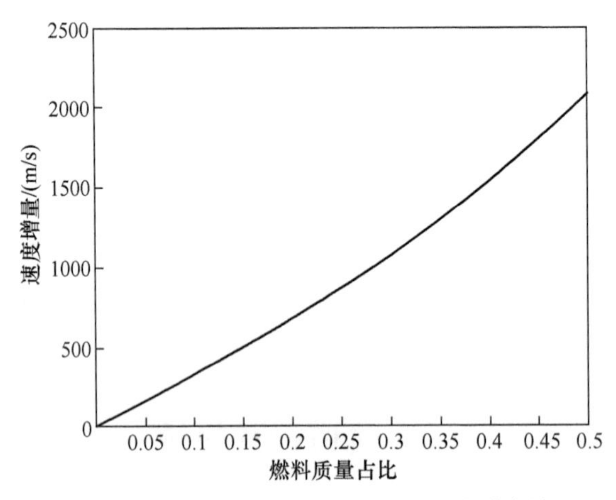

图 9-2 速度增量和燃料质量占比间的对应关系

可以看出，如果需要获得 2000m/s 的速度增量，燃料质量几乎占到了航天器总质量的一半。那么 2000m/s 的速度增量可以改变多大幅度的轨道呢？可以通过对某些轨道根数数值的改变幅度来表征，例如用轨道高度的改变量来表征面内机动的幅度，用轨道倾角的改变量来表征面外机动的幅度。

假设对于轨道高度为 500km 的近地圆轨道航天器（大部分光学侦察卫星采用类似轨道高度），不同的速度增量可以改变的轨道高度幅度和轨道倾角幅度如图 9-3 所示。

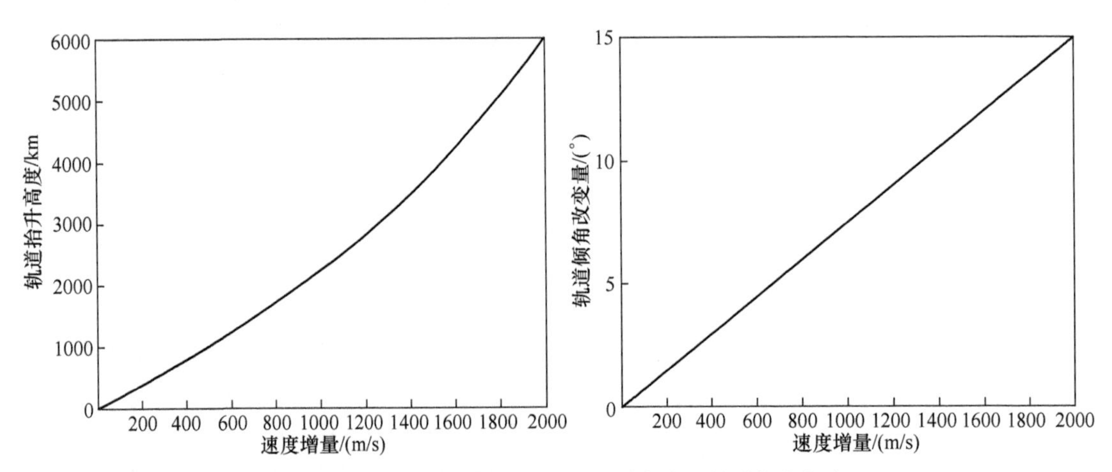

图 9-3 不同速度增量可改变的轨道高度和轨道倾角幅度

可以看出，2000m/s 的速度增量，轨道高度可以抬升约 6000km，轨道平面夹角的改变量约为 15°，但对于大多数航天器，燃料质量占比不可能达到 50%，因此可用的速度增量远小于2000m/s,这说明轨道机动(尤其是改变轨道面)还是比较消耗燃料的,如无特殊需求,大范围改变轨道根数是不可取的,这也是针对特定航天任务对航天器的轨道进行优化设计的意义所在。

9.1.2 轨道机动的分类

不同的轨道推进形式,或者不同的轨道变化特征,通常所反映出来的轨道机动类型也有所不同,相应的研究方法也有所区别。因此为了研究问题的方便,通常先将轨道机动进行分类,然后针对不同类型的轨道机动采用对应的研究方法。依据标准的不同,大概有以下几种分类方法。

1. 根据控制力的特性

根据轨道机动时推力大小和作用时间的不同,实际应用中常采用脉冲推力、有限推力和小推力三种控制力模型,它们有不同的轨道机动特性。

1) 脉冲推力

采用化学火箭发动机作为轨道机动的动力装置时,由于发动机能够提供较大的推力,在较短的时间内即可使航天器获得需要的速度增量,因此在初步讨论问题时,可以假设推力随时间变化的函数近似为脉冲函数,其冲量等于原推力产生的冲量。由于脉冲推力的作用时间近似为0,因此在其作用前后,航天器的位置不发生变化,速度在瞬间改变Δv。如果变轨过程中发动机的工作时间与变轨前后的轨道周期相比小得多,那么脉冲推力模型能够很好地近似实际的变轨过程。发动机工作时间越短,近似程度越高。

施加一次脉冲推力有4个设计参数,分别是脉冲施加时刻、冲量大小和冲量作用方向(两个角度参数)。由于脉冲推力模型比真实推力模型的求解简单得多,因此在很多轨道机动的初步研究中,都采用脉冲推力模型。

2) 有限推力

有限推力是对真实变轨过程更精确的数学描述,它假定变轨过程中推力是连续作用的且为有限值。有限推力模型一方面用于推力较小,作用时间较长,不能再使用脉冲推力模型的情况;另一方面用于在脉冲推力设计的基础上,更进一步研究轨道机动的真实情况,设计变轨的导引和控制方法。有限推力作用的研究方法与导弹主动段的推力作用类似,属于变质量力学问题,运动由密歇尔斯基方程描述。根据真空中喷气发动机推力的计算式,在利用有限推力模型分析问题时,可以假设发动机推力、质量秒耗量和有效排气速度近似为常数,此时一次变轨的控制量包括发动机开关机时刻两个参数和描述推力方向变化的两个角度随时间变化曲线。

3) 小推力

小推力是有限推力的一种特殊情况。一般而言,有限推力多用于描述使用化学推进剂的火箭发动机。这种发动机的比冲小,但质量流速非常快,因此推力大,工作时间短。小推力模型多用于描述电推进系统,或用来研究利用太阳光压等自然力进行轨道机动的问题。电推进系统是目前发展最成熟的小推力系统,它利用电场或磁场加速带电粒子,并由喷管喷出以获得推力。它的比冲很高(如离子推进系统可达10000s),因此同样质量的燃料可以产生更大的速度增量。但它的质量流速很低,推力小,轨道机动的时间可能很长,因此机动轨道的设计有独特的规律和方法,一般单独研究。

由于小推力发动机的推质比很小，加速性能差，因此不能用于从地球表面直接发射航天器，甚至也不能在大气阻力较大的情况下使用，主要用于加速飞行时间很长的深空探测器，近年来也开始用于从停泊轨道上发射地球同步卫星。

3 种推力模型下的轨道机动过程如图 9-4 所示。

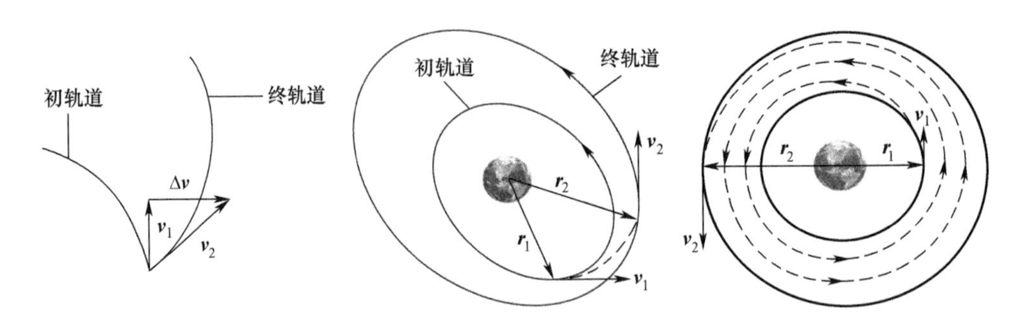

图 9-4　3 种推力模型下的轨道机动过程

2. 根据初终轨道是否相交(切)

根据轨道机动的初始轨道和目标轨道是否相交(切)，可以将轨道机动分为两类：①如果初终轨道相交(切)，两个轨道存在交(切)点，称为轨道改变，针对此种类型航天器可以在交(切)点处施加一次速度冲量即可由初始轨道进入目标轨道；②如果初终轨道不相交(切)，两个轨道不存在交(切)点，称为轨道转移，针对此种类型航天器至少需要施加两次速度冲量才能从初始轨道进入目标轨道。轨道改变和轨道转移的示意如图 9-5 所示。

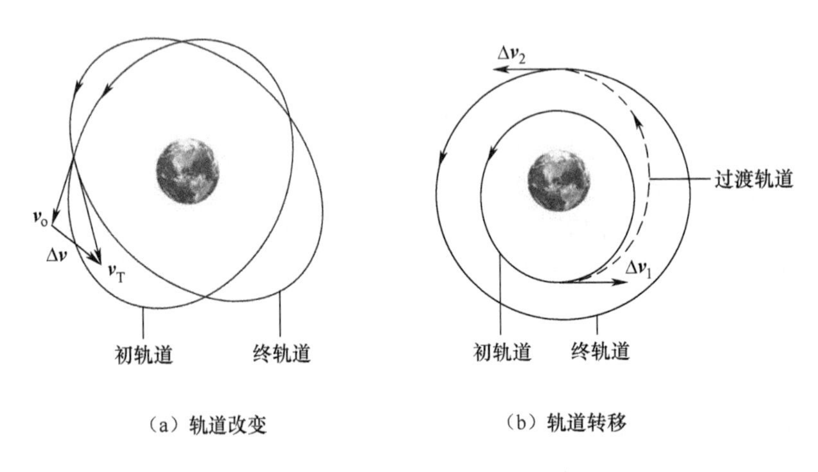

图 9-5　轨道改变和轨道转移的示意图

研究轨道转移时通常会采用理想的脉冲推力模型，因此轨道转移是航天器轨道机动中较为理想化和简单的一种方式，但在初始的航天任务分析中具有广泛应用，在轨道机动中具有非常重要的地位，可以说对其分析是轨道机动内容的基础。下节内容重点介绍如何通过脉冲推力实现轨道的转移。

本节思考题

1. 什么是轨道机动？
2. 轨道机动如何分类？
3. 最常采用的轨道机动类型是什么？

9.2　轨 道 转 移

本节首先从最简单的情况着手，讨论共面圆轨道之间的转移，在两冲量的情况下，霍曼（Hohmann）转移为最佳转移；然后分析一种特殊的霍曼转移——调相机动；最后以发射地球静止轨道卫星为例，简要介绍更为复杂的非共面轨道转移问题。

9.2.1　霍曼转移

在第8章提到的地球静止轨道卫星，轨道高度约为35786km，差不多是地球半径的6倍。这么高的高度，是如何将卫星从地面送入地球静止轨道呢？其实主要分为两步，首先利用运载火箭把卫星由地面送至低轨的停泊轨道，然后再利用脉冲推力也就是速度冲量把卫星由低轨的停泊轨道转移至高轨的静止轨道。其中第一步，就是第3、4章提到的火箭动力学问题，在此不再赘述；第二步则是这节重点讨论的问题，共面圆轨道最小能量转移问题。

首先考虑共面圆轨道间转移的一般情况。如图9-6所示，假设有两个共面圆轨道Ⅰ和Ⅱ，轨道Ⅰ的半径为r_1，轨道Ⅱ的半径为r_2，如果$r_1 < r_2$，称为向外转移；如果$r_1 > r_2$，称为向内转移。以向外转移为例，卫星开始是在内侧的轨道Ⅰ上运行，进行轨道转移（也就是沿图中虚线轨迹运行）后，卫星沿外侧的轨道Ⅱ运行。如果采用脉冲推力模型如何完成转移呢？可以看出，可以在转移轨道和初终轨道的交点处各施加一次冲量完成。实际上至少需施加两次冲量才能完成转移，因为每个轨道有6个自由度，而一次冲量可以改变3个自由度，因此改变一个轨道至少要利用两次冲量。这两次速度冲量如何计算呢？

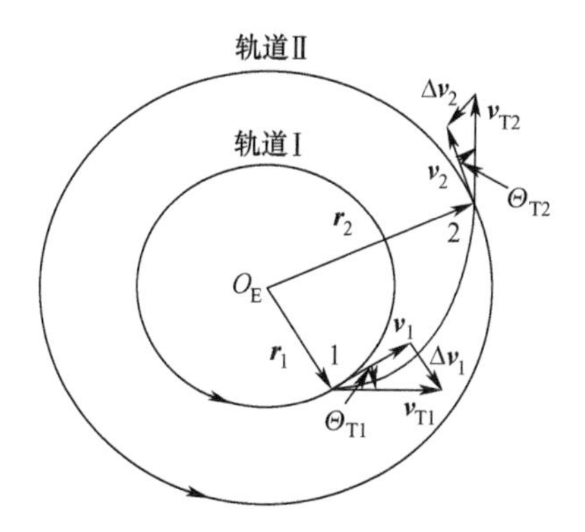

图9-6　共面圆轨道两次冲量转移

在初始轨道Ⅰ上的1点，位置速度分别为$\boldsymbol{r}_1$和$\boldsymbol{v}_1$；在转移轨道T上的1点，位置和速度分别为$\boldsymbol{r}_1$和$\boldsymbol{v}_{T1}$，$\boldsymbol{v}_1$和$\boldsymbol{v}_{T1}$的关系为

$$\boldsymbol{v}_{T1}=\boldsymbol{v}_1+\Delta\boldsymbol{v}_1 \tag{9.2}$$

式中：$\Delta\boldsymbol{v}_1$为第一次速度冲量。在转移轨道T上的2点，位置和速度分别为r_2和$\boldsymbol{v}_{T2}$；而在终轨道Ⅱ上的2点，位置和速度分别为$\boldsymbol{r}_2$和$\boldsymbol{v}_2$，$\boldsymbol{v}_2$和$\boldsymbol{v}_{T2}$的关系为

$$\boldsymbol{v}_2=\boldsymbol{v}_{T2}+\Delta\boldsymbol{v}_2 \tag{9.3}$$

式中：$\Delta\boldsymbol{v}_2$为第二次速度冲量。

两次速度冲量模值的和称为轨道转移所需的特征速度

$$v_c=|\Delta\boldsymbol{v}_1|+|\Delta\boldsymbol{v}_2| \tag{9.4}$$

可以看出特征速度是个标量，它表征了整个转移过程所消耗能量的多少，也就是消耗燃料的多少，数值越小则能量消耗越少。两次速度冲量的模值，分别可以在各自的矢量三角形中利用余弦定理计算得出

$$\begin{cases}\Delta v_1=(v_1^2+v_{T1}^2-2v_1v_{T1}\cos\Theta_{T1})^{\frac{1}{2}}\\ \Delta v_2=(v_2^2+v_{T2}^2-2v_2v_{T2}\cos\Theta_{T2})^{\frac{1}{2}}\end{cases} \tag{9.5}$$

式中：Θ_{T1}和Θ_{T2}分别是转移轨道速度的速度倾角。显然转移轨道不唯一，因为速度倾角可以任意选取，或者说过平面上任意两点的圆锥曲线有无穷多个。但是，由于在太空中燃料极为珍贵，通常希望转移轨道的特征速度尽量要小，也就是燃料消耗要最少。因此需要寻找一条使特征速度最小的最优转移轨道。

1925年，霍曼提出当1、2点分别为近地点和远地点时，转移轨道为最优转移轨道，如图9-7所示。此时转移轨道为双共切椭圆轨道，也称霍曼转移轨道。但该结论直到1963年，才由Barrar给出最优性的严格证明。证明过程此处略，仅定性分析霍曼转移具有最优性的原因。如图9-7所示，在1、2点处每一组的3个速度矢量均在同一条直线上，这就意味着，速度冲量全部用来增加速度的大小，而没有用于改变速度的方向，因此利用效率最高。因此霍曼转移的两个速度冲量方向也确定了，即与转移轨道相切，指向航天器运行的方向。

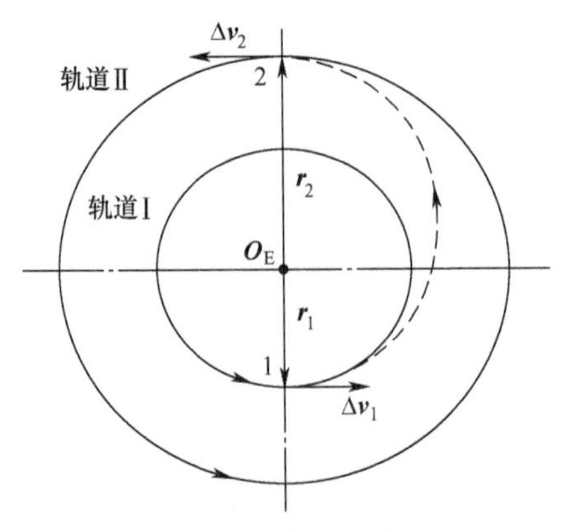

图9-7　霍曼转移轨道

对于霍曼转移，由于式(9.2)和式(9.3)中的3个速度矢量都在一条直线上，因此矢

量方程可以简化为标量方程。对于初始圆轨道Ⅰ的1点处位置和速度,根据活力公式可知,关系为

$$v_1^2 = \frac{\mu}{r_1} \tag{9.6}$$

而转移轨道T上1点的速度为

$$v_{T1}^2 = \mu\left(\frac{2}{r_1} - \frac{1}{a_T}\right) \tag{9.7}$$

式中:a_T 为转移轨道的半长轴,其计算表达式为

$$a_T = \frac{r_1 + r_2}{2} \tag{9.8}$$

因此第一次速度冲量的大小为

$$\Delta v_1 = v_{T1} - v_1 = \sqrt{\mu\left(\frac{2}{r_1} - \frac{1}{a_T}\right)} - \sqrt{\frac{\mu}{r_1}} \tag{9.9}$$

转移轨道T上2点的速度为

$$v_{T2}^2 = \mu\left(\frac{2}{r_2} - \frac{1}{a_T}\right) \tag{9.10}$$

终轨道Ⅱ上2点的位置和速度关系为

$$v_2^2 = \frac{\mu}{r_2} \tag{9.11}$$

因此第二次速度冲量的大小为

$$\Delta v_2 = v_2 - v_{T2} = \sqrt{\frac{\mu}{r_2}} - \sqrt{\mu\left(\frac{2}{r_2} - \frac{1}{a_T}\right)} \tag{9.12}$$

霍曼转移所需的特征速度为

$$v_c = \left|\sqrt{\mu\left(\frac{2}{r_1} - \frac{1}{a_T}\right)} - \sqrt{\frac{\mu}{r_1}}\right| + \left|\sqrt{\frac{\mu}{r_2}} - \sqrt{\mu\left(\frac{2}{r_2} - \frac{1}{a_T}\right)}\right| \tag{9.13}$$

霍曼转移所需的时间为转移椭圆轨道的半个周期

$$T_H = \pi\sqrt{\frac{a_T^3}{\mu}} \tag{9.14}$$

霍曼转移是共面圆轨道间、时间自由的两冲量全局最优转移,但转移时间并非最短,且对航天器的位置和速度具有严格要求。

通过对霍曼转移过程的分析,我们可以回过头来解决本节开始所提出的问题。

例题9-1:假如初始的停泊轨道为轨道倾角为0°、轨道高度为500km的圆轨道,如何以最小的燃料消耗转移至地球静止轨道呢?需要消耗多少速度冲量?整个转移过程要持续多长时间?

解答:

初始轨道半径

$$r_1 = H_1 + a_e = 6878140\text{m}$$

目标轨道半径

$$r_2 = H_2 + a_e = 42164140\text{m}$$

转移轨道半长轴

$$a_{\mathrm{T}} = \frac{r_1 + r_2}{2} = 24521140\mathrm{m}$$

第一次速度冲量

$$\Delta v_1 = \sqrt{\mu\left(\frac{2}{r_1} - \frac{1}{a_{\mathrm{T}}}\right)} - \sqrt{\frac{\mu}{r_1}} = 2369.79\mathrm{m/s}$$

第二次速度冲量

$$\Delta v_2 = \sqrt{\frac{\mu}{r_2}} - \sqrt{\mu\left(\frac{2}{r_2} - \frac{1}{a_{\mathrm{T}}}\right)} = 1446.26\mathrm{m/s}$$

霍曼转移的特征速度

$$v_{\mathrm{c}} = |\Delta v_1| + |\Delta v_2| = 3816.05\mathrm{m/s}$$

转移的时间

$$T_{\mathrm{H}} = \pi\sqrt{\frac{a_{\mathrm{T}}^3}{\mu}} = 19106.98\mathrm{s}$$

9.2.2 调相机动

假如航天器在某圆轨道上运行(如地球静止轨道),如图 9-8 所示,如何转移可以实现仅对该航天器的相位角进行改变,而其他轨道参数均保持不变呢？这种转移称为调相机动。

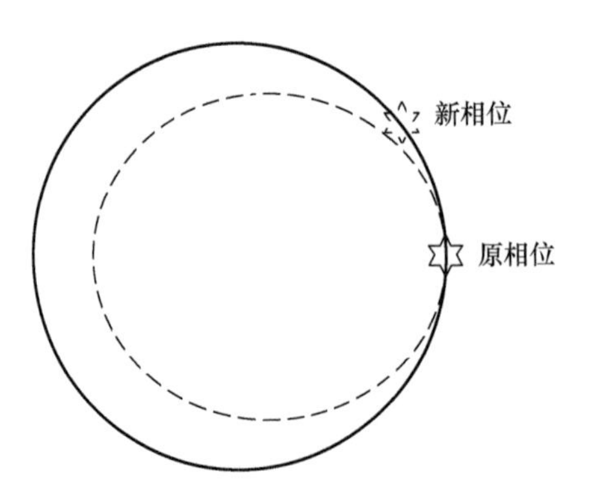

图 9-8 调相机动的概念

调相机动也可以认为是一种特殊的霍曼转移,即初始轨道和目标轨道是同一条轨道,因此转移轨道与原轨道只有一个交(切)点,航天器要在转移轨道上至少运行一个完整周期才能返回原轨道。

如图 9-9 所示,相位机动分为两类:一类为向前相位机动,即转移轨道周期要短于原轨道周期,这样同时同点出发的两个航天器中,在转移轨道运行的航天器要早于原轨道运行的航天器到达初始点;一类为向后相位机动,即转移轨道周期要长于原轨道周期,这样同时同点出发的两个航天器中,在转移轨道运行的航天器要晚于原轨道运行的航天器到达初始点。定义从原轨道航天器到转移轨道航天器的夹角为相位角,与航天器运行方向相同为正。因此向前相位机动的相位角为正,向后相位机动的相位角为负。

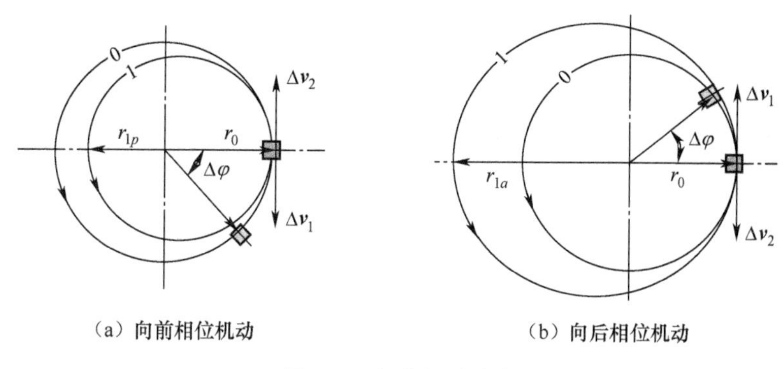

（a）向前相位机动　　（b）向后相位机动

图 9-9　相位机动分类

对于向前相位机动,如图 9-9(a)所示,原轨道的半长轴 α_0 就是半径 r_0,转移轨道的半长轴设为 a_1,通常是设计参数,且有关系 $a_0 > a_1$。卫星经一个转移轨道周期 T_1,所提前的相位角 $\Delta\varphi_1$ 应该等于在一个转移轨道周期内经转移轨道走过的角距减去经原轨道走过的角距,即

$$\Delta\varphi_1 = 2\pi - n_0 \cdot T_1 = 2\pi\left(1 - \left(\frac{a_1}{a_0}\right)^{\frac{3}{2}}\right) \tag{9.15}$$

式(9.15)给出了转移轨道半长轴 a_1 和提前的相位角 $\Delta\varphi_1$ 之间的对应关系,只要获得其中一个,就可以求出另外一个。

把 a_0 和 a_1 代入霍曼转移特征速度的计算式,即可获得向前相位机动两次速度冲量计算式:

$$\begin{cases} |\Delta v_1| = \left|\sqrt{\mu\left(\dfrac{2}{a_0} - \dfrac{1}{a_1}\right)} - \sqrt{\dfrac{\mu}{a_0}}\right| = -\Delta v_1 \\ |\Delta v_2| = \left|\sqrt{\dfrac{\mu}{a_0}} - \sqrt{\mu\left(\dfrac{2}{a_0} - \dfrac{1}{a_1}\right)}\right| = \Delta v_2 \end{cases} \tag{9.16}$$

从式(9.16)可以看出,两个速度冲量大小相等、方向相反,第一次冲量与航天器运行速度方向相反,第二次冲量与航天器运行速度方向相同。因此可知向前相位机动的转移过程为:航天器首先减速进入转移轨道,在转移轨道运行一周后,再通过施加同样的速度恢复到原轨道运行,同时也获得了正的相位角。

由于两次冲量大小相等,因此向前相位机动最终所需的特征速度为

$$v_c = 2\left(\sqrt{\frac{\mu}{a_0}} - \sqrt{\mu\left(\frac{2}{a_0} - \frac{1}{a_1}\right)}\right) \tag{9.17}$$

对于向后相位机动,如图 9-9 中(b)图所示,原轨道的半长轴仍是半径 r_0,转移轨道的半长轴设为 a_2,为设计参数,此时有关系 $a_0 < a_2$。卫星经一个转移轨道周期 T_2,所推后的相位角 $\Delta\varphi_2$ 应该等于在一个转移轨道周期内经原轨道走过的角距减去经转移轨道走过的角距,即

$$\Delta\varphi_2 == n_0 \cdot T_2 - 2\pi = 2\pi\left(\left(\frac{a_2}{a_0}\right)^{\frac{3}{2}} - 1\right) \tag{9.18}$$

式(9.18)给出了向后相位机动中,推后相位角和转移轨道半长轴之间的函数关系。

同样把 a_0 和 a_2 代入霍曼转移特征速度计算式,即可获得向后相位机动两次速度冲量计算式:

$$\begin{cases} |\Delta v_1| = \left|\sqrt{\mu\left(\dfrac{2}{a_0}-\dfrac{1}{a_2}\right)}-\sqrt{\dfrac{\mu}{a_0}}\right| = \Delta v_1 \\ |\Delta v_2| = \left|\sqrt{\dfrac{\mu}{a_0}}-\sqrt{\mu\left(\dfrac{2}{a_0}-\dfrac{1}{a_2}\right)}\right| = -\Delta v_2 \end{cases} \tag{9.19}$$

从式(9.19)可以看出,两个速度冲量仍然是大小相等、方向相反,但第一次冲量与航天器运行速度方向相同,第二次冲量与航天器运行速度方向相反。因此可知向后相位机动的转移过程为:航天器首先加速进入转移轨道,在转移轨道运行一周后,再通过反向施加同样的速度恢复到原轨道运行,同时也获得了负的相位角。

由于两次冲量大小相等,因此向后相位机动最终所需的特征速度为

$$v_c = 2\left(\sqrt{\mu\left(\frac{2}{a_0}-\frac{1}{a_2}\right)}-\sqrt{\frac{\mu}{a_0}}\right) \tag{9.20}$$

调相机动在工程实践中有较为广泛的应用。例如,要使处在同一轨道上不同位置的两个航天器交会,可以通过其中一个的调相机动来实现;地球同步轨道上的通信和气象卫星可以通过调相机动重新定点到新的位置。

例题 9-2:如图 9-10 所示,某颗地球静止轨道卫星原定点在东经 50°,由于某种需求需要将其定点于东经 120°,请问需要如何转移?特征速度是多少?转移周期多长?

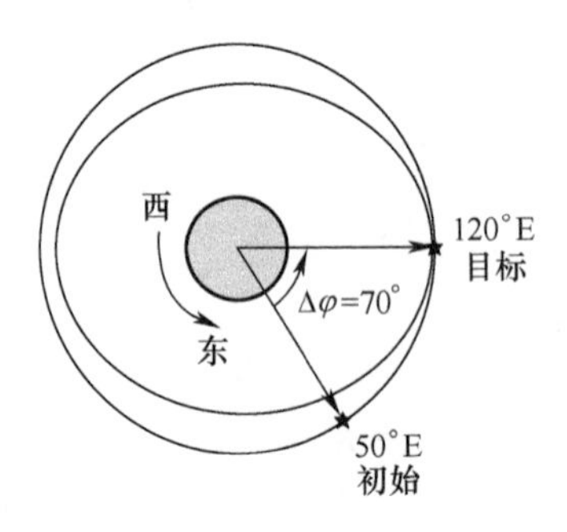

图 9-10 调相机动例题

解答:

原轨道为地球静止轨道,因此

$$a_0 = 42164140\text{m}$$

判断为向前相位机动,需要调整的相位角为

$$\Delta\varphi_1 = 70°$$

根据 $\Delta\varphi_1 = 2\pi\left(1-\left(\dfrac{a_1}{a_0}\right)^{\frac{3}{2}}\right)$ 可得

$$a_1 = a_0\left(1-\frac{\Delta\varphi}{2\pi}\right)^{\frac{2}{3}} = 36503982\text{m}$$

第一次速度冲量

$$\Delta v_1 = \sqrt{\mu\left(\frac{2}{a_0} - \frac{1}{a_1}\right)} - \sqrt{\frac{\mu}{a_0}} = -248.41\text{m/s}\ (负号表示反向施加冲量)$$

第二次速度冲量

$$\Delta v_2 = \sqrt{\frac{\mu}{a_0}} - \sqrt{\mu\left(\frac{2}{a_0} - \frac{1}{a_1}\right)} = 248.41\text{m/s}$$

特征速度为

$$v_c = |\Delta v_1| + |\Delta v_2| = 496.82\text{m/s}$$

转移周期

$$T = 2\pi\sqrt{\frac{a_1^3}{\mu}} = 69409.88\text{s}$$

实际上对于本例来说，所需要调整的相位角较大，因此通过一圈调整计算出的转移轨道与原轨道差异较大，导致特征速度较大（燃料消耗过多），如果对于调整的时间没有要求，可以通过多圈调相的方法，在调整相同相位角的条件下减小特征速度（燃料消耗）。

如果航天器在转移轨道上运行 m 圈后再回到原轨道，则此时调整的相位角（角距差）为

$$\Delta\varphi_1 = (m \times 2\pi - n_0 \times m \times T_1) \tag{9.21}$$

可以得出 m 圈调相中转移轨道半长轴和调整相位角间的关系

$$a_1 = a_0\left(1 - \frac{\Delta\varphi/m}{2\pi}\right)^{\frac{2}{3}} \tag{9.22}$$

当 $m=2$ 时，$a_1 = 39384967\text{m}$，$v_c = 220.92\text{m/s}$，$T = 155573.88\text{s}$。

当 $m=3$ 时，$a_1 = 40321962\text{m}$，$v_c = 142.12\text{m/s}$，$T = 241737.87\text{s}$。

可以看出，对于同样的相位角调整要求，可以通过多圈调相来减小特征速度（燃料消耗），但代价是转移周期显著增加。

9.2.3 非共面圆轨道最小能量转移

在9.2.1节发射地球静止轨道卫星问题中，只有当发射点选在赤道上，航天器才能进入轨道倾角为0°的低轨停泊轨道，然后进行共面圆轨道间的转移。对于发射点不在赤道上的情况（如我国酒泉卫星发射场或俄罗斯拜科努尔发射场等），通常进入的低轨停泊轨道轨道倾角不为0°（轨道倾角与发射场的大地纬度较为接近），此时其与地球静止轨道不再共面。当初轨道Ⅰ与终轨道Ⅱ的轨道面不重合，则为非共面轨道转移，从中高纬度地区发射地球静止轨道卫星属于典型的非共面轨道转移问题。与共面圆轨道类似，非共面圆轨道间的能量最优转移也是霍曼类转移轨道，即双共切轨道。

如图9-11所示，在非共面的情况下，轨道1和轨道2的轨道面交线在赤道平面内，双共切转移轨道T的拱线应与这一交线重合，T与停泊轨道和静止轨道分别相切于赤道上空的1点和2点。T的轨道倾角取值不同时对应不同的变轨能量。轨道1和轨道2间的轨道夹角改变由两次速度冲量共同完成，两次速度冲量改变轨道倾角的比例不同，所需要的变轨能量也不同。

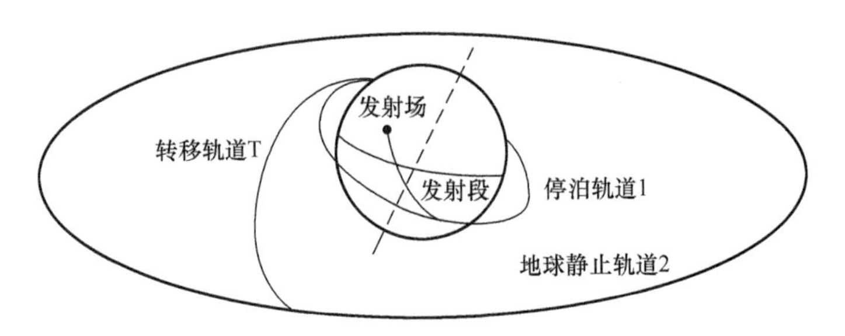

图 9-11 地球静止轨道卫星发射

如图 9-12 所示，假设停泊轨道半径为 6871km，其经转移进入静止轨道，第一次速度冲量改变的轨道倾角在停泊轨道轨道倾角约为 60°时取得极值（绝对值为最大），但也仅为 3°，即第二次速度冲量改变的轨道倾角为约 57°，且速度冲量的变化幅度约为 40m/s，仅为总能量的 0.82%。

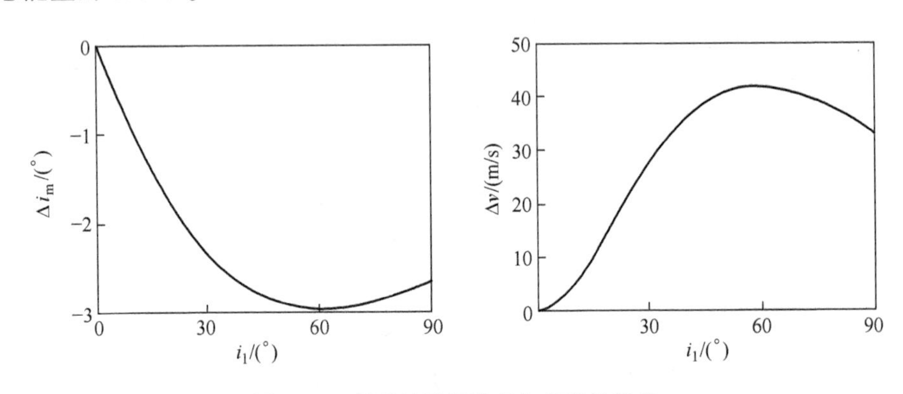

图 9-12 最优轨道倾角差与节省的能量

因此在实际工程任务中，为简化操作，发射静止轨道卫星时很少在第一次变轨时改变轨道倾角，改变轨道倾角的任务完全由第二次变轨完成。

本节思考题

1. 霍曼转移的过程和特点是什么？
2. 调相机动和霍曼转移的区别和联系是什么？
3. 调相机动如何分类？不同类型调相机动转移轨道半长轴和原轨道半长轴的长短关系如何？

本 章 习 题

1. 雷神-德尔塔运载器将 GEOS-A 星置于轨道高度为 500km 的圆形停泊轨道，设计霍曼转移，使其变为半径为 36200km 的圆轨道。确定每一次速度增量，并求出转移所需时间。假设地球为均质圆球，平均半径为 6371km，地心引力常数 μ = 3.986005 ×

$10^{14}\mathrm{m}^3/\mathrm{s}^2$。

2. 若需将某地球静止轨道卫星于东经50°转移至东经120°,要求所用的速度冲量不大于100m/s,请描述整个转移方案,整个转移过程具体需要多少速度冲量?需要多长时间?设地球静止轨道半径为42164km,地心引力常数$\mu = 3.986005 \times 10^{14}\mathrm{m}^3/\mathrm{s}^2$。

参 考 文 献

[1] 贾沛然，陈克俊，何力．远程火箭弹道学[M]．长沙:国防科学技术大学出版社，1993.

[2] 何友，修建娟，张晶炜，等．雷达数据处理及应用[M]．北京:电子工业出版社，2009.

[3] 陈磊，韩蕾，白显宗,等．空间目标轨道力学与误差分析[M]．北京:国防工业出版社，2010.

[4] 陈克俊，刘鲁华，孟云鹤．远程火箭飞行动力学与制导[M]．北京:国防工业出版社，2014.

[5] 郗晓宁，王威，高玉东．近地航天器轨道基础[M]．长沙:国防科技大学出版社，2003.

[6] 张洪波．航天器轨道力学理论与方法[M]．北京:国防工业出版社，2015.

[7] 刘林．航天器轨道理论[M]．北京:国防工业出版社，2000.

[8] 陈世年,李连仲．控制系统设计[M]．北京:宇航出版社,1996.

[9] 聂万胜,冯必鸣,李柯．高超远程精确打击飞行器方案设计方法与应用[M]．北京:国防工业出版社,2014.

[10] 马振华．现代应用数学手册:概率统计与随机过程卷[M]．北京:清华大学出版社,2000.

[11] 张涛涛,方登建,杜茂华,等．弹道学课程教学对潜射弹道导弹人才培养作用浅析[J]．海军工程大学学报(综合版),2020,17(3):67-69.

[12] 邓卫强,瞿师,姜海林,等．弹道导弹目标特性与防御方法课程的教学策略设计[J]．空军预警学院学报,2021,35(3):228-231.

[13] 吉瑞萍,张程祎,梁彦,等．基于 LSTM 的弹道导弹主动段轨迹预报[J]．系统工程与电子技术 2022,44(6):1968-1976.

[14] 张峰,田康生,息木林．弹道导弹运动建模与跟踪研究[J]．弹箭与制导学报,2012,32(3):53-58.

[15] 王伟林,陈磊,雷勇军．弹道导弹中段诱饵微动特性研究[J]．系统工程与电子技术,2016,38(3):487-492.

[16] 赵依,张洪波,汤国建．考虑星敏感器安装误差的弹道导弹捷联星光/惯性复合制导[J]．航空学报,2020,41(8):114-124.

[17] 王明明,罗建军,马卫华．IAU1976、1980 及 2000A 岁差章动模型的比较[J]．中国空间科学技术,2009,10(5):42-47.

[18] 张捍卫,许厚泽,王爱生．弹性地球 CIP 轴的极移和岁差章动[J]．北京大学学报(自然科学版),2005,41(5):740-745.

[19] 张方照,许国昌,Barriot J P. 岁差章动极移对轨道根数的影响[J]．地球物理学进展,2019,34(6):2205-2211.

[20] 李萌,呼延宗泊,穆文婷,等．岁差-章动模型在卫星坐标转换中的应用[J]．测绘科学,2019,44(3):135-141.

[21] 吴楠．助推滑翔飞行器预警探测滤波方法与误差链研究[D]．长沙:国防科学技术大学,2015.

[22] 吕稀．变质量运载火箭的动力学特性与主动控制研究[D]．上海:上海交通大学,2016.

[23] Shen W B. Convergence of spherical harmonic series expansion of the earth's gravitational potential [J]. Geo-spatial Information Science,2009,12(1):1-6.

[24] 韩建成．基于地球重力场模型和地表浅层重力位确定大地水准面[D]．武汉:武汉大学,2012.

[25] 徐辉,张毅,董茜,等．一种空气动力系数拟合方法[J]．弹箭与制导学报,2007,27(1):157-161.

[26] 黄磊．导弹气动参数计算及飞行仿真[D]．北京:北京航空航天大学,2011.

[27] 纪录,吴国东,王志军,等．一种导弹模型气动特性的数值分析[J]．弹箭与制导学报,2018,38(2):74-78.

[28] Wu N,Chen L,Lei Y J,et al. Adaptive estimation algorithm of boost-phase trajectory using binary asyn-

chronous observation [J]. Proceedings of the Institution of Mechanical Engineers, Part G: Journal of Aerospace Engineering, 2016, 230(14): 2661-2672.

[29] 于桂杰,罗俊,赵世范,等. 基于龙格库塔法的预测闭路制导方法研究[J]. 航天控制,2008,26(5):41-44.

[30] Wang Y H, Fan S P, Wang J. Quick identification of guidance law for an incoming missile using multiple-model mechanism [J]. Chinese Journal of Aeronautics, 2022, 35(9): 282-292.

[31] Zhang T, Fan S W, Xue Y H, et al. Trajectory estimation method of missile in boost phase using optimal knots spline[J]. Acta Aeronauticaet Astronautica Sinica, 2015, 36(9): 3027-3033.

[32] Ji R P, Liang Y, Xu L F, et al. Trajectory prediction of ballistic missiles using Gaussian process error model[J]. Chinese Journal of Aeronautics, 2022, 35(1): 458-469.

[33] Li M J, Zhou C J, Shao L, et al. An intelligent trajectory prediction algorithm for hypersonic glide targets based on maneuver mode identification [J]. International Journal of Aerospace Engineering, 2022(1): 1-17.

[34] 刘光明,张志,车万方. 空间非合作目标双行轨道根数快速生成算法[J]. 空间科学学报,2014,34(3):319-326.

[35] 孙瑜,吴楠,孟凡坤,等. 考虑 J2 摄动的弹道导弹高精度弹道预报和误差传播分析[J]. 弹道学报,2016,28(2):18-24.

[36] 李小元,王中原,常思江. 在线弹道参数滤波与辨识方法分析[J]. 弹道学报,2020,32(2):29-34.

[37] 吴楠,王锋,孟凡坤. 无再入观测弹道导弹气动参数和落点联合预报[J]. 弹道学报,2018,30(3):18-24.

[38] 王彪,吴楠,孟凡坤,等. 基于恩克法的雷达交接时刻预报与误差分析[J]. 指挥控制与仿真,2019,41(5):47-53.

[39] 李广华. 高超声速滑翔飞行器运动特性分析及弹道跟踪预报方法研究[D]. 长沙:国防科学技术大学,2016.

[40] 张洪波,谢愈,陈克俊,等. 非惯性运动目标弹道预报技术探讨[J]. 现代防御技术,2011,39(6):26-31.

[41] 李广华,张洪波,汤国建. 高超声速滑翔飞行器典型弹道特性分析[J]. 宇航学报,2015,36(4):397-403.

[42] 刘林,张巍. 关于各种类型数据的初轨计算方法[J]. 飞行器测控学报,2009,28(3):70-76.

[43] 戴晓燕,张荣涛. 基于相控阵雷达数据初轨计算的研究[J]. 现代雷达,2014,36(11):45-48.

[44] 吴楠,孟凡坤,周致远. 基于样条拟合和双向滤波的助推段弹道估计[J]. 飞行器测控学报,2014,33(5):392-398.

[45] 吴楠,陈磊,薄涛,等. 机动目标状态估计的最小均方误差界[J]. 国防科技大学学报,2013,35(6):1-8.

[46] 吴楠,陈磊. 高超声速滑翔再入飞行器弹道估计的自适应卡尔曼滤波[J]. 航空学报,2014,33(5):392-398.

[47] 李星星,张伟,袁勇强,等. GNSS 卫星精密定轨综述:现状、挑战与机遇[J]. 测绘学报,2022,51(7):1271-1293.

[48] 佘丽丽. 基于星载 GNSS 的 LEO 实时精密定轨算法研究[D]. 北京:中国科学院大学(中国科学院国家空间科学中心),2018.

[49] Kalman R E. Anew approach to linear filtering and prediction problems [J]. Transactions of the ASME, Journal of Basic Engineering, 1960, 82: 34-45.

[50] Julier S,Uhlmann J. Unscented filtering and nonlinear estimation[J]. Proc. IEEE,2004,92(3):401-422.
[51] Julier S,Uhlmann J. A general method for approximating nonlinear transformations of probability distributions [D]. Oxford :Department of Engineering Science,University of Oxford,1996.
[52] 张守建,赵磊. 基于 Kalman 滤波的低轨卫星运动学精密定轨快速算法[J]. 大地测量与地球动力学,2016,36(5):408-410.
[53] Tang Y Y,Huang P K. Boost-Phase ballistic missile trajectory estimation with ground based radar [J]. Journal of Systems Engineering and Electronics,2006,17(4):705-708.
[54] 李强,李剑锋,曹继宏,等. 晨昏轨道摄动特性分析[J]. 飞行器测控学报,2016,35(6):450-456.
[55] 袁幸伟. 摄动因素对航天器轨道设计的影响分析[D]. 哈尔滨:哈尔滨工业大学,2010.
[56] 陈柯帆. 摄动对航天器轨道预报影响与插值预报分析[D]. 哈尔滨:哈尔滨工程大学,2020.
[57] 杨志涛,刘静,刘林. 轨道分析解的改进方法及其应用[J]. 系统工程与电子技术,2020,42(2):427-433.
[58] 雷博持,李明涛. 太阳同步轨道立方星任务轨道演化分析[J]. 航天控制,2015,33(6):41-46.
[59] 杨志涛. 低地球轨道初轨确定误差分析[J]. 空间碎片研究,2019,19(2):1-9.
[60] 陈欢龙,周军,刘莹莹. 航天器轨道计算精度数值分析[J]. 西北工业大学学报,2009,27(5):635-640.
[61] 徐哲宇. 混合构型 LEO 导航卫星星座设计与优化[D]. 郑州:战略支援部队信息工程大学,2021.
[62] 张海洋. 面对快速响应任务的星下点轨迹机动优化问题研究[D]. 哈尔滨:哈尔滨工业大学,2019.
[63] 杨平利,黄少华,江凌,等. 卫星运行三维场景及星下点轨迹可视化研究[J]. 计算机工程与科学,2012,34(5):101-106.
[64] 宋志明,刘海栋,陈晓宇,等. 基于经度条带划分的星座对地覆盖问题的快速求解算法[J]. 西北工业大学学报,2021,39(4):919-929.
[65] 朱爱萍. 高分卫星轨道及其对地覆盖的可视化研究[D]. 青岛:山东科技大学,2018.
[66] 钟宇,吴晓燕,黄树彩,等. 红外预警卫星对地覆盖区域近似计算模型[J]. 系统工程与电子技术,2014,36(11):2133-2137.
[67] 刘渊,薛新毅,王晓锋. 基于云平台的 Starlink 星座高性能仿真技术研究[J]. 系统仿真学报,2022,34(10):1-13.
[68] Hourani A,Akram. Optimal satellite constellation altitude for maximal coverage [J]. IEEE Wireless Communications Letters,2021,10(7):1444-1448.
[69] Shtark T,Gurfil P. Position and velocity estimation with a low Earth orbit regional navigation satellite constellation [J]. Proceedings of the Institution of Mechanical Engineers,Part G:Journal of Aerospace Engineering,2022,236(7):1375-1387.
[70] Alessi E M,Buzzoni A,Daquin,et al. Dynamical properties of the Molniya satellite constellation:Long-term evolution of orbital eccentricity [J]. Acta Astronautica,2021,179:659-669.
[71] Liu Y,Zhao H,Liu C K,et al. Maneuver detection and tracking of a space target based on a joint filter model[J]. Asian Journal of Control,2021,23(3):1441-1453.
[72] 吴楠,张力. 基于相平面控制的固体火箭快速精确入轨策略[J]. 航天控制,2020,38(1):18-23.